Bohner
Ott
Deusch

Mathematik
im Berufskolleg II

Arbeitsheft Mathematik im Berufskolleg II

Das Arbeitsheft ist klar strukturiert und exakt passend zum Lehrbuch, kann aber auch lehrwerksunabhängig eingesetzt werden.

- Aufgaben passend zum Unterrichtsverlauf
- Verständlich und individuell lernfördernd
- für Hausaufgaben
- Inkl. Lösungen zur Selbstkontrolle

Bohner | Ott | Deusch | Rosner

Arbeitsheft
Mathematik im Berufskolleg II

Merkur Verlag Rinteln

ISBN 978-3-8120-**2303-0**

Weitere Infos finden Sie unter www.merkur-verlag.de
Code: 2303

Bohner
Ott
Deusch

Mathematik
im Berufskolleg II

Merkur
Verlag Rinteln

Wirtschaftswissenschaftliche Bücherei für Schule und Praxis
Begründet von Handelsschul-Direktor Dipl.-Hdl. Friedrich Hutkap †

Die Verfasser:

Roland Ott
Studium der Mathematik an der Universität Tübingen

Kurt Bohner
Lehrauftrag Mathematik am BS Wangen
Studium der Mathematik und Physik an der Universität Konstanz

Ronald Deusch
Lehrauftrag Mathematik am BSZ Bietigheim-Bissingen
Studium der Mathematik an der Universität Tübingen

Umschlag: © Adrian Schulz Foto: Mall of Berlin
Bild Kreis links: © Christian Schwier - fotolia.com
Bild Kreis rechts: © Kirill Kedrinski - fotolia.com

* * * * * * * * *

6. Auflage 2016
© 2005 by MERKUR VERLAG RINTELN

Gesamtherstellung: MERKUR VERLAG RINTELN Hutkap GmbH & Co. KG, 31735 Rinteln
E-Mail: info@merkur-verlag.de; lehrer-service@merkur-verlag.de
Internet: www.merkur-verlag.de

ISBN 978-3-8120-**0303-2**

Vorwort

Vorbemerkungen

Der vorliegende Band ist ein Arbeitsbuch für den Mathematikunterricht in allen Berufskollegs und in Bildungsgängen, die zur Fachhochschulreife führen. Das Buch behandelt den Lehrstoff des zweiten Schuljahres (BK II) im zweijährigen Berufskolleg, nämlich die trigonometrischen Funktionen, lineare Gleichungssysteme, Differenzial- und Integralrechnung. Grundlage der Inhalte ist der *Lehrplan für Bildungsgänge, die zum Erwerb der Fachhochschulreife führen*, vom August 2015.

Dabei berücksichtigt das Autorenteam die im Lehrplan geforderten Inhalte. Die Autoren orientieren sich an den in den Bildungsstandards für die allgemeine Hochschulreife formulierten mathematischen Kompetenzen (Mathematisch modellieren, Werkzeuge und mathematische Darstellungen nutzen, kommunizieren, innermathematische Probleme lösen, Umgang mit formalen und symbolischen Elementen, argumentieren).
Von den Autoren wurde bewusst darauf geachtet, dass die in den Bildungsstandards aufgeführten Kompetenzen wie auch die Zielformulierungen inhaltlich vollständig und umfassend thematisiert werden. Dabei bleibt den Lehrkräften genügend didaktischer Freiraum, eigene Schwerpunkte zu setzen.

Begleitend wird ein Arbeitsheft (ISBN 978-3-8120-2303-0) angeboten. Es soll Schüler und Lehrer durch Aufgaben zur Wiederholung und Vertiefung unterstützen.

 Dieses Buch können Sie auch für das Digitale Schulbuchregal erhalten.

Sinnvolle Ergänzungen sind die Bücher „Mathematik im Berufskolleg – Prüfungsaufgaben für die Fachhochschulreife" (ISBN 978-3-8120-0459-6) sowie „Mathematik im Berufskolleg – Prüfungsgrundlagen Analysis" (ISBN 978-3-8120-0297-4).

Der Aufbau dieses Buches

Der Stoff in den einzelnen Kapiteln wird schrittweise anhand von Musterbeispielen mit ausführlichen Lösungen erarbeitet. Dabei legen die Autoren großen Wert auf die Verknüpfung von Anschaulichkeit und sachgerechter mathematischer Darstellung. Die übersichtliche Präsentation und die methodische Aufarbeitung beeinflusst den Lernerfolg positiv und bietet dem Schüler die Möglichkeit, Unterrichtsinhalte selbstständig zu erschließen bzw. sich anzueignen.

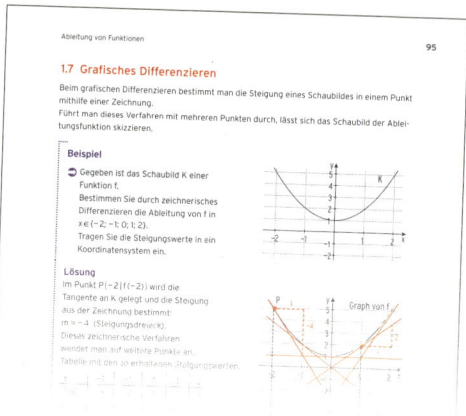

Jede Lerneinheit endet mit einer umfassenden Anzahl von Aufgaben. Diese sind zur Ergebnissicherungund Übung gedacht, aber auch als Hausaufgaben geeignet. Kompetenzorientierte Fragestellung mit unterschiedlichem Schwierigkeitsgrad ermöglichen es dem Schüler, den Stoff zu festigen und zu vertiefen. Beispiele und Probleme aus dem Alltag und aus der Wirtschaft stellen einen praktischen Bezug her. Eine Differenzierung der Aufgaben nach Schwierigkeit ist durch Farben gegeben;

grün: grundlegendes Niveau,

blau: mittleres Niveau,

schwarz: gehobenes Niveau.

Für Aufgaben mit dem Download-Logo stehen ausführliche Lösungen zum Download bereit. Sie finden diese in der Mediathek zum Buch auf unserer Website: http://www.merkur-verlag.de

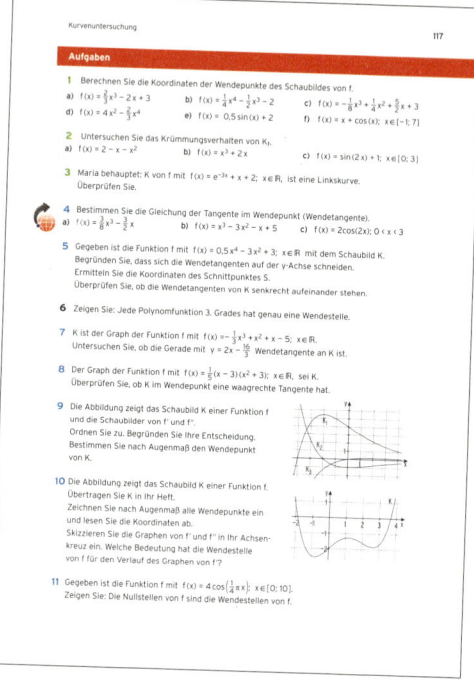

Definitionen, Festlegungen, Merksätze und mathematisch wichtige Grundlagen sind in Rot gekennzeichnet.

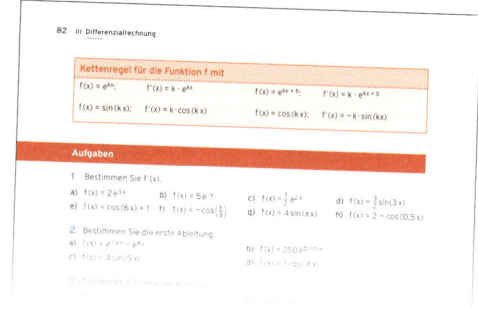

Musteraufgaben: Das Kapitel beinhaltet einen Satz von Musteraufgaben zur Prüfung der Fachhochschulreife ab Schuljahr 2018.

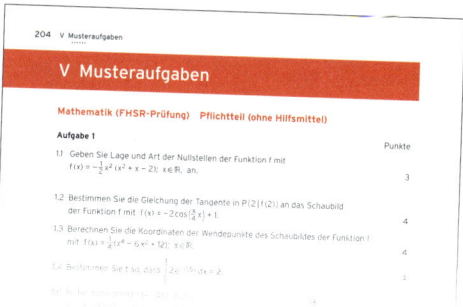

Anhang: Die Aufgaben „Modellierung einer Situation" und „Test zur Überprüfung Ihrer Grundkenntnisse" werden im Anhang ausführlich gelöst.

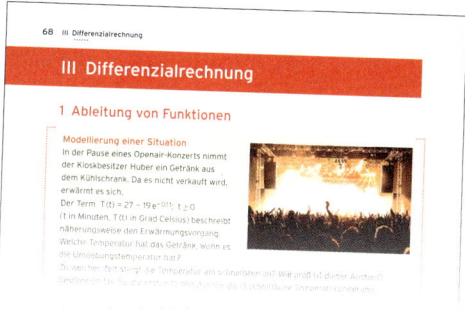

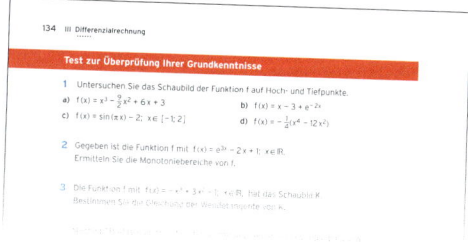

Inhaltsverzeichnis

IV Integralrechnung 148

V Musteraufgaben 204

Anhang 208

I Funktionen

4 Trigonometrische Funktionen

Modellierung einer Situation

Das Riesenrad in Wien hat einen
Durchmesser von 61 Meter.
Die Gondel erreicht (mit Ihrer Auf-
hängung A) eine Höhe von 64,75
Meter.
Eine Umdrehung dauert etwa
300 Sekunden.

a) Beschreiben Sie die Höhe des höchsten Punktes A im Verlauf einer Umdrehung.
   Stellen Sie die Höhe von A in Abhängigkeit von der Zeit in einem geeigneten
   Koordinatensystem dar und geben Sie einen passenden Funktionsterm an.
b) Wie hoch ist der Punkt A nach einer Minute?
c) Welche Strecke legt der Punkt A in einer Stunde zurück?
d) Welche Entfernung haben die Gondeln, wenn 15 Gondeln angebracht sind.

Bearbeiten Sie diese Situation, nachdem
Sie die rechts aufgeführten **Qualifikationen
und Kompetenzen** erworben haben.

Qualifikationen & Kompetenzen

- Realitätsbezogene Zusammenhänge mit Trigonometrischen Funktionen mathematisch modellieren
- mathematisch argumentieren
- Probleme mathematisch lösen
- Die mathematische Fachsprache
  verwenden

4.1 Einführungsbeispiele

Viele Vorgänge in der Natur laufen **periodisch** ab:
Wasserstand bei Ebbe und Flut, Lungenatmung, Schallwelle, Pendeluhr, Mondphasen.
Mithilfe von Messungen erhält man Daten. Durch deren Darstellung in einem rechtwinkligen
Koordinatensystem erkennt man den periodischen Verlauf.

Beispiele

1) Die Tageslänge (Zeit zwischen Sonnenaufgang und Sonnenuntergang) ändert sich im
   Laufe eines Jahres. Am Diagramm erkennt man, dass sich dieser Ablauf jedes Jahr
   wiederholt. Die Funktion, die die Veränderung der Tageslänge beschreibt, hat die Periode
   ein Jahr.

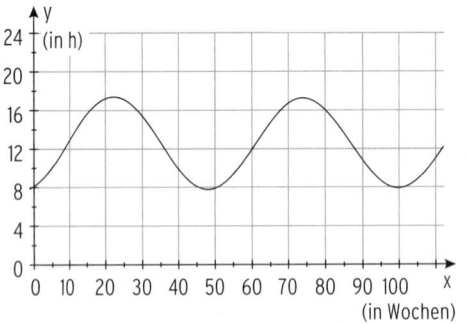 

2) Die Gezeiten verhalten sich nahezu periodisch. Damit lässt sich der Wasserstand voraus-
   berechnen. Das Diagramm zeigt die Änderung des Wasserstands an der Nordsee für zwei
   Tage im März 2016.
   Dabei ist x die Zeit in Stunden, x = 0
   entspricht 0:30 Uhr am 9.03.2016, y der Wasserstand in Meter über Seekartennull.

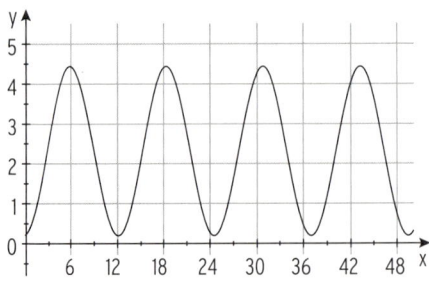 

4.2 Definition der Winkelfunktionen

4.2.1 Definition der Winkelfunktionen für Winkel von 0° bis 90°

In der **Trigonometrie** beschäftigt man sich mit Dreiecken, insbesondere mit rechtwinkligen Dreiecken.

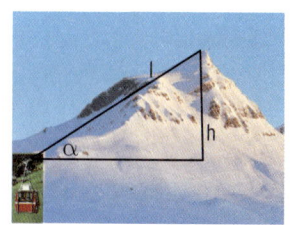

Im **rechtwinkligen Dreieck** nennt man die dem rechten Winkel gegenüberliegende Seite **Hypotenuse,** die anderen beiden Seiten heißen **Katheten.** Die Kathete, die dem Winkel α anliegt, nennt man **Ankathete** von α, die dem Winkel α gegenüberliegende Seite nennt man **Gegenkathete** von α.

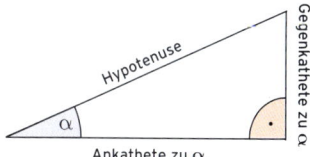

Rechtwinkliges Dreieck mit $\alpha = 36,9°$ Aus der Abbildung ersieht man, dass die **Verhältnisse** von Gegen-kathete zu Hypotenuse im Dreieck ABC und im Dreieck AB'C' **gleich** sind: $\frac{3}{5} = \frac{6}{10}$.

Beide Dreiecke haben den gleichen Winkel α, der durch das **Verhältnis von Gegenkathete zu Hypotenuse** eindeutig festgelegt ist.

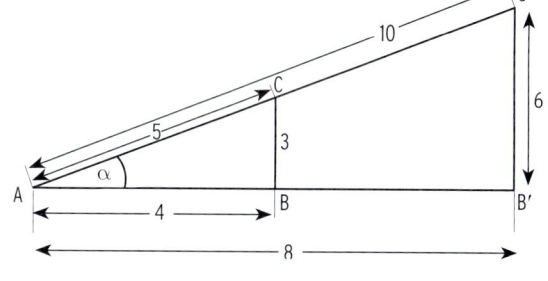

Dieses Verhältnis nennt man den **Sinus des Winkels** α: $\sin(\alpha) = \frac{3}{5} = \frac{6}{10}$

Auch das **Verhältnis von Ankathete zu Hypotenuse** legt den Winkel α fest, man nennt es den **Kosinus des Winkels** α: $\cos(\alpha) = \frac{4}{5} = \frac{8}{10}$

Das **Verhältnis von Gegenkathete zu Ankathete** nennt man den **Tangens des Winkels** α: $\tan(\alpha) = \frac{3}{4} = \frac{6}{8}$

Definition der Winkelfunktionen:

$\sin(\alpha) = \dfrac{\text{Gegenkathete von } \alpha}{\text{Hypotenuse}}$

$\cos(\alpha) = \dfrac{\text{Ankathete von } \alpha}{\text{Hypotenuse}}$

$\tan(\alpha) = \dfrac{\text{Gegenkathete von } \alpha}{\text{Ankathete von } \alpha}$

Beispiel

➥ Wie bestimmt man aus einem Seitenverhältnis im rechtwinkligen Dreieck den zugehörigen Winkel?

Lösung

Man legt die Spitze A des **rechtwinkligen Dreiecks** in den Ursprung eines recht-winkligen Koordinatensystems.

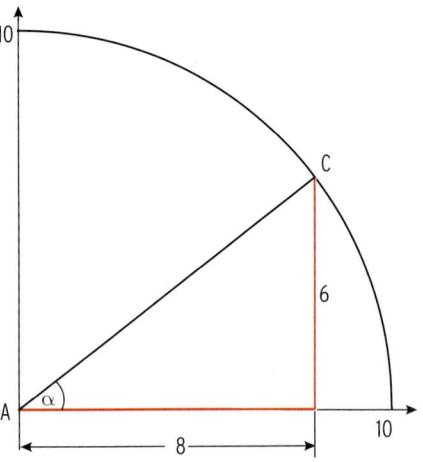

Legt man den Eckpunkt C auf einen Kreis mit Radius 10 LE (= Länge der Hypotenuse), erhält man ein Dreieck mit einem Winkel α von 0° bis 90° und jedem Seitenverhältnis ist eindeu-tig ein Winkel zugeordnet.

Dem Seitenverhältnis $\frac{\text{Gegenkathete}}{\text{Hypotenuse}} = \frac{6}{10}$ wird der Winkel 36,9° zugeordnet.

Aus $\sin(\alpha) = \frac{6}{10}$ ergibt sich $\alpha = 36{,}9°$.

Entsprechend erhält man für das Verhältnis $\frac{\text{Ankathete}}{\text{Hypotenuse}}$:
Aus $\cos(\alpha) = \frac{8}{10}$ ergibt sich $\alpha = 36{,}9°$.

Wählt man für die Länge der Hypotenuse eine Längeneinheit (1 LE), erhält man

$\sin(\alpha) = \frac{0{,}6\ \text{LE}}{1\ \text{LE}} = 0{,}6$.

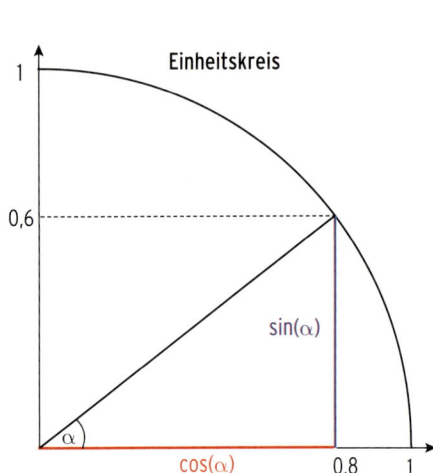

Einheitskreis

Beachten Sie:

Für $0° \leq \alpha \leq 90°$ gilt:
$0 \leq \sin(\alpha) \leq 1$
$0 \leq \cos(\alpha) \leq 1$

Festlegung: $\sin(0°) = 0$; $\sin(90°) = 1$
$\cos(0°) = 1$; $\cos(90°) = 0$

Durch diese Vereinfachung kann man bei gegebenen Winkeln **sin(α)** als Maßzahl der Länge der **Gegenkathete, cos(α)** als Maßzahl der Länge der **Ankathete** ablesen.

Beispiel

➲ Bestimmen Sie sin(α) und cos(α) im nebenstehenden
  Dreieck mithilfe von a, b und c.

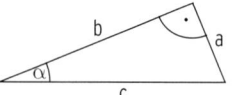

Lösung

Im rechtwinkligen Dreieck ist c die **Hypotenuse**, a und b sind die **Katheten** von α.

Der Sinus des Winkels α ist das Verhältnis von Gegenkathete zur Hypotenuse.

Also gilt: $\sin(\alpha) = \frac{a}{c}$

Der Kosinus des Winkels α ist das Verhältnis von Ankathete zur Hypotenuse.

Also gilt: $\cos(\alpha) = \frac{b}{c}$

Beispiel

➲ Bestimmen Sie den exakten Wert von sin(30°) und cos(30°).

Lösung

Man zeichnet ein rechtwinkliges Dreieck mit den Winkeln 30° bzw. 60°.

Im gleichseitigen Dreieck sind alle Winkel 60°
groß.

Die Höhe im Dreieck halbiert das Dreieck und

es gilt für die Winkel:

α = 30° und β = 60°

Im rechtwinkligen Dreieck ist a die **Hypotenuse**.

Die **Gegenkathete** von α ist $\frac{a}{2}$.

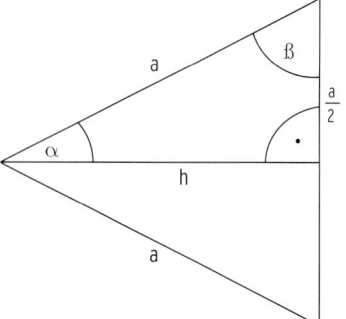

Also gilt: $\sin(\alpha) = \sin(30°) = \frac{\frac{a}{2}}{a} = \frac{1}{2}$

Für cos(30°) braucht man die Höhe h.

Mit dem Satz von Pythagoras ergibt sich: $\qquad h^2 = a^2 - \left(\frac{a}{2}\right)^2 = \frac{3}{4}a^2$

Die Höhe h erhält man durch Wurzelziehen: $\qquad h = a\sqrt{\frac{3}{4}} = \frac{a}{2}\sqrt{3}$

Also gilt: $\cos(\alpha) = \cos(30°) = \frac{\frac{a}{2}\sqrt{3}}{a} = \frac{1}{2}\sqrt{3}$

Tabelle der wichtigsten **Werte**:

α	0°	30°	45°	60°	90°
$\sin(\alpha)$	0	$\frac{1}{2}$	$\frac{1}{2}\sqrt{2}$	$\frac{1}{2}\sqrt{3}$	1
$\cos(\alpha)$	1	$\frac{1}{2}\sqrt{3}$	$\frac{1}{2}\sqrt{2}$	$\frac{1}{2}$	0

Beispiel

a) Berechnen Sie mit dem WTR: • $\sin(65°)$ • $\cos(12°)$

b) Bestimmen Sie den zugehörigen Winkel. • $\sin(\alpha) = 0,850$ • $\cos(\alpha) = 0,625$

Lösung

Mit der Einstellung DEG (wie degree = Grad)

```
1:Mth2D  2:Linear
3:Deg    4:Rad
5:Gra    6:Fix
7:Sci    8:Norm
```

a) • $\sin(65°)$

WTR: SIN(65) = 0,906...

d. h. $\sin(65°) = 0,91$

• $\cos(12°)$

WTR: COS(12) = 0,978...

d. h., $\cos(12°) = 0,98$

```
sin(65)
           0,906307787
cos(12)
           0,9781476007
```

b) • $\sin(\alpha) = 0,850$

WTR: $\text{SIN}^{-1}(0,850) = 58,211...$

$\alpha = 58,21°$

• $\cos(\alpha) = 0,625$

WTR: $\text{COS}^{-1}(0,625) = 51,317...$

$\alpha = 51,32°$

```
sin⁻¹(,850)
           58,21166938
cos⁻¹(,625)
           51,31781255
```

Aufgaben

1 Berechnen Sie mit dem WTR. Runden Sie auf 2 Dezimalen.

a) $\sin(54°)$ **b)** $\sin(18,5°)$ **c)** $\cos(88,2°)$ **d)** $\cos(9,4°)$ **e)** $\sin(4,2°)$

2 Ermitteln Sie den zugehörigen Winkel α mit $0° \leq \alpha \leq 90°$.

a) $\sin(\alpha) = 0,380$ **b)** $\sin(\alpha) = 0,922$ **c)** $\cos(\alpha) = 0,185$ **d)** $\cos(\alpha) = 0,788$

3 Bestimmen Sie den zugehörigen Winkel zeichnerisch und mit dem TR.

a) $\sin(\alpha) = 0,5$ **b)** $\sin(\alpha) = \frac{1}{3}$ **c)** $\cos(\alpha) = \frac{2}{3}$ **d)** $\cos(\alpha) = \frac{4}{5}$

4 In einem rechtwinkligen Dreieck ABC ist $c = 6\,\text{cm}$ und $\alpha = 50°$.
Berechnen Sie die fehlenden Winkel und Seiten im Dreieck.

5 Eine Zahnradbahn steigt auf einer Strecke von
1250 m mit einen Neigungswinkel von 10,5°
(gegen die Horizontale gemessen).
Wie viel m Höhendifferenz bewältigt sie?

6 Bestimmen Sie den exakten Wert von $\sin(45°)$.

4.2.2 Definition der Winkelfunktionen für beliebige Winkel

Der Winkel α liegt zwischen 0° und 90° (I. Quadrant)

Der Winkel α_1 liegt zwischen 90° und 180° (II. Quadrant)

Es gilt: $\alpha_1 = 180° - \alpha$ für $0° < \alpha < 90°$.

Einheitskreis

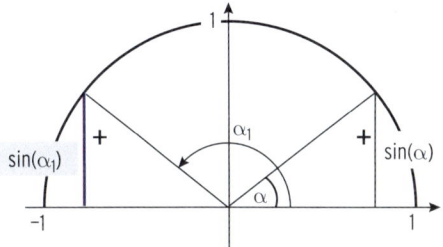 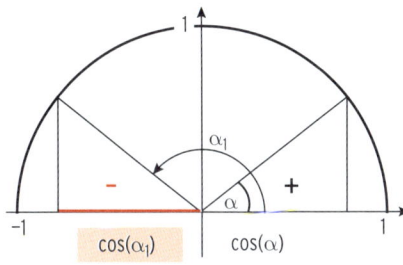

Der **Winkel α_1** legt im II. Quadrant ein kongruentes Dreieck fest.

sin (α_1) wird festgelegt als die Länge der **blau** markierten Strecke.

Es gilt: $\sin(\alpha_1) = \sin(180° - \alpha) = \sin(\alpha)$

Da die Länge der Ankathete in beiden Dreiecken gleich ist, sie aber auf der positiven bzw. negativen x-Achse liegen, gilt:

$$\cos(\alpha_1) = \cos(180° - \alpha) = -\cos(\alpha)$$

Beispiele

$\sin(150°) = \sin(180° - 30°) = \sin(30°)$; $\cos(110°) = \cos(180° - 70°) = -\cos(70°)$

Bestätigen Sie mit dem TR.

Der Winkel α_1 liegt zwischen 180° und 270° (III. Quadrant)

Es gilt: $\alpha_1 = 180° + \alpha$ für $0° < \alpha < 90°$

> **Beachten Sie:**
> $\sin(\alpha_1) = \sin(180° + \alpha) = -\sin(\alpha)$
> $\cos(\alpha_1) = \cos(180° + \alpha) = -\cos(\alpha)$

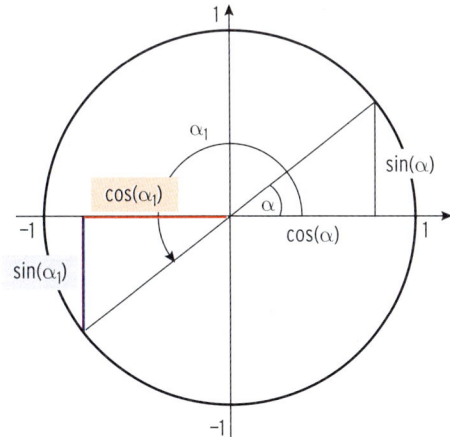

Beispiele

$\sin(200°) = \sin(180° + 20°)$

$\qquad = -\sin(20°)$

$\cos(240°) = \cos(180° + 60°)$

$\qquad = -\cos(60°)$

2 Bohner, Ott, Deusch · ISBN 978-3-8120-0303-2

Der Winkel α_1 liegt zwischen 270° und 360° (IV. Quadrant)

Es gilt:

$\alpha_1 = 360° - \alpha$ für $0° < \alpha < 90°$

Für Sinus und Kosinus gilt:

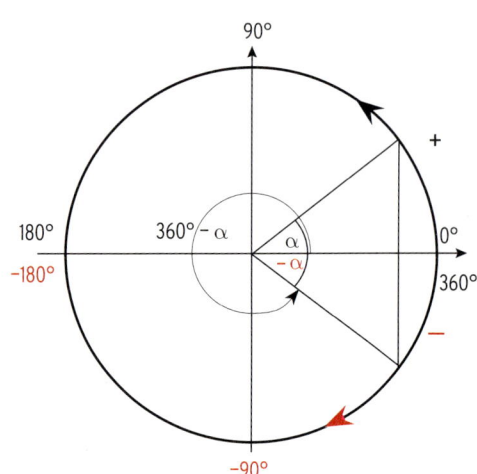

> **Beachten Sie:**
>
> $\sin(\alpha_1) = \sin(360° - \alpha) = -\sin(\alpha)$
>
> $\cos(\alpha_1) = \cos(360° - \alpha) = \cos(\alpha)$

Beispiele

$\sin(300°) = \sin(360° - 60°)$

$\qquad = -\sin(60°)$

$\cos(310°) = \cos(360° - 50°)$

$\qquad = \cos(50°)$

Trägt man einen Winkel **gegen die Drehrichtung des Uhrzeigers** ab, ist der Winkel **positiv. In Drehrichtung des Uhrzeigers abgetragene Winkel sind negativ.**

Für Sinus und Kosinus gilt:

> **Beachten Sie:**
>
> $\sin(360° - \alpha) = \sin(-\alpha) = -\sin(\alpha)$
>
> $\cos(360° - \alpha) = \cos(-\alpha) = \cos(\alpha)$

Für Winkel größer als 360° gilt:

> **Beachten Sie:**
>
> $\sin(360° + \alpha) = \sin(\alpha)$
>
> $\cos(360° + \alpha) = \cos(\alpha)$

Beispiele

$\sin(-50°) = \sin(360° - 50°)$

$\qquad = -\sin(50°)$

$\cos(-30°) = \cos(360° - 30°)$

$\qquad = \cos(30°)$

$\sin(-150°) = \sin(360° - 150°) = \sin(210°)$

$\qquad = -\sin(150°) = -\sin(180° - 30°)$

$\qquad = -\sin(30°)$

$\cos(-100°) = \cos(360° - 100°)$

$\qquad = \cos(100°)$

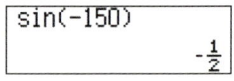

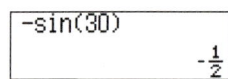

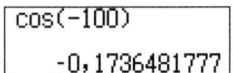

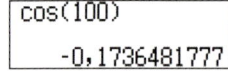

Zusammenfassung

Wie lassen sich die Sinuswerte (Kosinuswerte) beliebiger Winkel auf die Sinuswerte (Kosinuswerte) spitzer Winkel α zwischen 0° und 90° zurückführen?

I. Quadrant: $0° \leq \alpha \leq 90°$

Beachten Sie:

$\sin(0°) = 0;\ \sin(90°) = 1$

$\cos(0°) = 1;\ \cos(90°) = 0$

II. Quadrant: $90° \leq \alpha_1 \leq 180°$

Beachten Sie:

$\sin(\alpha_1) = \sin(180° - \alpha) = \sin(\alpha)$

$\cos(\alpha_1) = \cos(180° - \alpha) = -\cos(\alpha)$

$\sin(180°) = 0$

$\cos(180°) = -1$

III. Quadrant: $180° \leq \alpha_1 \leq 270°$

Beachten Sie:

$\sin(\alpha_1) = \sin(180° + \alpha) = -\sin(\alpha)$

$\cos(\alpha_1) = \cos(180° + \alpha) = -\cos(\alpha)$

$\sin(270°) = -1$

$\cos(270°) = 0$

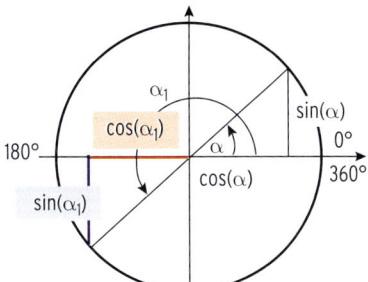

IV. Quadrant: $270° \leq \alpha_1 \leq 360°$

bzw. $-90° \leq \alpha_1 \leq 0°$

Beachten Sie:

$\sin(\alpha_1) = \sin(360° - \alpha)$

$\qquad = \sin(-\alpha) = -\sin(\alpha)$

$\cos(\alpha_1) = \cos(360° - \alpha)$

$\qquad = \cos(-\alpha) = \cos(\alpha)$

$\sin(360°) = 0$

$\cos(360°) = 1$

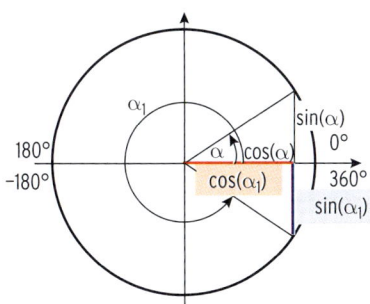

Winkel und Quadrant

2. Quadrant $180° - \alpha$	1. Quadrant α
3. Quadrant $180° + \alpha$	4. Quadrant $360° - \alpha$ $-\alpha$

Vorzeichen von Sinuswerten und Kosinuswerten in den **4 Quadranten**:

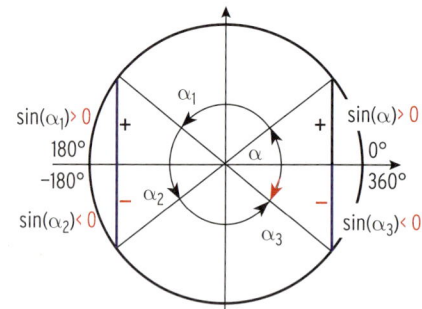   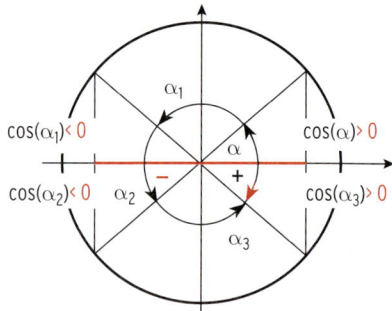

Vorzeichentabelle für die Sinuswerte   für die Kosinuswerte

1 Berechnen Sie mit dem WTR. Runden Sie ggf. auf 2 Dezimalen.

a) $\sin(145°)$ b) $\sin(225°)$ c) $\sin(312{,}5°)$

d) $\sin(-105°)$ e) $\cos(165°)$ f) $\cos(195{,}2°)$

g) $\cos(345°)$ h) $\cos(-30°)$ i) $\sin(423°)$

j) $\cos(500°)$ k) $\sin(-220°)$ l) $\cos(-468{,}3°)$

2 Für welche Winkel α ist

a) $\sin(\alpha)$ positiv und $\cos(\alpha)$ negativ?   b) $\sin(\alpha)$ positiv und $\cos(\alpha)$ positiv?

c) $\sin(\alpha)$ negativ und $\cos(\alpha)$ negativ?   d) $\sin(\alpha)$ negativ und $\cos(\alpha)$ positiv?

3 Bestimmen Sie die zwischen $-360°$ und $360°$ liegenden Werte von α, wenn

a) $\sin(\alpha) = 0{,}707$ b) $\sin(\alpha) = 0{,}866$ c) $\sin(\alpha) = -0{,}5$

d) $\cos(\alpha) = -0{,}707$ e) $\sin(\alpha) = -0{,}245$ f) $\cos(\alpha) = 0{,}909$

g) $\cos(\alpha) = 0{,}5$ h) $\sin(\alpha) = 0$ i) $\cos(\alpha) = -1$

j) $\cos(\alpha) = -0{,}866$ k) $\sin(\alpha) = -0{,}5\sqrt{3}$ l) $\cos(\alpha) = -0{,}5\sqrt{2}$

m) $\sin(\alpha) = -\frac{3}{4}$ n) $\cos(\alpha) = \frac{5}{16}$ o) $\cos(\alpha) = 1 - \sqrt{3}$

4.2.3 Das Bogenmaß eines Winkels

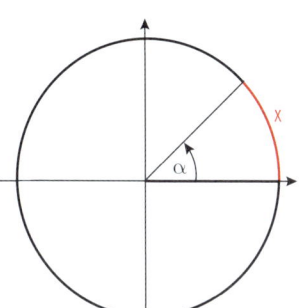

Der Winkel α wird in der Einheit **Grad** angegeben, z.B.
α = 45°. Ein anderes Winkelmaß ist das Bogenmaß.
Die Größe eines Winkels wird durch die **Länge** des
entsprechenden **Bogens im Einheitskreis** gemessen.
Man ordnet dem Winkel 360° den Umfang des Einheits-
kreises $U = 2 \cdot \pi \cdot 1 = 2\pi$ zu, d.h., $360° \triangleq 2\pi = 6{,}28$ zu.

Beispiele für die Zuordnung von Winkel und Bogenlänge:

Winkel α in Grad	180°	90°	60°	45°	30°
Maßzahl der Bogenlänge x (x ist eine reelle Zahl)	$\pi = 3{,}14$	$\frac{\pi}{2} = 1{,}57$	$\frac{\pi}{3} = 1{,}05$	$\frac{\pi}{4} = 0{,}79$	$\frac{\pi}{6} = 0{,}52$

Beachten Sie

Jedem Winkel α lässt sich eindeutig eine reelle Zahl x (Bogenmaß) zuordnen.

Umrechnungsformel: $\frac{2\pi}{360°} = \frac{x}{\alpha}$ ergibt $x = \frac{\pi\alpha}{180°}$ oder $\alpha = \frac{x \cdot 180°}{\pi}$

Beispiele

```
1:Mth2D  2:Linear
3:Deg    4:Rad
5:Gra    6:Fix
7:Sci    8:Norm
```

Das Gradmaß $\alpha = 36{,}7°$ führt auf das Bogenmaß $x = \frac{36{,}7° \cdot \pi}{180°} = 0{,}64$.

Das Bogenmaß $x = \frac{\pi}{10}$ führt auf das Gradmaß $\alpha = \frac{\pi \cdot 180°}{10\pi} = 18°$.

```
sin(,5)
         0,4794255386
```

Berechnung mit dem WTR (x im Bogenmaß):

$\sin(0{,}5) = 0{,}48$ $\qquad \cos(0{,}5\pi) = 0$

$\sin(-2{,}5) = -0{,}60$ $\qquad \cos(\pi) + 1 = 0$

```
cos(,5π)
                  0
```

Hinweis: Ist der Winkel im – **Gradmaß (α)** gegeben, rechnet man im **Modus DEG**,
– **Bogenmaß (x)** gegeben, rechnet man im **Modus RAD**.

Aufgaben

1 Bestimmen Sie.

a) $\sin(1{,}8)$ **b)** $\cos(0{,}9)$ **c)** $\sin(3{,}14)$ **d)** $\cos(1{,}57)$ **e)** $\sin(-1{,}57)$

2 Welcher Winkel α gehört zum Bogenmaß x oder umgekehrt?

a) $x = 1{,}5$ **b)** $\alpha = 45°$ **c)** $x = 3$ **d)** $\alpha = 120°$ **e)** $x = -1$

3 Übertragen Sie die Abbildung in
Ihr Heft.
Kennzeichnen Sie am Einheitskreis das Bogenmaß x, sin(x) und
cos(x).

a) 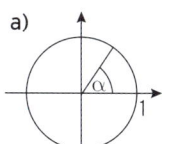 b) 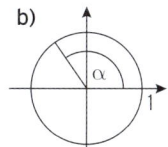 c)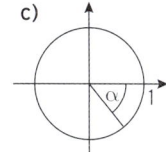

4 Schätzen Sie ab: $\sin(1{,}5°)$ und $\sin(1{,}5)$. Erklären Sie Ihr Ergebnis.

4.3 Trigonometrische Funktionen

4.3.1 Sinus- und Kosinusfunktion

Die Funktion f mit $f(x) = \sin(x)$; $x \in \mathbb{R}$, heißt **Sinusfunktion.**
Schaubild **(Sinuskurve)**

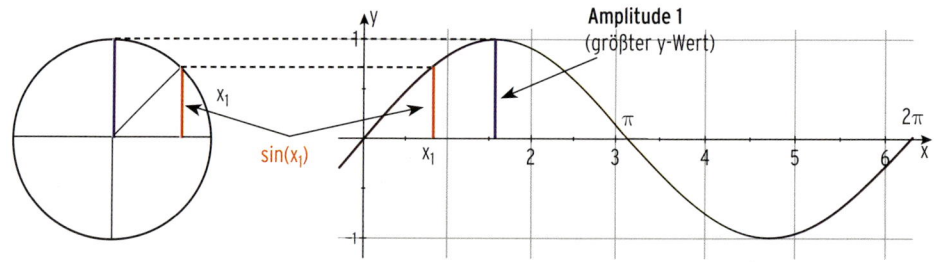

Die Funktion g mit $g(x) = \cos(x)$; $x \in \mathbb{R}$, heißt **Kosinusfunktion.**
Schaubild **(Kosinuskurve)**

Wertetabelle

(Schrittweite 1):

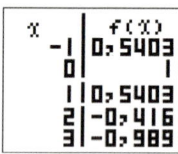

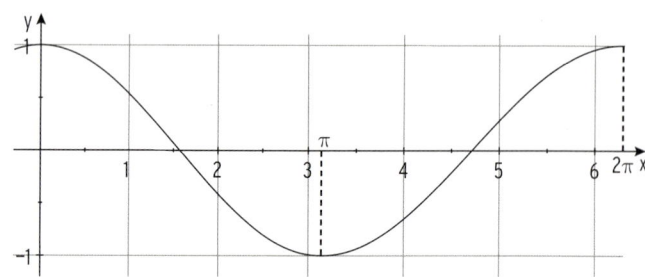

Beachten Sie die folgenden Eigenschaften von Sinus- und Kosinusfunktion:

1) **Wertebereich:** $W = [-1; 1]$ d.h.: $\qquad -1 \leq \sin(x) \leq 1$ bzw. $-1 \leq \cos(x) \leq 1$
    Sinus- und Kosinusfunktion haben die **Amplitude 1.**

2) **Periodizität:** Wegen $\sin(x) = \sin(x \pm 2\pi)$ bzw. $\cos(x) = \cos(x \pm 2\pi)$ gilt:
    Sinus- und Kosinusfunktion haben die **Periode 2π.**

3) **Nullstellen** von f mit $f(x) = \sin(x)$; $x \in \mathbb{R}$
    Bedingung: $f(x) = 0$ $\qquad\qquad\qquad$ $\sin(x) = 0$ für $x = 0$; $\pm\pi$; $\pm 2\pi$; ...
    Nullstellen von f: $\qquad\qquad\qquad$ $x_1 = 0$; $x_{2|3} = \pm\pi$; $x_{4|5} = \pm 2\pi$; ...
    allgemein: $\qquad\qquad\qquad\qquad$ $x_n = n \cdot \pi$; $n \in \mathbb{Z}$
    Nullstellen von g mit $g(x) = \cos(x)$; $x \in \mathbb{R}$
    Bedingung: $g(x) = 0$ $\qquad\qquad\qquad$ $\cos(x) = 0$ für $x = \pm\frac{\pi}{2}$; $\pm\frac{3}{2}\pi$; ...
    Nullstellen von g: $\qquad\qquad\qquad$ $x_{1|2} = \pm\frac{\pi}{2}$; $x_{3|4} = \pm\frac{3}{2}\pi$; $x_{5|6} = \pm\frac{5}{2}\pi$; ...
    allgemein: $\qquad\qquad\qquad\qquad$ $x_n = \frac{\pi}{2} + n \cdot \pi$; $n \in \mathbb{Z}$

4.3.2 Funktionen der Form $f(x) = a\sin(x) + b$ bzw. $f(x) = a\cos(x) + b$

Beispiel

➲ Gegeben ist die Funktion f für $x \in \mathbb{R}$.
Wie entsteht das Schaubild K von f aus der Sinuskurve?
Bestimmen Sie die Amplitude und den Wertebereich von f und zeichnen Sie K.

a) $f(x) = 3\sin(x)$ b) $f(x) = \sin(x) + 2$ c) $f(x) = 0,5\sin(x) - 1$

Lösung

a) $f(x) = 3\sin(x)$

Die Sinuskurve $(y = \sin(x))$
wird mit Faktor 3 in y-Richtung gestreckt.

Amplitude: a = 3 (größter „Ausschlag" von
der x-Achse)

Wertebereich: $W = [-3; 3]$

Hinweis: Nullstellen von f:
$$x_1 = \pi; \ x_2 = 2\pi; \ x_3 = 3\pi; \ ...$$

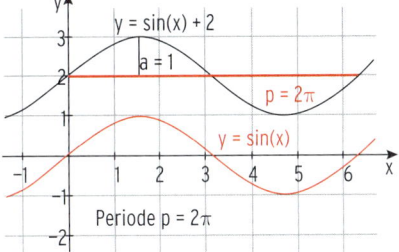

b) $f(x) = \sin(x) + 2$

Die Sinuskurve $(y = \sin(x))$ wird um 2 nach
oben verschoben.

Amplitude: a = 1 (größter „Ausschlag" von der
Mittellinie mit der Gleichung y = 2)

Wertebereich von $-1 + 2$ bis $1 + 2$: $W = [1; 3]$

Hinweis: f hat keine Nullstellen, da $1 \le f(x) \le 3$

c) Die Sinuskurve wird mit Faktor 0,5
in y-Richtung gestreckt:

$g(x) = 0,5\sin(x)$ mit der Amplitude $a = 0,5$.

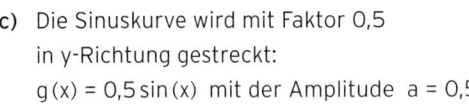

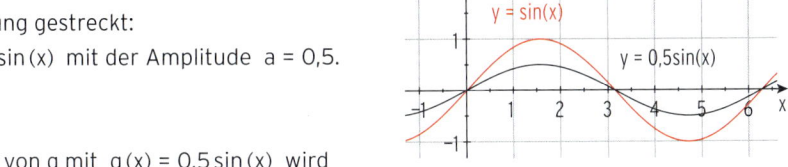

Der Graph von g mit $g(x) = 0,5\sin(x)$ wird
um 1 nach unten verschoben:

$f(x) = 0,5\sin(x) - 1$; $y_H = -0,5$; $y_T = -1,5$

Amplitude: $a = \dfrac{y_H - y_T}{2}$

$a = \dfrac{-0,5 - (-1,5)}{2} = 0,5$

Wertebereich von $-0,5 - 1$ bis $0,5 - 1$:

$$W = [-1,5; -0,5]$$

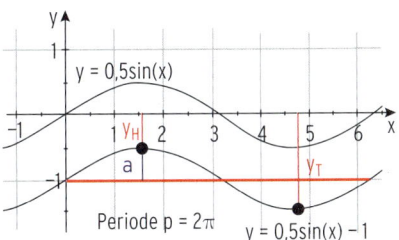

Hinweis: f hat keine Nullstellen, da $-1,5 \le f(x) \le -0,5$.

Beachten Sie:

Die **Amplitude** ist die halbe Differenz
der y-Werte des höchsten und des tiefsten Punktes: $\dfrac{y_H - y_T}{2}$.

Beispiel

⟳ Gegeben ist die Funktion f für $x \in \mathbb{R}$.

Wie entsteht das Schaubild K von f aus der Kosinuskurve?

Bestimmen Sie die Amplitude und den Wertebereich von f.

a) $f(x) = -2\cos(x)$ **b)** $f(x) = 2 + 3\cos(x)$

Lösung

a) $f(x) = -2\cos(x)$

Die Kosinuskurve $(y = \cos(x))$ wird an
der x-Achse gespiegelt: $h(x) = -\cos(x)$
Der Graph von h mit $h(x) = -\cos(x)$
wird mit Faktor 2 in y-Richtung gestreckt:
$f(x) = -2\cos(x)$ mit Amplitude 2

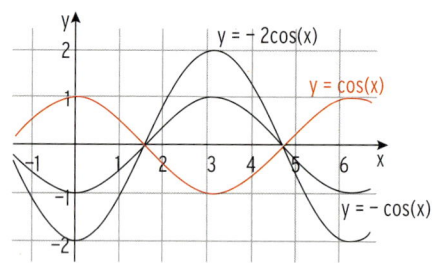

Hinweis: $a = -2$, aber die Amplitude ist 2 (immer eine positive Zahl).

Schreibweise für die Amplitude: $|a| = |-2| = 2$

Wertebereich von f: $W = [-2; 2]$

Nullstellen von f: $x_1 = 0$; $x_2 = \pm\pi$; $x_3 = \pm 2\pi$; ...

$f(x) = 2 + 3\cos(x)$

Die Kosinuskurve $(y = \cos(x))$ wird mit Faktor 3 in **y-Richtung gestreckt**:

$h(x) = 3\cos(x)$

Der Graph von h mit $h(x) = 3\cos(x)$ wird um 2 nach oben verschoben:

$f(x) = 3\cos(x) + 2$

Amplitude: $a = 3$ Wertebereich: $W = [1; 5]$

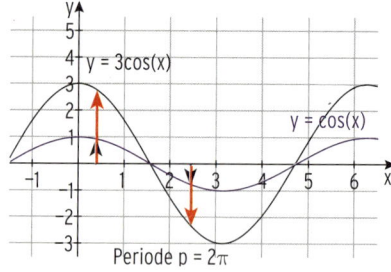 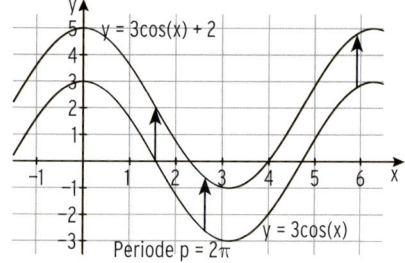

Beispiel

⮩ Das Schaubild K_f einer Funktion f mit der Gleichung $y = -2\sin(x)$ entspricht keinem der dargestellten Schaubilder.

Begründen Sie obige Aussage, indem Sie je eine Eigenschaft der Schaubilder nennen, die mit den Funktionseigenschaften nicht vereinbar ist.

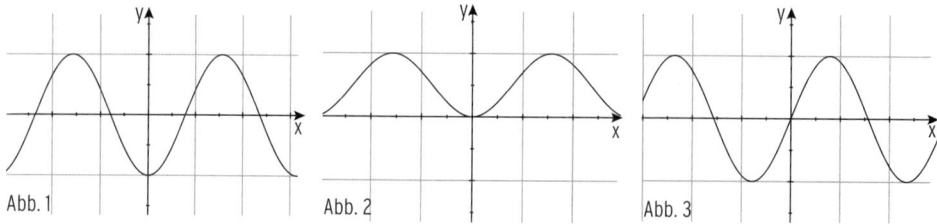

Abb. 1   Abb. 2   Abb. 3

Lösung

Eigenschaften von K_f: K_f schneidet die x-Achse im Ursprung O.

$f(x)$ wechselt in O das Vorzeichen von + nach −.

Schaubild 1 verläuft nicht durch den Koordinatenursprung.

Schaubild 2 berührt die x-Achse im Ursprung.

Schaubild 3: Die y-Werte der Kurvenpunkte wechseln bei O das Vorzeichen von − nach +.

Beispiel

⮩ Das Schaubild einer Funktion f mit $f(x) = a\cos(x) + b$ ist dargestellt.

Bestimmen Sie den Funktionsterm aus der Abbildung.

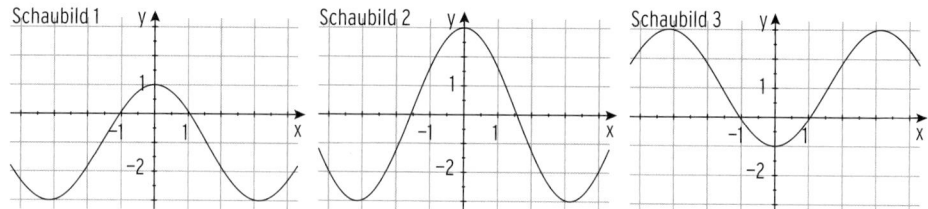

Schaubild 1   Schaubild 2   Schaubild 3

Lösung

Alle Schaubilder haben die Periode $p = 2\pi$.

Schaubild 1 hat die **Amplitude** $a = 2$ und K: $y = 2\cos(x)$ ist um 1 in negativer y-Richtung verschoben worden. K_1: $f(x) = 2\cos(x) - 1$

Schaubild 2 hat die **Amplitude** $a = 3$ und K: $y = 3\cos(x)$ ist nicht in y-Richtung verschoben. K_2: $f(x) = 3\cos(x)$

Schaubild 3 hat die **Amplitude** 2 und K: $y = 2\cos(x)$ ist an der x-Achse gespiegelt ($a = -2$) und danach um 1 nach oben verschoben worden. K_3: $f(x) = -2\cos(x) + 1$

Oder: K_3 erhält man durch Spiegelung von K_1 an der x-Achse.

Aufgaben

1 Bestimmen Sie die Amplitude, die Mittellinie und den Wertebereich.

a) $f(x) = 5\sin(x)$ **b)** $f(x) = -4\cos(x)$ **c)** $f(x) = 3\sin(x) + 2$

d) $f(x) = 6\cos(x) - 4$ **e)** $f(x) = 8 - 5\sin(x)$ **f)** $f(x) = -7\sin(x) - 3$

2 Gegeben ist die Funktion f mit $x \in \mathbb{R}$.
Zeichnen Sie K im angegebenen Intervall.
Wie entsteht K aus der Sinuskurve bzw. Kosinuskurve?

a) $f(x) = 3\sin(x) + 1$; $D = [-1; 7]$ **b)** $f(x) = -0,5\cos(x) + 2$; $D = [-0,5; 2\pi]$

c) $f(x) = 4 - 2\cos(x)$; $D = [-4; 4]$ **d)** $f(x) = 2\sin(x) - 1,5$; $D = [-2; 6]$

3 Das Schaubild einer Funktion f mit $f(x) = a\sin(x) + b$ ist dargestellt.
Bestimmen Sie den Funktionsterm aus der Abbildung.

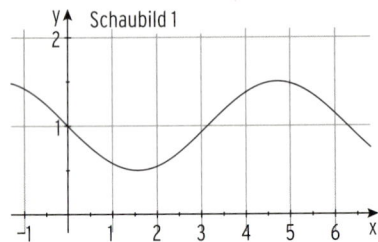 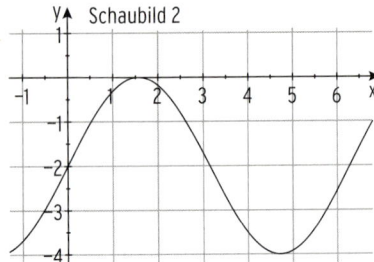

4 Das Schaubild einer Funktion f mit der Gleichung $y = -2\cos(x)$ entspricht keinem der dargestellten Schaubilder.
Begründen Sie obige Aussage, indem Sie je eine Eigenschaft der Schaubilder nennen, die mit den Funktionseigenschaften von f nicht vereinbar ist.

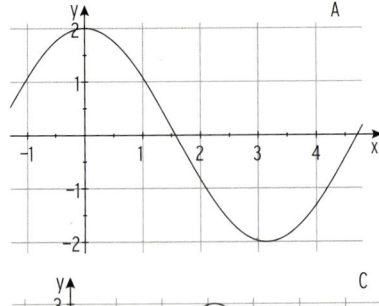 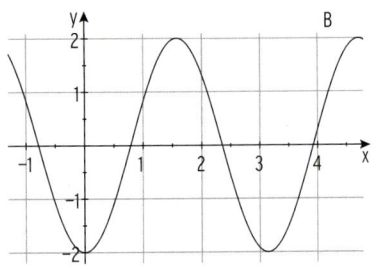

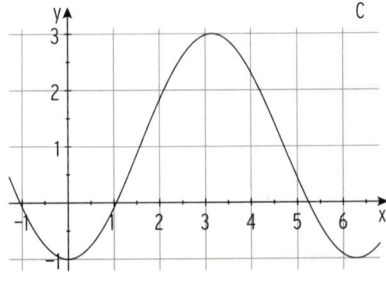 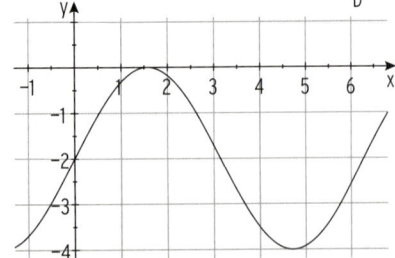

4.3.3 Funktionen der Form $f(x) = a\sin(kx) + b$ bzw. $f(x) = a\cos(kx) + b$

Beispiel

➥ Gegeben ist die Funktion f mit $x \in \mathbb{R}$.
   Wie entsteht K_f aus der Sinuskurve bzw. Kosinuskurve?

a) $f(x) = \sin(2x)$ b) $f(x) = \cos(\pi x)$

Lösung

a)

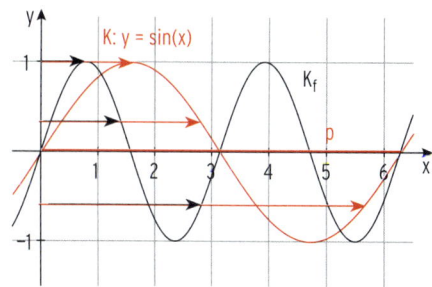

	$y = \sin(x)$	$y = \sin(2x)$
Periode p	2π	π
Nullstellen	$0; \pi; 2\pi; ...$	$0; \frac{\pi}{2}; \pi; ...$

Die Periode hat sich **halbiert**.
K_f entsteht aus der Sinuskurve
$(y = \sin(x))$ durch **Streckung in**
x-Richtung mit Faktor $\frac{1}{2}$.

Hinweis: Eine Periode ist der **Abstand** von einer Nullstelle bis zur übernächsten
            Nullstelle, wenn keine Verschiebung in y-Richtung vorliegt.

b)

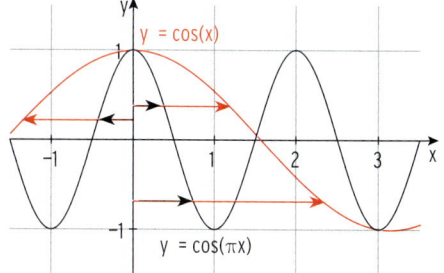

	$y = \cos(x)$	$y = \cos(\pi x)$
Periode p	2π	$2 = \frac{2\pi}{\pi}$
Nullstellen	$\frac{\pi}{2}; \frac{3}{2}\pi; ...$	$\frac{1}{2}; \frac{3}{2}; ...$

Die Periode hat sich mit dem Faktor $\frac{1}{\pi}$
verändert. K_f entsteht aus der Kosinuskurve $(y = \cos(x))$ durch **Stre-**
ckung in x-Richtung mit Faktor $\frac{1}{\pi}$.

Hinweis: Eine Periode ist der **Abstand** der x-Werte von zwei aufeinanderfolgenden
            „Hochpunkten" bzw. „Tiefpunkten".

Periode von f mit $f(x) = \mathbf{sin(kx)}$ bzw. g mit $g(x) = \mathbf{cos(kx)}$

Faktor k	1	2	0,5	3	π	4	allgemein: k
Periode p	2π	π	4π	$\frac{2}{3}\pi$	2	$\frac{\pi}{2}$	$\frac{2\pi}{k}$
Streckung von K: $y = \sin(x)$ bzw. K: $y = \cos(x)$ in x-Richtung mit Faktor	1	$\frac{1}{2}$	2	$\frac{1}{3}$	$\frac{1}{\pi}$	$\frac{1}{4}$	$\frac{1}{k}$

Beispiel

➲ Gegeben ist die Funktion f mit $f(x) = \frac{1}{2} - \cos\left(\frac{x}{2}\right)$; $x \in \mathbb{R}$.

Bestimmen Sie Amplitude und Periode mithilfe einer Zeichnung.
Wie entsteht K_f aus der Kosinuskurve?

Lösung

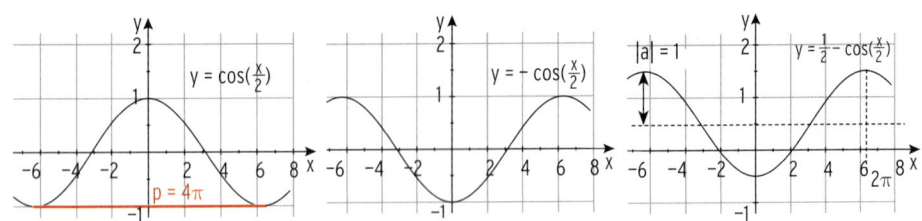

K_f hat die **Amplitude** 1 $(a = -1)$ und ist **symmetrisch** zur y-Achse; f hat die
Periode p = 4π.
Das Schaubild mit der Gleichung $y = \cos(x)$ wird in folgender Reihenfolge abgebildet:

1. in x-Richtung mit Faktor 2 gestreckt $\left(y = \cos\left(\frac{x}{2}\right)\right)$,

2. an der x-Achse gespiegelt $\left(y = -\cos\left(\frac{x}{2}\right)\right)$

3. um $\frac{1}{2}$ nach oben verschoben.

Beispiel

➲ Das gezeichnete Schaubild hat die Glei-
chung $y = a\sin(kx) + b$.
Bestimmen Sie a, k und b sowie die
Periodenlänge. Begründen Sie.

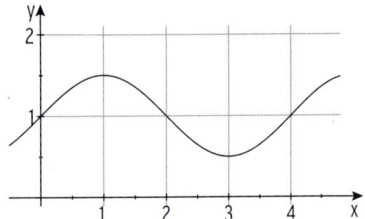

Lösung

y-Differenz von höchstem und tiefstem Punkt:
$y_H - y_T = 1{,}5 - 0{,}5 = 1$

Amplitude: $a = \frac{y_H - y_T}{2} = 0{,}5$

Periode: $p = 4 = \frac{2\pi}{k} \Rightarrow k = \frac{\pi}{2}$

K: $y = 0{,}5\sin\left(\frac{\pi}{2}x\right)$ wird um 1 nach oben

verschoben: $b = 1$

Funktionsterm: $f(x) = 0{,}5\sin\left(\frac{\pi}{2}x\right) + 1$

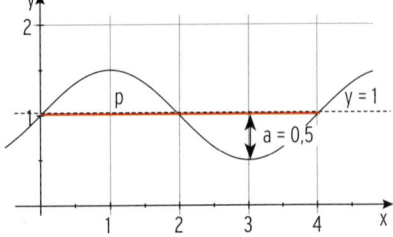

Beachten Sie:

Das Schaubild einer Funktion f mit $f(x) = a\sin(kx) + b$

bzw. $f(x) = a\cos(kx) + b$

entsteht aus der Sinuskurve bzw. der Kosinuskurve durch

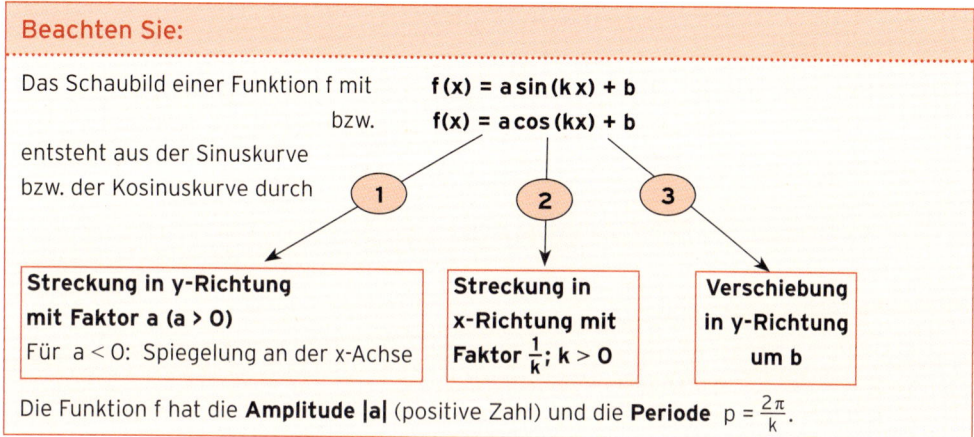

① **Streckung in y-Richtung mit Faktor a (a > 0)**
Für a < 0: Spiegelung an der x-Achse

② **Streckung in x-Richtung mit Faktor $\frac{1}{k}$; k > 0**

③ **Verschiebung in y-Richtung um b**

Die Funktion f hat die **Amplitude |a|** (positive Zahl) und die **Periode** $p = \frac{2\pi}{k}$.

Beispiel

K: $f(x) = 2\sin(\pi x) + 1$, dabei ist $a = 2$, $k = \pi$ und $b = 1$.

Ausgangskurve: H_1: $y = \sin(x)$

Zu 1:

$a = 2$

Streckung von H_1: $y = \sin(x)$ **in y-Richtung mit Faktor** $a = 2$ ergibt H_2: $y = 2\sin(x)$.

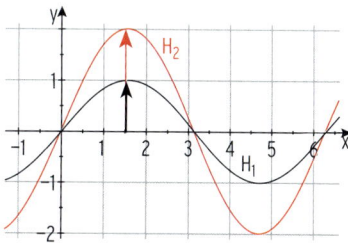

Zu 2:

$k = \pi$

Streckung von H_2: $y = 2\sin(x)$ **in x-Richtung**

mit Faktor $\frac{1}{k} = \frac{1}{\pi}$ **ergibt** H_3: $y = 2\sin(\pi x)$.

H_3 hat die **Periode** $p = \frac{2\pi}{k} = 2$.

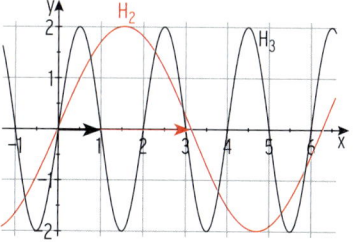

Zu 3:

$b = 1$

Verschiebung von H_3: $y = 2\sin(\pi x)$
in y-Richtung um b (1 nach oben) ergibt:

K: $y = 2\sin(\pi x) + 1$

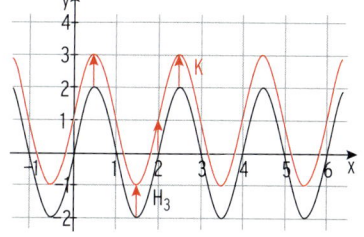

Hinweis: Verschiebt man G: $y = \sin(x)$ um 2 nach rechts, so wird x durch $(x - 2)$ ersetzt und man erhält G*: $y = \sin(x - 2)$.

1 Bestimmen Sie die Amplitude, die Periode und die Gleichung der Mittellinie.

a) $f(x) = 3\sin(x)$ **b)** $f(x) = 2\cos(5x)$ **c)** $f(x) = -5\sin(2x) + 1$

d) $f(x) = 4\cos(\pi x) + 3$ **e)** $f(x) = 3 - 6\sin\left(\frac{x}{2}\right)$ **f)** $f(x) = -2\cos\left(\frac{\pi}{2}x\right) - 3$

d) e) f)

2 K ist das Schaubild der Funktion f. Zeichnen Sie K im angegebenen Intervall D.

a) $f(x) = \sin(x) + 1$; $D = [-2\pi; 2\pi]$ **b)** $f(x) = 3\cos(2x)$; $D = [-\pi; \pi]$

c) $f(x) = -\cos(3x)$; $D = [-3; 3]$ **d)** $f(x) = 4\sin(\pi x)$; $D = [-2; 2]$

3 K_f ist das Schaubild der Funktion f mit $x \in \mathbb{R}$.
Wie entsteht K_f aus der Sinus- bzw. der Kosinuskurve?
Bestimmen Sie die Periodenlänge und den Wertebereich.

a) $f(x) = 1 - 3\sin(\pi x)$ **b)** $f(x) = 2\cos(3x) + 1$

c) $f(x) = 0{,}5\cos(x + 1)$ **d)** $f(x) = -\sin(x - 3)$

4 K_f ist das Schaubild der Funktion f mit $f(x) = 1 - \frac{4}{5}\sin(2x)$; $x \in \mathbb{R}$

a) Zeigen Sie: Das Schaubild K_f hat keinen gemeinsamen Punkt mit der x-Achse.

b) Verschieben Sie K_f so, dass die verschobene Kurve mindestens einen gemeinsamen Punkt mit der x-Achse hat.

5 Das gezeichnete Schaubild (siehe Abb.) hat die
Gleichung $y = a\sin(0{,}5x) + b$. Bestimmen Sie
a und b sowie die Periodenlänge.
Begründen Sie.

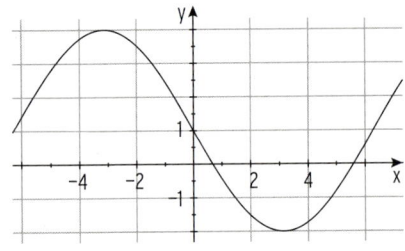

6 Das gezeichnete Schaubild hat die Gleichung $y = a\cos(kx) + b$.
Bestimmen Sie a, k und b sowie die Periodenlänge. Begründen Sie.

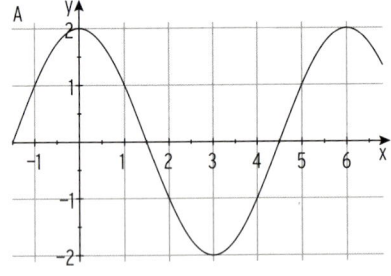

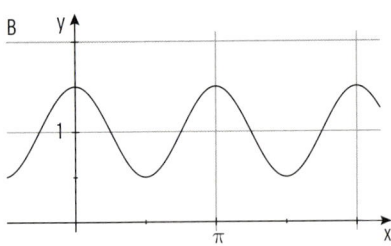

7 Wie entsteht das Schaubild K_g aus K_f?

a) $f(x) = \cos(x)$; $g(x) = 3\cos(0{,}5x)$ **b)** $f(x) = \sin(x)$; $g(x) = -0{,}5\sin(2x) - 2$

c) $f(x) = 2\sin(3x)$; $g(x) = \sin(3x) - 1$ **d)** $f(x) = -\cos(4x)$; $g(x) = \cos(4x) + 5$

8 Gegeben sind die Funktionen f und g. Hat die Gleichung $f(x) = g(x)$ eine Lösung? Begründen Sie mithilfe der zugehörigen Wertebereiche.

a) $f(x) = \cos(3x)$; $g(x) = 2$

b) $f(x) = \cos(2x)$; $g(x) = 3 + \sin(x)$

9 Bestimmen Sie ohne Hilfsmittel.

a) $\sin(\pi)$

b) $\cos(-\pi)$

c) $\cos\left(\frac{3}{2}\pi\right)$

d) $\sin\left(-\frac{\pi}{2}\right)$

10 Geben Sie den Term einer trigonometrischen Funktion an mit der Amplitude a und der Periode p.

a) $a = 3$; $p = \pi$

b) $a = 0,5$; $p = 6$

c) $a = 2,5$; $p = 3\pi$

11 Welche Funktion gehört zu welchem Graphen? Begründen Sie Ihre Wahl.

a) $f(x) = 2\cos(2x)$

b) $f(x) = -1,5\cos(2x)$

c) $f(x) = 2\cos\left(\frac{2\pi}{3}x\right)$

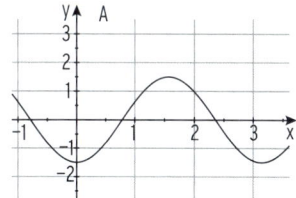 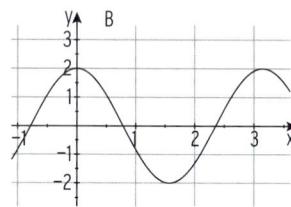 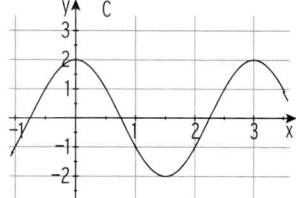

12 Die Funktion f mit $f(x) = 2\sin(2x) - 1$ hat das Schaubild K_f.

Keines der gezeigten Schaubilder ist K_f. Begründen Sie an jeweils einer Eigenschaft.

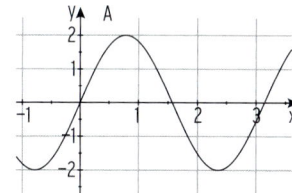 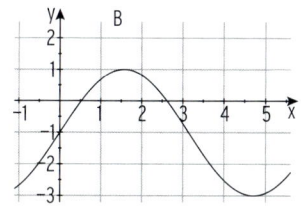 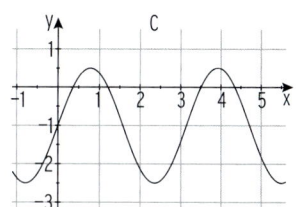

13 Bestimmen Sie einen passenden Funktionsterm.

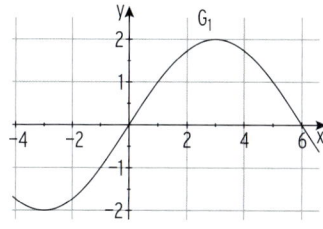 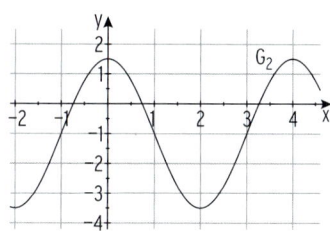

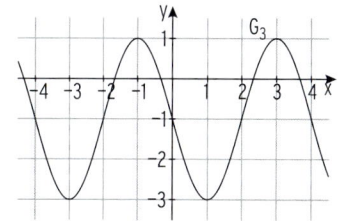 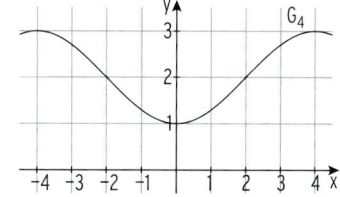

4.4 Trigonometrische Gleichungen und geometrische Interpretation

4.4.1 Lösung von trigonometrischen Gleichungen

Gleichungen der Form $\sin(kx) = 0$ bzw. $\cos(kx) = 0$

Vorbetrachtung:

Man liest ab: $\sin(0) = 0$; $\sin(\pm\pi) = 0$; $\sin(\pm 2\pi) = 0$

Allgemein gilt:

$\sin \blacksquare = 0$ für $\blacksquare = 0; \pm\pi; \pm 2\pi; \pm 3\pi; \ldots$

$\blacksquare = n \cdot \pi$; $n \in \mathbb{Z}$

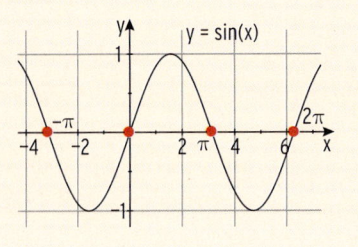

Beispiel

⮕ Bestimmen Sie alle Lösungen exakt.

a) $\sin(2x) = 0$, $x \in [0; 4]$

b) $3\sin\left(\frac{\pi}{4}x\right) = 0$, $x \in [-2; 10]$

Lösung

a) Zu lösende Gleichung:

$\sin(2x) = 0$

$2x = 0; \pm\pi; \pm 2\pi; \pm 3\pi; \ldots \qquad |:2$

$x = 0; \pm\frac{\pi}{2}; \pm\pi; \ldots$

Lösungen im Intervall $[0; 4]$: $\quad x_1 = 0$; $x_2 = \frac{\pi}{2}$; $x_3 = \pi$

b) Zu lösende Gleichung:

$3\sin\left(\frac{\pi}{4}x\right) = 0 \qquad\qquad |:3$

$\sin\left(\frac{\pi}{4}x\right) = 0$

$\frac{\pi}{4}x = 0; \pm\pi; \pm 2\pi; \pm 3\pi; \ldots \qquad |\cdot\frac{4}{\pi}$

$x = 0; \pm 4; \pm 8; \ldots$

Lösungen im Intervall $[-2; 10]$: $\quad x_1 = 0$; $x_2 = 4$; $x_3 = 8$

Hinweis: $x_4 = -4 < -2$ bzw. $x_5 = 12 > 10$

x_4 und x_5 sind **keine Lösungen** auf dem gegebenen Intervall $[-2; 10]$.

Sind **alle Lösungen** auf $\mathbb{R}$ gesucht, so gilt: $L = \{0; \pm 4; \pm 8; \pm 12; \ldots\}$

Vorbetrachtung:

Man liest ab: $\cos\left(\pm\frac{\pi}{2}\right) = 0$; $\cos\left(\pm\frac{3}{2}\pi\right) = 0$; ...

Allgemein gilt: $\cos \blacksquare = 0$ für $\blacksquare = \pm\frac{\pi}{2}$; $\pm\frac{3}{2}\pi$; $\pm\frac{5\pi}{2}$

$\blacksquare = \frac{\pi}{2} + n\cdot\pi$; $n\in\mathbb{Z}$

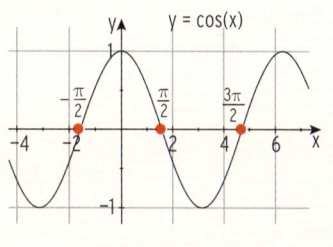

Beispiel

⮕ Bestimmen Sie alle Lösungen von $\cos\left(\frac{2}{3}x\right) = 0$ für $-4 < x < 4$ exakt.

Lösung

Zu lösende Gleichung:
$$\cos\left(\frac{2}{3}x\right) = 0$$
$$\frac{2}{3}x = \pm\frac{\pi}{2}; \pm\frac{3}{2}\pi; \pm\frac{5}{2}\pi; ... \quad \mid \cdot\frac{3}{2}$$
$$x = \pm\frac{3}{4}\pi; \pm\frac{9}{4}\pi; ...$$

Zwei Lösungen für $-4 < x < 4$:
$$x_{1|2} = \pm\frac{3}{4}\pi$$
$$x_3 = \frac{9}{4}\pi > 4, \text{ keine Lösung}$$

Beispiel

⮕ Bestimmen Sie drei Lösungen von $-\frac{1}{2}\cos(\pi x) = 0$ exakt.

Lösung

Zu lösende Gleichung:
$$-\frac{1}{2}\cos(\pi x) = 0 \quad \mid \cdot (-2)$$
$$\cos(\pi x) = 0$$
$$\pi x = \pm\frac{\pi}{2}; \pm\frac{3}{2}\pi; \pm\frac{5}{2}\pi; ... \quad \mid : \pi$$

Lösungen:
$$x = \pm\frac{1}{2}; \pm\frac{3}{2}; \pm\frac{5}{2}; ...$$

Drei Lösungen:
$$x_1 = \frac{1}{2}; \ x_2 = \frac{3}{2}; \ x_3 = \frac{5}{2}$$

Aufgaben

1 Bestimmen Sie alle Lösungen für $0 \leq x \leq 2\pi$.

a) $-2\sin(x) = 0$ **b)** $\frac{1}{3}\cos(x) = 0$ **c)** $\cos(3x) = 0$ **d)** $\sin(2x) = 0$

2 Bestimmen Sie die exakten Lösungen, die im Intervall $[-\pi; \pi]$ liegen.

a) $\sin\left(\frac{x}{2}\right) = 0$ **b)** $5\cos(\pi x) = 0$ **c)** $3\cos\left(\frac{\pi}{4}x\right) = 0$ **d)** $-4\sin\left(\frac{3}{4}x\right) = 0$

3 Bohner, Ott, Deusch - ISBN 978-3-8120-0303-2

Gleichungen der Form sin (kx) = u

Beispiel

➲ Bestimmen Sie alle Lösungen von $\sin(x) = \frac{1}{2}$ im Intervall $[0; 2\pi]$.

Lösung

Der WTR gibt eine exakte Lösung an: $x_1 = \frac{\pi}{6}$

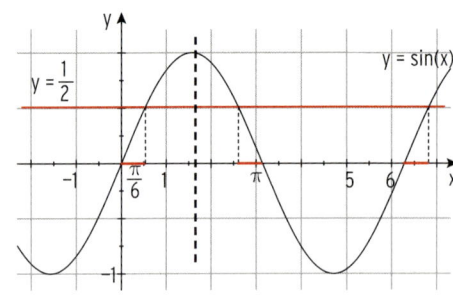

Hinweis: Der Wert kann auch der Tabelle (*) entnommen werden (Formelsammlung, Merkhilfe).

Bestimmung einer **weiteren Lösung** mithilfe der Sinuskurve.

Man **zeichnet** die **Sinuskurve (y = sin (x))** **und eine Parallele zur x-Achse** mit der Gleichung $y = \frac{1}{2}$.

Die Kurve mit der Gleichung y = sin (x) ist **symmetrisch zur Geraden** mit der Gleichung $x = \frac{\pi}{2}$.

Man erkennt eine zweite Lösung: $\qquad x_2 = \pi - \frac{\pi}{6} = \frac{5}{6}\pi$

Weitere Lösungen erhält man durch **Addition** von Vielfachen der **Periode** p = 2π:
$$x_3 = \frac{\pi}{6} + 2\pi = \frac{13}{6}\pi$$

Keine weiteren Lösungen, da $x_3 > 2\pi$.

Lösungen zwischen 0 und 2π: $\qquad x_1 = \frac{\pi}{6}; \ x_2 = \frac{5}{6}\pi$

Hinweis: Die rot gekennzeichneten Strecken auf der x-Achse sind gleich lang, nämlich $\frac{\pi}{6}$.

(*) **Tabelle der wichtigsten Sinus- und Kosinus-Werte:**

x	0	$\frac{\pi}{6}$	$\frac{\pi}{4}$	$\frac{\pi}{3}$	$\frac{\pi}{2}$
sin (x)	0	$\frac{1}{2}$	$\frac{1}{2}\sqrt{2}$	$\frac{1}{2}\sqrt{3}$	1
cos (x)	1	$\frac{1}{2}\sqrt{3}$	$\frac{1}{2}\sqrt{2}$	$\frac{1}{2}$	0

Beispiel

➲ Bestimmen Sie die exakten Lösungen der Gleichung $\sin(\pi x) = \frac{\sqrt{2}}{2}$; $x \in [0; 3]$.

Lösung

Der WTR liefert für die Gleichung $\sin(z) = \frac{\sqrt{2}}{2}$ eine exakte Lösung: $z_1 = \frac{\pi}{4}$

Hinweis: Dieser Wert kann auch der Tabelle (Merkhilfe) entnommen werden.

Aus der **Zeichnung** mit K: $y = \sin(z)$
(evtl. mit Schablone) liest man ab:

$z_2 = \pi - z_1 = \pi - \frac{\pi}{4} = \frac{3}{4}\pi$
(zweite Lösung von $\sin(z) = \frac{\sqrt{2}}{2}$)

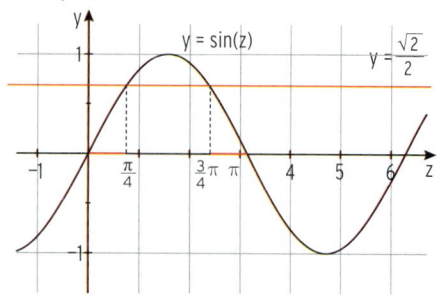

Lösungen in z:

Lösungen in x: Mit $z = \pi x$

$$z_1 = \frac{\pi}{4} \qquad\qquad\qquad z_2 = \frac{3}{4}\pi$$

$$\pi x = \frac{\pi}{4} \quad | : \pi \qquad\qquad \pi x = \frac{3}{4}\pi \quad | : \pi$$

$$x_1 = \frac{1}{4} \qquad\qquad\qquad x_2 = \frac{3}{4}$$

Weitere Lösungen erhält man durch **Addition** von Vielfachen der **Periode** $p = \frac{2\pi}{\pi} = 2$.

Erläuterung: f mit $f(x) = \sin(\pi x)$ hat die Periode $p = \frac{2\pi}{\pi} = 2$. $\sin(\pi x) = \frac{\sqrt{2}}{2}$ hat „auf einer Periode" die Lösungen $x_1 = 0{,}25$ und $x_2 = 0{,}75$. Weitere Lösungen erhält man durch Addition einer Periode $p = 2$.

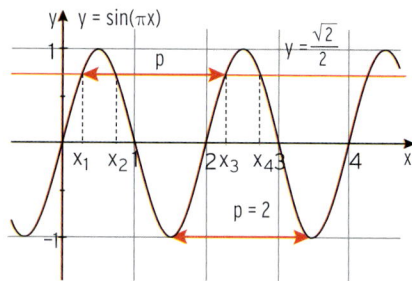

Addition der Periode 2:

$x_3 = 0{,}25 + 2 = 2{,}25$
$x_4 = 0{,}75 + 2 = 2{,}75$

Addition der doppelten Periode:

$x_5 = 0{,}25 + 4 = 4{,}25 > 3$

Lösungen auf [0; 3]:

$x_1 = 0{,}25$; $x_2 = 0{,}75$; $x_3 = 2{,}25$; $x_4 = 2{,}75$

Hinweis: Hat man **alle Lösungen auf einer Periode** bestimmt, erhält man **alle weiteren Lösungen** durch **Addition von Vielfachen der Periode.**

Beispiel

➥ Bestimmen Sie die exakten Lösungen der Gleichung $\sin\left(\frac{1}{2}x\right) = 1$ im Intervall $[-2; 6\pi]$.

Lösung

Der WTR liefert für die Gleichung $\sin(z) = 1$
eine exakte Lösung: $z_1 = \frac{\pi}{2}$

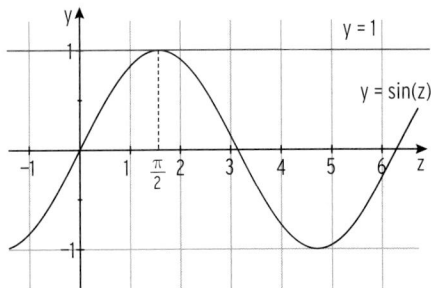

Aus der Zeichnung mit $K: y = \sin(z)$
ist zu erkennen, dass z_1 die einzige
Lösung auf einer Periode
($p = 2\pi$, f mit $f(z) = \sin(z)$) ist,
also gilt:

Lösung in z: $\qquad\qquad\qquad\qquad z_1 = \frac{\pi}{2}$

Lösung in x: Mit $z = \frac{1}{2}x$ $\qquad\qquad \frac{1}{2}x = \frac{\pi}{2} \quad | \cdot 2$
$\qquad\qquad\qquad\qquad\qquad\qquad\quad x_1 = \pi$

Weitere Lösungen erhält man durch **Addition** von Vielfachen der **Periode** von f mit
$f(x) = \sin\left(\frac{1}{2}x\right)$: $p = \frac{2\pi}{\frac{1}{2}} = 4\pi$.

Addition der Periode 4π: $\qquad\qquad x_2 = \pi + 4\pi = 5\pi$

Addition der doppelten Periode: $\qquad x_3 = \pi + 8\pi = 9\pi > 6\pi$

Subtraktion der Periode 4π: $\qquad\quad x_4 = \pi - 4\pi = -3\pi < -2$

Lösungen auf $[-2; 6\pi]$: $\qquad\qquad x_1 = \pi; \ x_2 = 5\pi$

Beispiel

➥ Bestimmen Sie die Lösungen der Gleichung $\sin(2x) = -0{,}4$ für $x \in [0; 3]$.

Lösung

Der WTR liefert für die Gleichung $\sin(z) = -0{,}4$
die Lösung: $z_1 = -0{,}412$

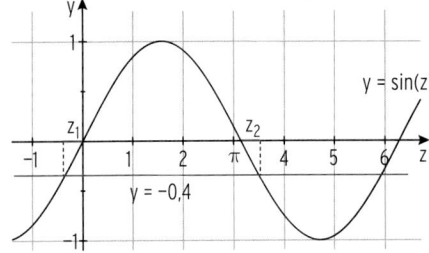

Aus der **Zeichnung** mit $K: y = \sin(z)$
bestimmt man die zweite Lösung von
$\sin(z) = -0{,}4$:

$z_2 = \pi + 0{,}412 = 3{,}554$

Lösungen in z: $\qquad\qquad\quad z_1 = -0{,}412; \qquad\qquad z_2 = 3{,}554$

Lösungen in x: Mit $z = 2x$ $\qquad 2x = -0{,}412 \ | : 2 \qquad 2x = 3{,}554 \ | : 2$
$\qquad\qquad\qquad\qquad\qquad\quad (x_1 = -0{,}206 < 0) \qquad x_2 = 1{,}777$

Weitere Lösungen erhält man durch **Addition** von Vielfachen der **Periode** von f
mit $f(x) = \sin(2x)$: $p = \frac{2\pi}{2} = \pi$.

Addition der Periode π: $\qquad\qquad x_3 = -0{,}206 + \pi = 2{,}936$
$\qquad\qquad\qquad\qquad\qquad\qquad x_4 = 1{,}777 + \pi = 4{,}919 > 3$

Lösungen auf $[0; 3]$: $\qquad\qquad\quad x_2 = 1{,}777; \ x_3 = 2{,}936$

Aufgaben

1 Die Abbildung zeigt das Schaubild K
   der Funktion f mit $f(x) = \sin(x)$.
   Lösen Sie die Gleichung für $x \in [-2; 2\pi]$
   mithilfe der Abbildung.

a) $\sin(x) = 0,8$

b) $\sin(x) = -0,8$

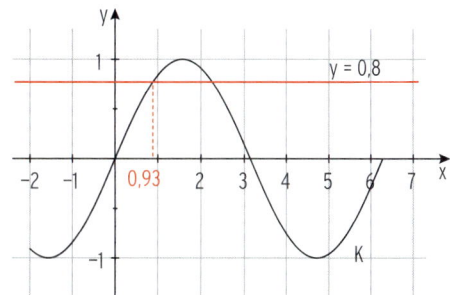

2 Die gegebene Gleichung hat die Lösung x_1.
   Bestimmen Sie die weiteren Lösungen auf $[0; 2\pi]$.

a) $2\sin(x) = \sqrt{3}$; $x_1 = \frac{\pi}{3}$

b) $2\sin(x) = \sqrt{2}$; $x_1 = \frac{\pi}{4}$

3 Geben Sie jeweils drei Lösungen der Gleichung an.

a) $\sin(3x) = \frac{1}{2}$

b) $-2\sin(\pi x) = \frac{1}{2}$

c) $\frac{3}{2}\sin\left(\frac{x}{2}\right) = \frac{1}{2}$

4 Wie viele Lösungen hat die Gleichung für $x \in \left[-\frac{\pi}{2}; 2\pi\right]$? Begründen Sie Ihre Antwort.

a) $\sin(x) = -0,5$

b) $\sin(x) = 0$

c) $\sin(x) = 1$

5 Bestimmen Sie alle Lösungen exakt, die im Intervall $[0; 2\pi]$ liegen.

a) $\sin(x) = 0$

b) $\sin(x) = 1$

c) $\sin(x) = -0,5$

d) $-4\sin\left(\frac{\pi}{4}x\right) = 4$

e) $\sin(x) = 0,5\sqrt{2}$

f) $\sin\left(\frac{\pi}{2}x\right) = \frac{1}{2}\sqrt{3}$

6 Bestimmen Sie alle Lösungen, die im Intervall $[-1; 6,5]$ liegen.

a) $3\sin(x) - 2 = 0$

b) $\sin(x) = \frac{1}{3}$

c) $-5\sin(2x) = 3$

7 Berechnen Sie x ungerundet so, dass die Gleichung im Intervall $[-4; 4]$ erfüllt ist.

a) $1 - 2\sin(x) = 0$

b) $-4\sin(\pi x) + 2\sqrt{3} = 0$

c) $\sqrt{3}\sin(x) - \sqrt{3} = 0$

d) $2\sin\left(\frac{x}{2}\right) + \sqrt{2} = 0$

e) $2\sin\left(\frac{2}{3}x\right) = 3\sin\left(\frac{2}{3}x\right)$

f) $2\sin(2x) = \sin(2x) - 1$

8 Welche Gleichung hat eine Lösung, welche nicht? Begründen Sie Ihre Antwort.

a) $\sin(2x) - 3 = 0$

b) $4\sin(x) - 3 = 0$

c) $\sin(2x) = 3 + \sin(x)$

9 Bestimmen Sie alle Lösungen von $\sin(3x) = 0$ für $x \in \mathbb{R}$.

10 Für welchen Wert von a ist $x = \frac{\pi}{6}$ Lösung der Gleichung $a \cdot \sin(x) - 2 = 0$?
   Berechnen Sie für diesen Wert von a alle Lösungen für $0 < x < 7$.

Gleichungen der Form $\cos(kx) = u$

Beispiel

➥ Bestimmen Sie alle exakten Lösungen von $4\cos(x) - 2 = 0$ auf dem Intervall $[0; 2\pi]$.

Lösung

Umformung:

$$4\cos(x) - 2 = 0 \quad | : 4$$
$$\cos(x) = \frac{1}{2}$$

Mit dem WTR: $\quad x_1 = \frac{\pi}{3}$

Hinweis: Der Wert kann auch der Tabelle (*) entnommen werden (Formelsammlung, Merkhilfe).

Weitere Lösung mithilfe der Kosinuskurve
Die Kosinuskurve ist symmetrisch
zur y-Achse, also $x_2 = -\frac{\pi}{3}$
$\left(\text{zweite Lösung von } \cos(x) = \frac{1}{2}\right)$.

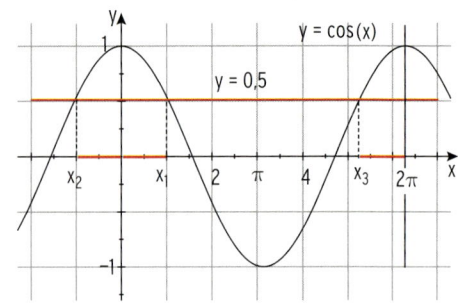

Nun sind **zwei aufeinanderfolgende Lösungen** bekannt: $x_1 = \frac{\pi}{3}$; $x_2 = -\frac{\pi}{3}$

Weitere Lösungen erhält man nun durch **Addition von Vielfachen einer Periode** von f

mit $f(x) = 4\cos(x) - 2$: $p = 2\pi$.

$$x_3 = -\frac{\pi}{3} + 2\pi = \frac{5}{3}\pi$$
$$x_4 = \frac{\pi}{3} + 2\pi = \frac{7}{3}\pi > 2\pi$$

Lösungen zwischen 0 und 2π: $\qquad x_1 = \frac{\pi}{3}$; $x_3 = \frac{5}{3}\pi$

Beachten Sie:

Ist $x_1 \in [0; 2\pi]$ eine Lösung der Gleichung $\cos(x) = u$, so gilt: $x_2 = -x_1$

(*) Tabelle der wichtigsten Sinus- und Kosinus-Werte:

x	0	$\frac{\pi}{6}$	$\frac{\pi}{4}$	$\frac{\pi}{3}$	$\frac{\pi}{2}$
$\sin(x)$	0	$\frac{1}{2}$	$\frac{1}{2}\sqrt{2}$	$\frac{1}{2}\sqrt{3}$	1
$\cos(x)$	1	$\frac{1}{2}\sqrt{3}$	$\frac{1}{2}\sqrt{2}$	$\frac{1}{2}$	0

Beispiel

➲ Bestimmen Sie alle exakten Lösungen der Gleichung
$\cos\left(\frac{2}{3}x\right) = -\frac{1}{2}\sqrt{2}$ im Intervall $[0; 4\pi]$.

Lösung

Der WTR liefert für die Gleichung $\cos(z) = -\frac{1}{2}\sqrt{2}$ eine exakte Lösung: $z_1 = \frac{3}{4}\pi$

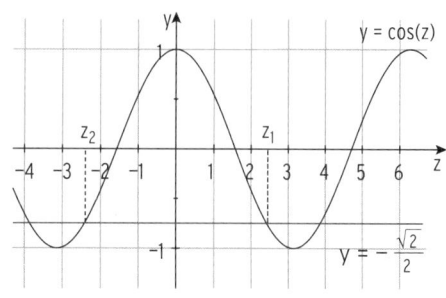

Aufgrund der Symmetrie von
K: $y = \cos(z)$, ergibt sich die
zweite Lösung: $z_2 = -\frac{3}{4}\pi$

Lösungen in z: $\qquad\qquad\qquad z_1 = \frac{3}{4}\pi \qquad\qquad\qquad z_2 = -\frac{3}{4}\pi$

Lösungen in x: Mit $z = \frac{2}{3}x$

$$\frac{2}{3}x = \frac{3}{4}\pi \quad | \cdot \frac{3}{2} \qquad\qquad \frac{2}{3}x = -\frac{3}{4}\pi \mid \cdot \frac{3}{2}$$

$$x_1 = \frac{9}{8}\pi \qquad\qquad\qquad \left(x_2 = -\frac{9}{8}\pi < 0\right)$$

Weitere Lösungen erhält man durch **Addition** von Vielfachen der **Periode** $p = \frac{2\pi}{\frac{2}{3}} = 3\pi$.

Erläuterung: f mit $f(x) = \cos\left(\frac{2}{3}x\right)$ hat die

Periode $p = \frac{2\pi}{\frac{2}{3}} = 3\pi$.

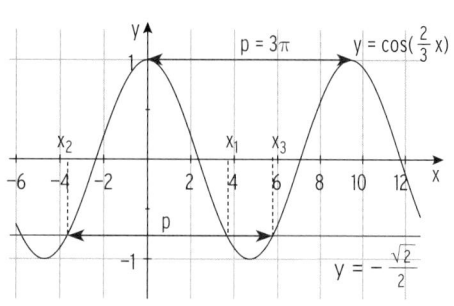

$\cos\left(\frac{2}{3}x\right) = -\frac{\sqrt{2}}{2}$ hat „auf

einer Periode" die Lösungen
$x_1 = \frac{9}{8}\pi$ und $x_2 = -\frac{9}{8}\pi$.

Weitere Lösungen erhält
man durch Addition einer
Periode $p = 3\pi$.

Addition der Periode 3π: $\qquad x_3 = -\frac{9}{8}\pi + 3\pi = \frac{15}{8}\pi$

$$x_4 = \frac{9}{8}\pi + 3\pi = \frac{33}{8}\pi > 4\pi$$

Lösungen auf $[0; 4\pi]$: $\qquad\qquad x_1 = \frac{9}{8}\pi; \ x_3 = \frac{15}{8}\pi$

Hinweis: Hat man **alle Lösungen auf einer Periode** bestimmt, erhält man **alle weiteren Lösungen** durch **Addition von Vielfachen der Periode**.

Beispiel

➜ Bestimmen Sie alle Lösungen der Gleichung $\cos\left(\frac{\pi}{3}x\right) = -0,7$ im Intervall $[0; 2\pi]$.

Lösung

Der WTR liefert eine Lösung für $\cos(z) = -0,7$:

$z_1 = 2,346...$

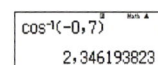

Die Kosinuskurve ist **symmetrisch zur y-Achse**, also $z_2 = -2,346...$

Lösungen in z:

Lösungen in x: Mit $z = \frac{\pi}{3}x$:

$z_1 = 2,346$	$z_2 = -2,346$
$\frac{\pi}{3}x = 2,346 \quad \mid \cdot \frac{3}{\pi}$	$\frac{\pi}{3}x = 2,346 \quad \mid \cdot \frac{3}{\pi}$
$x_1 = 2,240$	$x_2 = -2,240$

Weitere Lösungen erhält man durch **Addition** von Vielfachen der **Periode** von f mit $f(x) = \cos\left(\frac{\pi}{3}x\right)$: $p = \frac{2\pi}{\frac{\pi}{3}} = 6$.

Addition der Periode 6:

$x_3 = -2,240 + 6 = 3,760$

$x_4 = 2,240 + 6 = 8,240 > 2\pi$

Lösungen auf $[0; 2\pi]$:

$x_1 = 2,240; \quad x_3 = 3,760$

Aufgaben

1 Bestimmen Sie die exakten Lösungen, die im Intervall $[-\pi; 2\pi]$ liegen.

a) $\cos(x) = 0$ **b)** $\cos(x) = 0,5$ **c)** $2\cos(x) = \sqrt{2}$

2 Bestimmen Sie alle Lösungen x, die im Intervall $[0; 6,5]$ liegen.

a) $1 + 2\cos(x) = 0$ **b)** $3 - 3\cos(x) = 0$ **c)** $4\cos(x) = -1$

3 Die Abbildung zeigt die Kosinuskurve. Bestimmen Sie x_2, x_3 und x_4.

a)
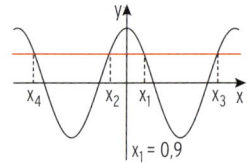

b)
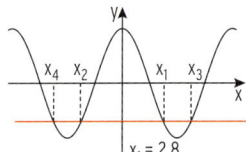

4 Geben Sie jeweils drei Lösungen der Gleichung an.

a) $\cos(3x) = \frac{\sqrt{3}}{2}$ **b)** $\cos\left(\frac{2x}{5}\right) = \frac{\sqrt{3}}{2}$ **c)** $\cos(\pi x) = \frac{\sqrt{3}}{2}$

5 Bestimmen Sie x ungerundet so, dass die Gleichung im Intervall $[-4; 4]$ erfüllt ist.

a) $2 + 2\cos(x) = 0$ **b)** $4\cos(\pi x) + 2\sqrt{2} = 0$ **c)** $\frac{3}{4} - \frac{3}{2}\cos(2x) = 0$

4.4.2 Gemeinsame Punkte

Beispiel

⤷ Gegeben ist die Funktion f mit $f(x) = 1{,}5\sin(3x)$; $x \in [-0{,}5; \pi]$.

Bestimmen Sie die Nullstellen von f.

Zeigen Sie: Je zwei aufeinanderfolgende Nullstellen haben einen Abstand von $\frac{\pi}{3}$.

Lösung

Bedingung für die **Nullstellen**: $f(x) = 0$

$$1{,}5\sin(3x) = 0 \qquad |:1{,}5$$
$$\sin(3x) = 0$$
$$3x = 0;\ \pm\pi;\ \pm2\pi;\ \pm3\pi;\ \dots \quad |:3$$
$$x = 0;\ \pm\frac{\pi}{3};\ \pm\frac{2}{3}\pi;\ \pm\pi;\ \dots$$

Nullstellen von f auf D:

$x_1 = 0$; $x_2 = \frac{\pi}{3}$; $x_3 = \frac{2}{3}\pi$; $x_4 = \pi$

Man erkennt; Je zwei aufeinanderfolgen-

de Nullstellen haben einen Abstand von $\frac{\pi}{3}$.

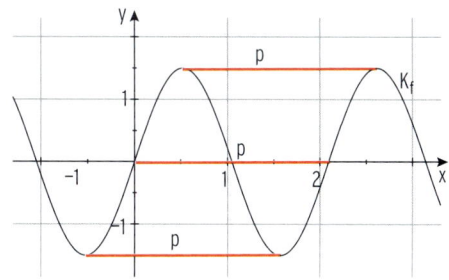

Beispiel

⤷ Gegeben ist die Funktion f mit $f(x) = 3\cos\left(\frac{\pi}{4}x\right)$; $x \in \mathbb{R}$.

Bestimmen Sie die exakte Periode und damit drei Nullstellen von f.

Lösung

f hat die Periode $p = \frac{2\pi}{\frac{\pi}{4}} = 8$.

K_f: $f(x) = 3\cos\left(\frac{\pi}{4}x\right)$ ist symmetrisch zur

Geraden mit der Gleichung $x = 4$.

(4 ist die halbe Periode, siehe Abb.)

f hat die Nullstellen $x_1 = 2$ und $x_2 = 6$.

Weitere Nullstelle: $x_3 = 2 + 8 = 10$

oder $x_3 = -2$.

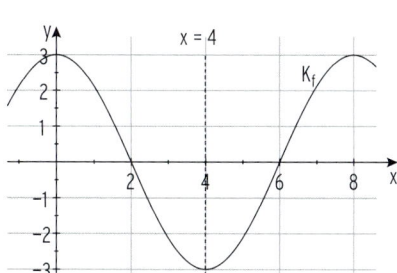

Hinweise: K_f ist nicht in y-Richtung verschoben.

$$\cos\left(\frac{\pi}{4}x\right) = 0 \ \text{für} \ \frac{\pi}{4}x = \pm\frac{\pi}{2};\ \pm\frac{3}{2}\pi;\ \pm\frac{5\pi}{2} \ \ |:\frac{4}{\pi}$$
$$x = \pm2;\ \pm6;\ \pm10;\ \dots$$

Beispiel

➲ K ist das Schaubild von f mit $f(x) = 2\cos(x) + 1$; $x \in [0; 2\pi]$.
Berechnen Sie die Koordinaten der Schnittpunkte von K mit der Parallelen zur x-Achse durch den Punkt $P(0|2)$.

Lösung

Parallele zur x-Achse durch P: $y = 2$
Die Parallele ist das Schaubild der
Funktion g mit $g(x) = 2$.

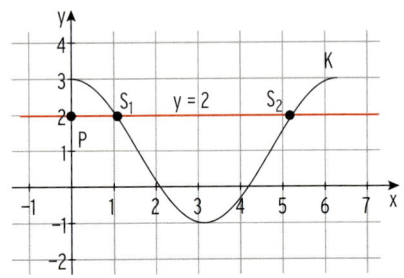

Gleichsetzen: $f(x) = g(x)$

$2\cos(x) + 1 = 2$

$\cos(x) = \dfrac{1}{2}$

Erste Lösung (Schnittstelle) mit WTR:

$x_1 = \dfrac{\pi}{3}$

Weitere Lösung von $\cos(x) = \dfrac{1}{2}$ (auf $\mathbb{R}$):

$x_2 = -\dfrac{\pi}{3}$

Weitere Lösung auf $[0; 2\pi]$:

$x_3 = -\dfrac{\pi}{3} + 2\pi = \dfrac{5}{3}\pi$

$x_4 = \dfrac{\pi}{3} + 2\pi = \dfrac{7}{3}\pi > 2\pi$

Schnittpunkte:

$S_1\left(\dfrac{\pi}{3}\middle|2\right)$; $S_2\left(\dfrac{5}{3}\pi\middle|2\right)$

Beispiel

➲ Die Graphen der Funktionen f und g mit $f(x) = 2\sin(x) - \sqrt{3}$ und $g(x) = 4\sin(x) - \sqrt{3}$
schneiden sich für $x \in [-1{,}5; 7]$ in drei Punkten. Bestimmen Sie diese Punkte.

Lösung

Veranschaulichung:
Schaubilder von f und g

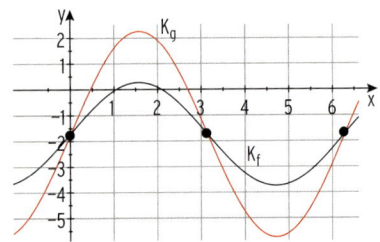

Gleichsetzen: $f(x) = g(x)$

$2\sin(x) - \sqrt{3} = 4\sin(x) - \sqrt{3}$

$\sin(x) = 0$

Schnittstellen:

$x_1 = 0$; $x_2 = \pi$; $x_3 = 2\pi$

Schnittpunkte:

$S_1(0|-\sqrt{3})$; $S_2(\pi|-\sqrt{3})$; $S_3(2\pi|-\sqrt{3})$

Hinweis: Die Schnittpunkte liegen auf einer **Parallelen zur x-Achse** mit der
Gleichung $y = -\sqrt{3}$.

Beispiel

⮕ Gegeben ist die Funktion f mit $f(x) = \sin(2x) + 1$; $x \in \mathbb{R}$.
Es gibt unendlich viele Stellen, an denen die Funktionswerte von f null sind.
Bestimmen Sie diejenige exakt, die am nächsten bei null liegt.
Erläutern Sie, wie sich die anderen Stellen aus dieser berechnen lassen.
Die gemeinsamen Punkte von K_f und der x-Achse sind Berührpunkte.
Erläutern Sie diese Behauptung.
Skizzieren Sie ihr Schaubild K_f.

Lösung
Nullstellen von f

Bedingung: $f(x) = 0$ $\sin(2x) = -1$

Der WTR liefert für die Gleichung

$\sin(z) = -1$ eine exakte Lösung: $z_1 = -\frac{\pi}{2}$

Einzige Lösung „auf einer Periode".

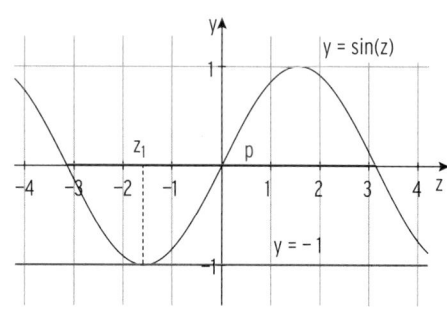

Lösung in z: $z_1 = -\frac{\pi}{2}$

Lösung in x: Mit $z = 2x$ $2x = -\frac{\pi}{2}$ $|:2$

                                 $x_1 = -\frac{\pi}{4}$

Nullstelle von f, die am nächsten bei null liegt: $x_1 = -\frac{\pi}{4}$

Die weiteren Nullstellen erhält man durch Addition von Vielfachen einer Periode von f.

Für die Periode von f gilt: $p = \frac{2\pi}{2} = \pi$

Nullstellen auf $\mathbb{R}$: $x_2 = -\frac{\pi}{4} + \pi = \frac{3}{4}\pi$

                                 $x_3 = -\frac{\pi}{4} + 2\pi = \frac{7}{4}\pi$

                                 $x_4 = -\frac{\pi}{4} + 3\pi = \frac{11}{4}\pi$

Das Schaubild K_f berührt die x-Achse.

Begründung:

Es ist zu zeigen: $f(x) \geq 0$

                         $\sin(2x) + 1 \geq 0$

                         $\sin(2x) \geq -1$

wahre Aussage für alle $x \in \mathbb{R}$,
da $-1 \leq \sin(2x) \leq 1$.

Skizze von K_f

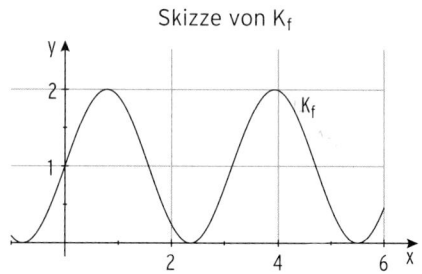

Was man wissen sollte – über trigonometrische Funktionen

Definition: Die Funktion f mit

f(x) = sin(x); $x \in \mathbb{R}$, heißt Sinusfunktion.

Beachten Sie:

$\sin(0) = 0$

$-1 \le \sin(x) \le 1$

Periode $p = 2\pi$

Nullstellen:

$\sin(x) = 0 \Leftrightarrow x = 0; \pm\pi; \pm 2\pi; \pm 3\pi; \dots$

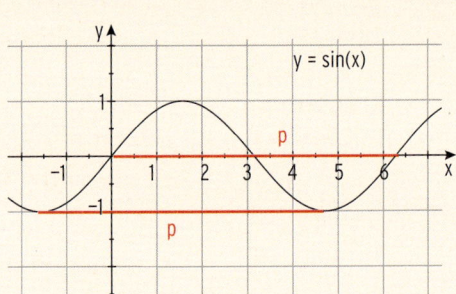

Definition: Die Funktion f mit

f(x) = cos(x); $x \in \mathbb{R}$, heißt Kosinusfunktion.

Beachten Sie:

$\cos(0) = 1$

$-1 \le \cos(x) \le 1$

Periode $p = 2\pi$

Nullstellen:

$\cos(x) = 0 \Leftrightarrow x = \pm\frac{1}{2}\pi; \pm\frac{3}{2}\pi; \pm\frac{5}{2}\pi; \dots$

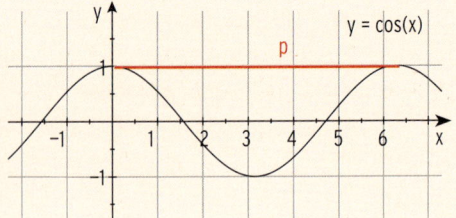

Das Schaubild einer Funktion f mit

f(x) = a sin(kx) + b bzw.

f(x) = a cos(kx) + b

hat die **Amplitude |a|** (positiver Wert)

und die **Periode** $p = \frac{2\pi}{k}$; $k > 0$

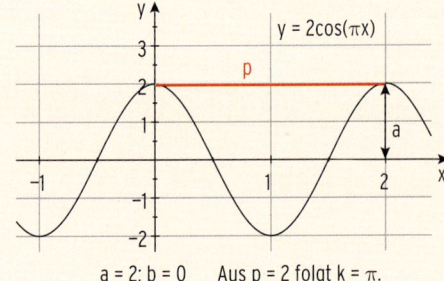

$a = 2; b = 0$ Aus $p = 2$ folgt $k = \pi$.

Es entsteht aus der Sinus- (Kosinus-) kurve durch:

Streckung in y-Richtung mit

Faktor a (a > 0)

(Für a < 0: zusätzlich eine Spiegelung an der x-Achse)

Streckung in x-Richtung mit Faktor $\frac{1}{k}$

Verschiebung in y-Richtung um b

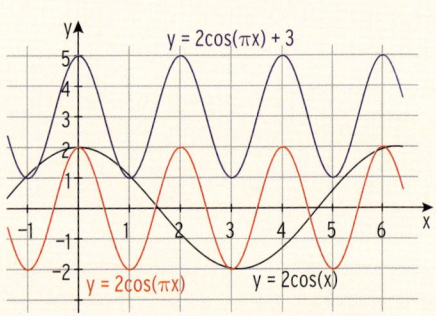

Hinweis: Verschiebt man G: $y = \sin(x)$ um c in x-Richtung, so erhält man G*: $y = \sin(x - c)$.

Aufgaben

1 Berechnen Sie die Nullstellen von f auf D = [0; 2π].

a) $f(x) = 2\sin\left(\frac{2}{3}x\right)$ 　　　 b) $f(x) = \cos(1,5x)$ 　　　 c) $f(x) = \sin(2x) - 1$

2 Bestimmen Sie die exakten Nullstellen der Funktion f auf D = [−4; 6,5].

a) $f(x) = -2\cos(x) + 1$ 　　　 b) $f(x) = 4\sin(x) + 2$ 　　　 c) $f(x) = 2\sin(x) + \sqrt{2}$

3 Beschreiben Sie die Eigenschaften der Funktion f und ihres Schaubildes (Periode, Amplitude, Wertebereich, Symmetrie). Skizzieren Sie das Schaubild von f. Berechnen Sie zwei Nullstellen von f ohne Verwendung eines Hilfsmittels.

a) $f(x) = \frac{1}{2}\sin\left(\frac{\pi}{4}x\right)$ 　　　 b) $f(x) = 2 - 2\cos\left(\frac{3}{2}x\right)$ 　　　 c) $f(x) = -3\sin\left(\frac{2}{3}x\right)$

4 Gegeben ist die Funktion f mit $f(x) = 0,5\sin(x) + 0,25$; $x \in [-1; 2\pi]$.

a) Berechnen Sie zwei aufeinanderfolgende Nullstellen ungerundet.

b) Das Schaubild von f schneidet die Parallele zur x-Achse durch (0 | 0,5) in zwei Punkten. Bestimmen Sie die exakten Koordinaten.

c) Wie ändert sich der Funktionsterm, wenn man das Schaubild von f um 2 nach links verschiebt?

5 K ist das Schaubild der Funktion f mit $f(x) = \cos(2x) + 1$; $x \in [-2; 5]$. Zeigen Sie, dass f in $x = \frac{\pi}{2}$ eine Nullstelle hat. Bestimmen Sie die weiteren Nullstellen im Definitionsbereich.

6 Gegeben ist die Funktion f mit $f(x) = 3\sin(\pi x)$; $x \in [-0,5; 2,5]$. Zeigen Sie: Zwei aufeinanderfolgende Nullstellen haben einen Abstand von 1.

7 Bestimmen Sie mithilfe der Periode die exakten Nullstellen von f bzw. g im gezeichneten Bereich. Geben Sie einen möglichen Funktionsterm an.

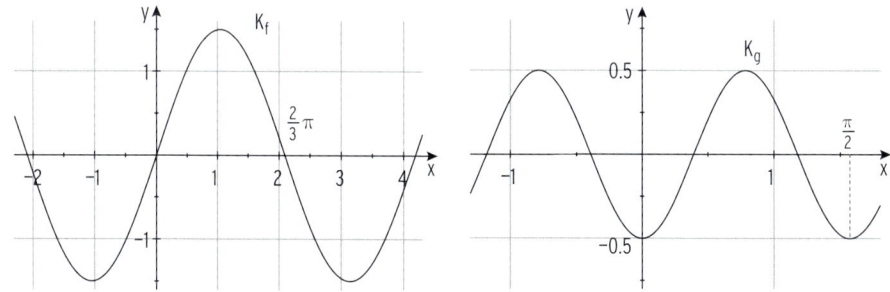

8 Eine trigonometrische Funktion f hat die Periode p = 6. Ihr Graph verläuft durch den Ursprung. Der Wertebereich ist das Intervall [−5; 5]. Bestimmen Sie einen möglichen Funktionsterm und geben Sie zwei Nullstellen von f an.

9 Gegeben ist die Funktion f mit $f(x) = 3 - 2\sin(x)$; $x \in [-\pi; 2\pi]$. K ist das Schaubild von f.

a) Begründen Sie, warum K keinen gemeinsamen Punkt mit der x-Achse hat.

b) Verschieben Sie K so, dass die verschobene Kurve mindestens einen gemeinsamen Punkt mit der x-Achse hat.

10 Eine trigonometrische Funktion f hat die Periode $p = \frac{\pi}{2}$.

Der Wertebereich ist das Intervall $[-1; 7]$.

Bestimmen Sie einen möglichen Funktionsterm.

Wie ändert sich Ihr Funktionsterm, wenn der zugehörige Graph mit dem Faktor π in x-Richtung gestreckt wird?

11 Gegeben ist die Funktion f mit $f(x) = 1{,}5\sin\left(\frac{\pi}{2}x\right)$; $x \in \mathbb{R}$.

a) Skizzieren Sie das Schaubild K von f für $0 \leq x \leq 6$.

b) Es gibt unendlich viele Stellen, an denen die Funktionswerte von f null sind.

Bestimmen Sie diejenige exakt, die am nächsten bei null liegt.

c) Erläutern Sie, wie sich die anderen Stellen aus dieser berechnen lassen.

Geben Sie den Wertebereich von f an.

12 Zu jedem der Schaubilder gehört eine der Funktionen f, g und h.

Treffen Sie eine Zuordnung und begründen Sie diese.

Bestimmen Sie a, b, c und d.

$f(x) = 1 - 1{,}5\sin(ax)$; $\qquad$ $g(x) = b\sin(2x) + c$; $\qquad$ $h(x) = 2\cos\left(\frac{2}{3}x\right) + d$

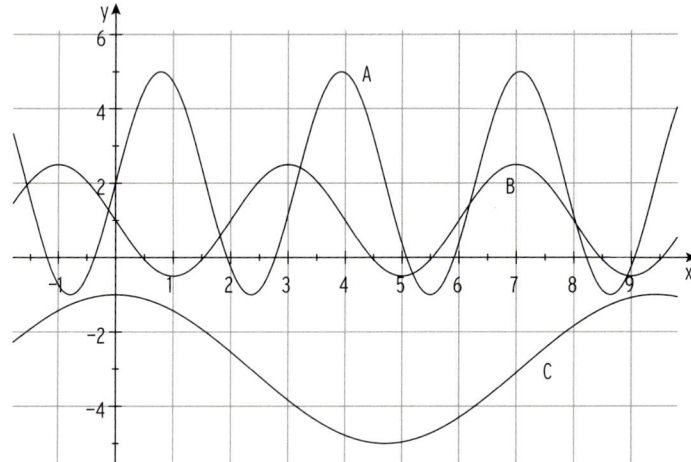

13 Die Abbildung zeigt einen Ausschnitt aus dem Schaubild einer trigonometrischen Funktion.

Bestimmen Sie die Periode, alle Nullstellen im gezeichneten Bereich und einen möglichen Funktionsterm.

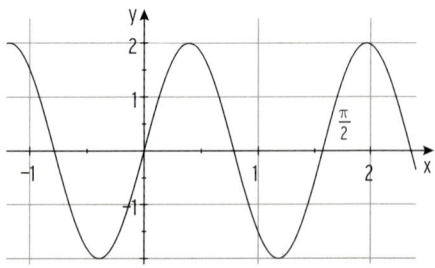

4.5 Modellierung und anwendungsorientierte Aufgaben

Beispiel

⮕ Die Pegelstände der Argen in Wangen während des Hochwassers im Mai 2014 können näherungsweise durch eine trigonometrische Funktion f beschrieben werden. Auf den Höchststand von 2,52 Meter am 24. Mai um 8:00 Uhr folgte der nächste Tiefststand von 1,84 Meter am 25. Mai um 14:00 Uhr. Weitere Regenfälle lassen die Argen auf den neuen Höchststand von 2,53 Meter am 26. Mai um 20.00 Uhr ansteigen.

Skizzieren Sie den Verlauf der Pegelstände im angegebenen Zeitraum.

Ermitteln Sie den Term einer geeigneten Funktion f.

Welchen Pegelstand hatte demnach die Argen in Wangen am 26. Mai um 12:00 Uhr?

Lösung

Wir setzen: t in Stunden

t = 0 entspricht 8:00 Uhr am 24. Mai

Ansatz: $f(t) = a \cos(kt) + b$

Der Zeitraum von 8:00 Uhr (Höchststand) bis 14:00 Uhr am nächsten Tag (Tiefststand), beträgt 30 Stunden. Weitere 30 Stunden später gibt es wieder einen etwa gleichen Höchststand. 30 Stunden entspricht einer halben Periode, also Periode p = 60 (Stunden).

Aus der Periode p folgt:

$$p = \frac{2\pi}{k} = 60 \;\Rightarrow\; k = \frac{\pi}{30}$$

Amplitude:

$$a = \frac{y_{max} - y_{min}}{2}$$

Einsetzen ergibt:

$$a = \frac{2,52 - 1,84}{2} = 0,34$$

Wegen $f(0) = 2,52$ und $\cos(0) = 1$ muss die Kurve mit $y = 0,34 \cos\left(\frac{\pi}{30} \cdot t\right)$ um 2,18 nach oben verschoben werden.

Funktionsterm:

$$f(t) = 0,34 \cos\left(\frac{\pi}{30} \cdot t\right) + 2,18$$

Pegelstand am 26. Mai um 12:00 Uhr: $f(52) \approx 2,41$

Der Pegelstand am 26. Mai um 12:00 Uhr betrug 2,41 Meter.

Aufgaben

1 Ein Riesenrad mit Durchmesser d macht in der Zeit t_1 eine ganze Umdrehung. Die Abb. beschreibt den Zusammenhang zwischen der Höhe der Gondel über Grund in m und der Zeit t in s. Der Boden des Riesenrades liegt ein Meter über Grund. Bestimmen Sie d, t_1 und den zugehörigen Funktionsterm.

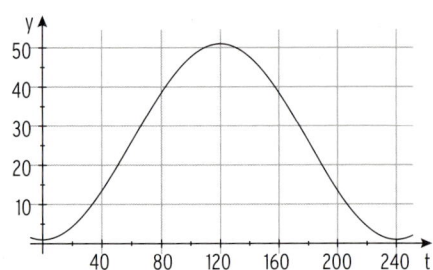

Wählen Sie den Ansatz:

$f(t) = a \cdot \cos(kt) + b$

2 Der Stand der Sonne über dem Horizont zur Sommersonnenwende (21. Juni) am Nordkap ist in einer Tabelle aufgelistet.

Dabei ist x die Uhrzeit eines Tages (MEZ, Sommerzeit), y ist die Höhe über dem Horizont (x-Achse) in Grad.

Uhrzeit x	0	2	4	8	11	12	13	16	20	22	24
Höhe y über dem Horizont in Grad	5,6	11	19	37	41	41,3	41	37	19	11	5,6

Diese Höhe soll durch eine Funktion f mit $f(x) = a\cos(kx) + b$ für $x \in [0; 24]$ beschrieben werden.

Bestimmen Sie die Konstanten a, b und k mithilfe der Tabellenwerte.

Erläutern Sie Ihre Vorgehensweise. Wie lange steht die Sonne höher als 28 Grad über dem Horizont?

3 Im Verlauf eines Jahres ändert sich die astronomische Sonnenscheindauer, d. h. die Zeitspanne zwischen Sonnenaufgang und -untergang.

In Stuttgart ist die Sonne am 21. Juni mit ca. 16,5 Stunden am längsten und am 21. Dezember mit ca. 8 Stunden am kürzesten zu sehen.

Die Tageslänge soll in Abhängigkeit von der Zeit t (t in Monaten ab dem 21. März) durch die Funktion f mit $f(t) = a\sin\left(\frac{\pi}{6} \cdot t\right) + b$ beschrieben werden.

Bestimmen Sie a und b.

Welche Tageslängen ergeben sich hieraus am 21. April und am 6. Juli?

4 Das Diagramm zeigt den zeitlichen Verlauf des Luftvolumens in der Lunge.

Dabei ist x die Zeit in Sekunden, f(x) das Luftvolumen in Liter.

a) Wie groß ist die minimale Luftmenge in der Lunge?

b) Wie lange dauert ein vollständiger Atemzug?

c) Bestimmen Sie einen Funktionsterm.

d) Bestimmen Sie drei Zeitpunkte, in denen die Lunge jeweils die Hälfte des maximalen Luftvolumens enthält.

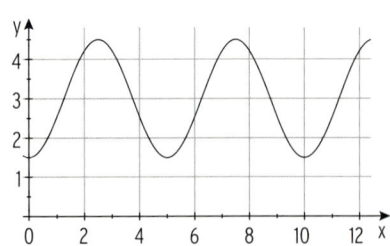

Trigonometrische Funktionen · **49**

Beispiel aus der Physik

➲ Ein Fadenpendel der Länge $l = 1,5\,\text{m}$ und einer Pendelmasse m wird um den Winkel $\alpha = 3°$ nach rechts aus der Ruhelage ausgelenkt und losgelassen.

a) Bestimmen Sie die Schwingungsamplitude.

b) Bestimmen Sie die Schwingungszeit $T = 2\pi\sqrt{\dfrac{l}{g}}$.

Stellen Sie einen Term für die Auslenkung s in Abhängigkeit von der Zeit t auf. Dabei schwingt das Pendel in $t = 0$ durch die Ruhelage.
Stellen Sie s für zwei Schwingungen grafisch dar.

Lösung

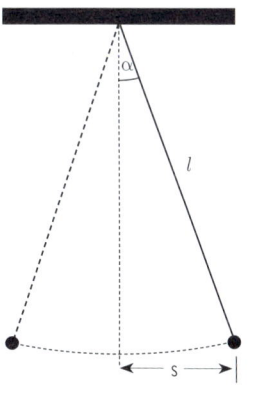

a) Die **maximale Amplitude** ergibt

sich aus:
$$\frac{s_{max}}{2\pi \cdot l} = \frac{\alpha}{360°}$$
$$s_{max} = \frac{\pi\alpha}{180°} \cdot l$$

Einsetzen ergibt: $\quad s_{max} = \frac{\pi 3°}{180°} \cdot 150$

s in cm: $\quad s_{max} = 7,85$

Die Schwingungsamplitude beträgt 7,85 cm.

b) Die Schwingungsdauer eines Fadenpendels

ist $T = 2\pi\sqrt{\dfrac{l}{g}}.$ $\left(g = 9,81\,\frac{m}{s^2},\ \text{Erdbeschleunigung}\right)$

Einsetzen ergibt T in s: $T = 2,46$
Die **Schwingungszeit** beträgt $T = 2,46\,\text{s}$.

Weg-Zeit-Gleichung der Schwingung:
$$s(t) = s_{max} \cdot \sin\left(\frac{2\pi}{T} \cdot t\right)$$

Einsetzen ergibt (t in s; s(t) in cm):

$s(t) = 7,85 \cdot \sin(2,55 \cdot t)$

Schaubild von s auf [0; 5]:

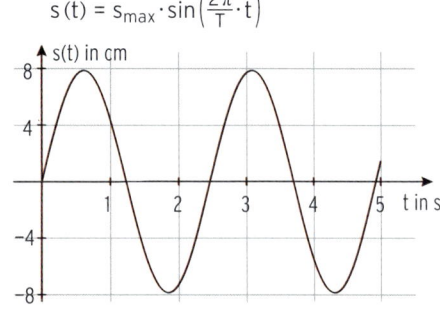

Aufgaben

1 Ein Fadenpendel der Länge $l = 2\,\text{m}$ wird um den Winkel $\alpha = 5°$ aus der Ruhelage ausgelenkt und losgelassen.

a) Bestimmen Sie die Schwingungsamplitude.

b) Bestimmen Sie die Schwingungszeit $T = 2\pi\sqrt{\dfrac{l}{g}}$.

Zur Zeit $t = 0$ schwingt der Pendelkörper durch die Ruhelage. Stellen Sie einen Term für die Auslenkung s aus der Ruhelange in Abhängigkeit von der Zeit t auf.
Berechnen Sie die Auslenkung s nach $t = 0,5\,\text{s}$.

4 Bohner, Ott, Deusch - ISBN 978-3-8120-0303-2

1 Lösen Sie folgende Gleichung exakt auf dem gegebenen Bereich.

a) $\cos(x) = -1;\ x \in [0; 10]$ **b)** $\sin(2x) = \frac{1}{2};\ x \in [0; 4]$ **c)** $4\cos\left(\frac{x}{2}\right) = 0;\ x \in [-2\pi; 2\pi]$

2

a) Bestimmen Sie Amplitude, Periode und Wertebereich von f mit
$f(x) = -4\cos\left(\frac{2}{3}x\right) + 3;\ x \in \mathbb{R}.$
Wie entsteht das Schaubild von f aus der Kosinuskurve?

b) Der Graph von g mit $g(x) = a\sin(kx) + b$ hat einen höchsten Punkt $A(1|5)$ und den benachbarten tiefsten Punkt $B(3|-2)$. Bestimmen Sie a, b und k.

c) Die Abbildung zeigt das Schaubild einer trigonometrischen Funktion.
Bestimmen Sie den Funktionsterm.

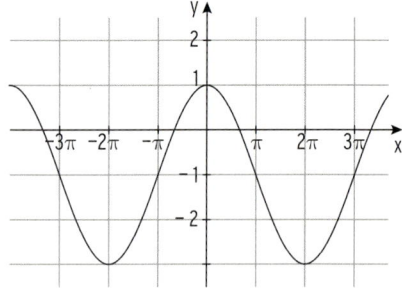

3 K_f ist das Schaubild der Funktion f mit $f(x) = -2\sin(3x);\ x \in \mathbb{R}.$
K_f wird mit dem Faktor 4 in y-Richtung gestreckt und danach
um 2 nach unten verschoben. Dadurch entsteht K_g.
Bestimmen Sie den Wertebereich von g. Begründen Sie Ihre Antwort.

4 Ein Skihändler legt der Preisgestaltung für ein Paar Skier folgendes Modell zugrunde:
$f(t) = 50\cos\left(\frac{\pi}{180} \cdot t\right) + 200;\ 1 \le t \le 360.$
Dabei steht t für den einzelnen Tag im laufenden Jahr, t = 1 entspricht also dem 1. Januar.
$f(t)$ gibt den Preis für ein Paar Skier in € an.
Es wird davon ausgegangen, dass jeder Monat 30 Tage hat.
Skizzieren Sie den Preisverlauf für ein Paar Skier während eines Jahres.
Berechnen Sie, wann der Preis am niedrigsten ist.
Zwischen welchen Werten schwankt der Preis?
In welchen Monaten liegt der Preis an allen Tagen unter 175 €?

II Lineare Gleichungssysteme

Modellierung einer Situation

Der Bootsverleiher Jakob bietet Boote verschiedenen Typs zum Ausleihen an.
Die entsprechenden Preise sind in der nachfolgenden Tabelle aufgelistet.

Bootstyp	Preis je Stunde
Motorboot	40 €
Elektroboot	30 €
Tretboot	15 €

An einem schönen Sommertag sind alle 37 Boote gleichzeitig ausgeliehen.
Die Einnahmen nach einer Stunde betragen 945 €.
Der Bootsverleiher hat 6 Tretboote mehr als Elektroboote.
Wie viele Motor-, Elektro- und Tretboote besitzt der Bootsverleiher jeweils?

In der letzten Stunde vor Ausleihschluss sind nur noch 20 Boote auf dem See.
Die Einnahmen belaufen sich in dieser Abendstunde auf 470 €.
Wie viele Motorboote können in diesem Fall auf dem See sein?
Begründen Sie, warum es mehrere Möglichkeiten gibt.

Qualifikationen & Kompetenzen

Bearbeiten Sie diese Situation, nachdem
Sie die rechts aufgeführten **Qualifikationen
und Kompetenzen** erworben haben.

- Ein lineares Gleichungssystem (LGS) umformen und lösen
- Ein LGS auf Lösbarkeit untersuchen
- Matrizenschreibweise nutzen
- Modellieren von realen Situationen

1 Einführung

Lineare Gleichungssysteme haben eine zentrale Bedeutung in verschiedenen Bereichen der Mathematik. Nicht nur zur Bestimmung einer Parabelgleichung stellen wir ein lineares Gleichungssystem auf. Mit einem linearen Gleichungssystem lassen sich auch zahlreiche Probleme aus Technik und Wirtschaft modellieren und damit lösen. Aus dem Wissen über die unbekannten Größen, die bei diesen Problemen auftauchen, leiten wir Gleichungen her. Eine zentrale Aufgabe der linearen Algebra ist die **Lösung linearer Gleichungssysteme**.

Beispiel

➲ Obstbäuerin Huber liefert Äpfel der Sorten Boskop (B), Jonathan (J) und Elstar (E) an den Großmarkt. Die Lieferungen der letzten 3 Tage (in kg) lassen sich aus der Tabelle ablesen.

	B	J	E
T_1	40	40	100
T_2	80	40	20
T_3	40	80	40

Der Großhändler überweist für die Lieferung am 1. Tag (T_1) 320 €, für die Lieferung am 2. Tag (T_2) 240 € und für die Lieferung am 3. Tag (T_3) 240 €. Wie hoch ist jeweils der Preis pro kg für die einzelnen Apfelsorten?

Lösung

Frau Huber erhält

für 1 kg B x_1 €,
für 1 kg J x_2 € und
für 1 kg E x_3 €.

Sie erhält

für 40 kg B $40x_1$ €,
für 40 kg J $40x_2$ € und
für 100 kg E $100x_3$ €,

insgesamt 320 €.

Zugehörige Gleichung:

$$40\,x_1 + 40\,x_2 + 100\,x_3 = 320$$

Für die Lieferung aller 3 Tage ergibt sich ein **lineares Gleichungssystem (LGS)**:

$$40\,x_1 + 40\,x_2 + 100\,x_3 = 320$$
$$80\,x_1 + 40\,x_2 + 20\,x_3 = 240$$
$$40\,x_1 + 80\,x_2 + 40\,x_3 = 240$$

Umformung des LGS mit dem **Gauß'schen Eliminationsverfahren (Gauß-Algorithmus)**

Gleichungen	**Matrixschreibweise**

Gleichungen

$40\,x_1 + 40\,x_2 + 100\,x_3 = 320$ ⎤·(−2) ⎤·(−1)
$80\,x_1 + 40\,x_2 + 20\,x_3 = 240$ ←⎦+ ⎦+
$40\,x_1 + 80\,x_2 + 40\,x_3 = 240$ ←⎦

$40\,x_1 + 40\,x_2 + 100\,x_3 = 320$
$\quad\ -40\,x_2 - 180\,x_3 = -400$ ⎤+
$\quad\quad\ 40\,x_2 - 60\,x_3 = -80$ ←⎦

$40\,x_1 + 40\,x_2 + 100\,x_3 = 320$
$\quad\ -40\,x_2 - 180\,x_3 = -400$ **Stufenform**
$\quad\quad\quad -240\,x_3 = -480$

Matrixschreibweise

$$\begin{array}{ccc} x_1 & x_2 & x_3 \end{array}$$

$$\begin{pmatrix} 40 & 40 & 100 & | & 320 \\ 80 & 40 & 20 & | & 240 \\ 40 & 80 & 40 & | & 240 \end{pmatrix}$$ ⎤·(−2) ⎤·(−1)

$$\begin{pmatrix} 40 & 40 & 100 & | & 320 \\ 0 & -40 & -180 & | & -400 \\ 0 & 40 & -60 & | & -80 \end{pmatrix}$$ ⎤+

$$\begin{pmatrix} 40 & 40 & 100 & | & 320 \\ 0 & -40 & -180 & | & -400 \\ 0 & 0 & -240 & | & -480 \end{pmatrix}$$ **Dreiecksform**

Die letzte Zeile der Matrix entspricht
der Gleichung:

$-240\,x_3 = -480$
$x_3 = 2$

Die zweite Zeile entspricht der Gleichung: $\quad -40\,x_2 - 180\,x_3 = -400$
Einsetzen von $x_3 = 2$ ergibt: $\quad -40\,x_2 - 180 \cdot 2 = -400$
$\quad x_2 = 1$

Die erste Zeile entspricht der Gleichung: $\quad 40\,x_1 + 40\,x_2 + 100\,x_3 = 320$
Einsetzen von $x_2 = 1$ und $x_3 = 2$ ergibt: $\quad 40\,x_1 + 40 \cdot 1 + 100 \cdot 2 = 320$
$\quad x_1 = 2$

Lösung: $x_1 = 2$; $x_2 = 1$; $x_3 = 2$

Schreibweise: **Lösungsvektor** $\vec{x} = \begin{pmatrix} x_1 \\ x_2 \\ x_3 \end{pmatrix} = \begin{pmatrix} 2 \\ 1 \\ 2 \end{pmatrix}$

Frau Huber erhält für 1 kg Boskop 2 €, für 1 kg Jonathan 1 € und für 1 kg Elstar 2 €.

Beachten Sie:

Lineares Gleichungssystem mit m Gleichungen, n Unbekannten x_1, x_2, x_3, ..., x_n und den Koeffizienten a_{ij}:

$a_{11}x_1 + a_{12}x_2 + a_{13}x_3 + ... + a_{1n}x_n = b_1$
$a_{21}x_1 + a_{22}x_2 + a_{23}x_3 + ... + a_{2n}x_n = b_2$
$\quad\vdots \quad\quad\quad \vdots \quad\quad\quad \vdots \quad\quad \vdots$
$a_{m1}x_1 + a_{m2}x_2 + a_{m3}x_3 + ... + a_{mn}x_n = b_m$

Eine **Lösung** eines linearen Gleichungssystems mit n Unbekannten besteht aus n Zahlen, die allen Gleichungen genügen. Sind b_1, b_2, ... b_m alle null, so heißt das LGS **homogen**, ansonsten **inhomogen**.

Beispiel für ein LGS

$40\,x_1 + 40\,x_2 + 100\,x_3 = 320$
$80\,x_1 + 40\,x_2 + 20\,x_3 = 240$
$40\,x_1 + 80\,x_2 + 40\,x_3 = 240$

LGS in Matrixschreibweise

$$\begin{pmatrix} 40 & 40 & 100 & | & 320 \\ 80 & 40 & 20 & | & 240 \\ 40 & 80 & 40 & | & 240 \end{pmatrix}$$

2 Umformung und Lösung eines linearen Gleichungssystems

2.1 Das LGS ist eindeutig lösbar

Beispiel

→ Lösen Sie das lineare Gleichungssystem:

$$-x_1 - x_2 - 2x_3 = -3$$
$$-12x_1 - 7x_2 - 18x_3 = -2$$
$$5x_1 + x_2 + 6x_3 = -9$$

Lösung

Gleichungen

$$-x_1 - x_2 - 2x_3 = -3 \quad \cdot(-12) \quad \cdot 5$$
$$-12x_1 - 7x_2 - 18x_3 = -2$$
$$\underline{5x_1 + x_2 + 6x_3 = -9}$$
$$-x_1 - x_2 - 2x_3 = -3$$
$$5x_2 + 6x_3 = 34 \quad \cdot 4$$
$$\underline{-4x_2 - 4x_3 = -24} \quad \cdot 5$$
$$-x_1 - x_2 - 2x_3 = -3$$
$$5x_2 + 6x_3 = 34 \qquad \text{Stufenform}$$
$$4x_3 = 16$$

Matrixschreibweise

$$
\begin{array}{ccc}
x_1 & x_2 & x_3
\end{array}
$$
$$\left(\begin{array}{ccc|c} -1 & -1 & -2 & -3 \\ -12 & -7 & -18 & -2 \\ 5 & 1 & 6 & -9 \end{array}\right) \quad \cdot(-12) \quad \cdot(-1)$$

$$\left(\begin{array}{ccc|c} -1 & -1 & -2 & -3 \\ 0 & 5 & 6 & 34 \\ 0 & -4 & -4 & -24 \end{array}\right) \quad \cdot 4 \quad \cdot 5$$

$$\left(\begin{array}{ccc|c} 1 & -1 & -2 & -3 \\ 0 & 5 & 6 & 34 \\ 0 & 0 & 4 & 16 \end{array}\right) \quad \text{Dreiecksform}$$

Letzte Gleichung: $4x_3 = 16$ $x_3 = 4$

Einsetzen von $x_3 = 4$ in $5x_2 + 6x_3 = 34$: $5x_2 + 6\cdot4 = 34$

$x_2 = 2$

Einsetzen von $x_3 = 4$ und $x_2 = 2$
in $-x_1 - x_2 - 2x_3 = -3$: $-x_1 - 2 - 2\cdot4 = -3$

$x_1 = -7$

Das LGS hat die Lösung: $x_1 = -7;\ x_2 = 2;\ x_3 = 4$

Lösungsvektor: $\vec{x} = \begin{pmatrix} -7 \\ 2 \\ 2 \end{pmatrix}$

Das LGS hat **genau eine Lösung**, es ist **eindeutig lösbar**.

Hinweis: Die Matrix $\begin{pmatrix} -1 & -1 & -2 \\ -12 & -7 & -18 \\ 5 & 1 & 6 \end{pmatrix}$ heißt **Koeffizientenmatrix**.

Die Matrix $\left(\begin{array}{ccc|c} -1 & -1 & -2 & -3 \\ -12 & -7 & -18 & -2 \\ 5 & 1 & 6 & -9 \end{array}\right)$ heißt **erweiterte Koeffizientenmatrix**.

Beispiel

⊃ Gegeben ist das LGS:

$$x_1 - \ x_3 = 1$$
$$x_1 + 2x_2 = 3$$
$$-4x_1 + 2x_2 + x_3 = -10$$

Berechnen Sie die Lösung.

Lösung

$$\begin{array}{ccc} x_1 & x_2 & x_3 \end{array}$$

LGS in Matrixschreibweise

$$\left(\begin{array}{ccc|c} 1 & 0 & -1 & 1 \\ 1 & 2 & 0 & 3 \\ -4 & 2 & 1 & -10 \end{array}\right) \quad \begin{array}{l} \cdot(-1) \\ + \end{array} \quad \begin{array}{l} \cdot 4 \\ + \end{array}$$

Umformung mit dem Gaußverfahren

$$\left(\begin{array}{ccc|c} 1 & 0 & -1 & 1 \\ 0 & 2 & 1 & 2 \\ 0 & 2 & -3 & -6 \end{array}\right) \quad \begin{array}{l} \cdot(-1) \\ + \end{array}$$

Dreiecksform der Koeffizientenmatrix

$$\left(\begin{array}{ccc|c} 1 & 0 & -1 & 1 \\ 0 & 2 & 1 & 2 \\ 0 & 0 & -4 & -8 \end{array}\right)$$

Letzte Gleichung:
Einsetzen von $x_3 = 2$
in die zweite Gleichung $2x_2 + x_3 = 2$:
Einsetzen von $x_3 = 2$ und $x_2 = 0$
in die erste Gleichung $x_1 - x_3 = 1$:

Lösungsvektor:

$$-4x_3 = -8 \ \text{für} \ x_3 = 2$$

$$2x_2 + 1\cdot 2 = 2 \ \text{für} \ x_2 = 0$$

$$x_1 - 2 = 1 \ \text{für} \ x_1 = 3$$

$$\vec{x} = \begin{pmatrix} 3 \\ 0 \\ 2 \end{pmatrix}$$

Beachten Sie:

Die zulässigen Elementarumformungen im **Gauß-Verfahren,**
um die Dreiecksform der Koeffizientenmatrix zu erreichen, sind
die **Multiplikation einer Gleichung mit einer Zahl** ungleich null und
die **Addition von Gleichungen.**

Beispiel

⊃ Gegeben ist das LGS:

$$2x_1 + x_2 - x_3 = -3$$
$$x_1 - x_2 - 3x_3 = -7$$
$$3x_1 + \ x_3 = 10$$

Zeigen Sie: Der Vektor $\vec{x} = \begin{pmatrix} 2 \\ -3 \\ 4 \end{pmatrix}$ ist ein Lösungsvektor.

Lösung

$x_1 = 2$; $x_2 = -3$ und $x_3 = 4$:

$2\cdot 2 - 3 - 4 = -3$	$-3 = -3$	wahr
$2 + 3 - 3\cdot 4 = -7$	$-7 = -7$	wahr
$3\cdot 2 + 4 = 10$	$10 = 10$	wahr

Das Einsetzen ergibt drei wahre Aussagen. $\vec{x}$ ist ein Lösungsvektor.

Beispiel

⮫ Lösen Sie das LGS:

$$3x_1 + 2x_2 = 4$$
$$4x_1 + x_2 = 7$$
$$2x_1 + 3x_2 = 1$$

Lösung

Hinweis: Das LGS besteht aus drei Gleichungen mit zwei Unbekannten. Es ist **überbestimmt**.

Matrixschreibweise:

$$\begin{pmatrix} 3 & 2 & | & 4 \\ 4 & 1 & | & 7 \\ 2 & 3 & | & 1 \end{pmatrix} \begin{array}{l} \cdot(-4) \\ + \\ \cdot 3 \end{array} \begin{array}{l} \cdot(-2) \\ + \\ \cdot 3 \end{array}$$

Gauß-Verfahren:

$$\begin{pmatrix} 3 & 2 & | & 4 \\ 0 & -5 & | & 5 \\ 0 & 5 & | & -5 \end{pmatrix} \begin{array}{l} + \end{array}$$

$$\begin{pmatrix} 3 & 2 & | & 4 \\ 0 & -5 & | & 5 \\ 0 & 0 & | & 0 \end{pmatrix}$$

Letzte Gleichung:

$$0 \cdot x_1 + 0 \cdot x_2 = 0$$

Das Einsetzen beliebiger reeller Zahlen für x_1, x_2 führt zu einer wahren Aussage.

Zweite Gleichung:

$$-5x_2 = 5$$
$$x_2 = -1$$

Einsetzen von $x_2 = -1$ in die erste Gleichung $3x_1 + 2x_2 = 4$:

$$3x_1 + 2 \cdot (-1) = 4$$
$$x_1 = 2$$

Lösung: $x_1 = 2$; $x_2 = -1$

Hinweis: Das Gleichungssystem ist eindeutig lösbar.

Aufgaben

1 Lösen Sie mit dem Gaußverfahren.

a) b)

a) $2x_1 + x_2 - x_3 = -3$
$x_1 - x_2 - 3x_3 = -7$
$3x_1 + x_2 + x_3 = 7$

b) $x_1 + x_2 + 2x_3 = 5$
$3x_1 - x_2 - 2x_3 = -1$
$-2x_1 + 2x_2 + 2x_3 = 1$

c) $3x_1 + 3x_2 - 3x_3 = 9$
$x_2 - 3x_3 = -12$
$6x_1 + x_2 - x_3 = 18$

d) $x_2 - x_3 = 0$
$2x_1 + 3x_2 + x_3 = 6$
$x_2 + x_3 = 3$

e) $x + 2y + 2z = 5$
$2x + y + z = 4$
$2x + 4y + 3z = 9$

f) $x + y + z = 3$
$3x + 4y + 3z = 9$
$2x + 2y + 3z = 5$

2 Bestimmen Sie den Lösungsvektor mithilfe des Gauß'schen Eliminationsverfahrens.

a) $5x_1 + x_2 = 1$
$2x_1 + 2x_2 = -0,4$

b) $3x + y = -2x + 4$
$-x + 5y = 4y - 2$

c) $4(x + 5) = 3(y + 5)$
$3x - 3 = 2y - 2$

d) $x_1 + x_2 - x_3 = 0$
$-x_1 - 2x_2 - 4x_3 = -3$
$-x_1 + 3x_2 + x_3 = -8$

e) $5x_1 + 5x_3 = 10$
$-x_2 - x_3 = -4$
$2x_1 + 2x_2 = 10$

f) $x_1 + 2x_2 + 6x_3 = 17$
$-5x_1 + x_2 - x_3 = 4$
$3x_2 - x_3 = 2$

3 Bestimmen Sie den Lösungsvektor.

a) $\begin{pmatrix} 0 & -2 & 1 & | & -2 \\ 2 & 1 & 2 & | & 0 \\ 0 & 0 & 4 & | & 0 \end{pmatrix}$

b) $\begin{pmatrix} 1 & -2 & 1 & | & -2 \\ 0 & 1 & 2 & | & 2 \\ 0 & 0 & 4 & | & 22 \end{pmatrix}$

c) $\begin{pmatrix} 0 & -2 & 1 & | & -2 \\ 0 & 0 & 2 & | & 9 \\ 1 & 0 & 4 & | & -1 \end{pmatrix}$

d) $\begin{pmatrix} 2 & -4 & | & 10 \\ 0 & 3 & | & 12 \\ 0 & 0 & | & 0 \end{pmatrix}$

e) $\begin{pmatrix} 3 & 1 & | & 0 \\ 1 & -1 & | & 4 \\ 2 & -1 & | & 5 \end{pmatrix}$

f) $\begin{pmatrix} 1 & -2 & | & -5 \\ 2 & 1 & | & 10 \\ -4 & 3 & | & 0 \end{pmatrix}$

4 Stellen Sie ein LGS aus zwei Gleichungen mit 2 Unbekannten auf, das nur die Lösung (4; 2) hat.

5 Eine Parabel verläuft durch die Punkte A (1|3), B (−1|−3) und C (2|12).
Stellen Sie das zugehörige LGS auf und lösen Sie es.
Geben Sie die Parabelgleichung an.

6 Ein Händler verkauft 2 Milchkühe und 5 Kälber. Er kauft 13 Schafe ein und es bleiben ihm 1000 € übrig. Verkauft er 3 Milchkühe und 3 Schafe, so kann er genau 9 Kälber kaufen. Verkauft er 6 Kälber und 8 Schafe, so fehlen ihm 600 €, um 5 Milchkühe zu kaufen. Was kosten die einzelnen Tiere?
Stellen Sie ein lineares Gleichungssystem auf und lösen Sie es.

7 Ein Winzer stellt aus verschiedenen Traubensorten T_1, T_2 und T_3 verschiedene Weine W_1, W_2 und W_3 her. Die Tabelle gibt den Materialfluss in ME an.
Um z. B. 1 ME von dem Wein W_1 herzustellen, benötigt er 3 ME von der Traube T_1 und 1 ME von der Traube T_3. Der Winzer hat noch 448 ME von T_1, 442 ME von T_2 und 330 ME von T_3. Wie viele ME an Weinen können hergestellt werden, wenn die Trauben vollständig aufgebraucht werden?

	W_1	W_2	W_3
T_1	3	1	2
T_2	0	4	1
T_3	1	0	3

2.2 Das LGS ist unlösbar

Beispiel

➲ Gegeben ist das LGS:

$$-2x_1 + x_2 = 3$$
$$12x_1 - 6x_2 = 0$$

Untersuchen Sie das LGS auf Lösbarkeit.

nicht möglich

Lösung

Erweiterte Koeffizientenmatrix auf Dreiecksform bringen:
$\begin{pmatrix} -2 & 1 & | & 3 \\ 12 & -6 & | & 0 \end{pmatrix} \sim \begin{pmatrix} -2 & 1 & | & 3 \\ 0 & 0 & | & 18 \end{pmatrix}$

Aus der letzten Zeile folgt: $0 \cdot x_1 + 0 \cdot x_2 = 18$

Man erhält eine falsche Aussage $(0 = 18)$, d.h., das LGS ist **unlösbar**.

Lösungsmenge $L = \emptyset$.

Beispiel

➲ Gegeben ist das Gleichungssystem:

$$2x_1 - x_2 + 3x_3 = 1$$
$$4x_1 - 2x_2 + x_3 = -3$$
$$-2x_1 + x_2 + 5x_3 = 3$$

Zeigen Sie: Das Gleichungssystem ist unlösbar.

Lösung

Erweiterte Koeffizientenmatrix auf Dreiecksform bringen:

$\begin{pmatrix} 2 & -1 & 3 & | & 1 \\ 4 & -2 & 1 & | & -3 \\ -2 & 1 & 5 & | & 3 \end{pmatrix} \sim \begin{pmatrix} 2 & -1 & 3 & | & 1 \\ 0 & 0 & -5 & | & -5 \\ 0 & 0 & 8 & | & 4 \end{pmatrix} (*) \sim \begin{pmatrix} 2 & -1 & 3 & | & 1 \\ 0 & 0 & -5 & | & -5 \\ 0 & 0 & 0 & | & -20 \end{pmatrix}$

Aus der letzten Zeile folgt: $0 \cdot x_1 + 0 \cdot x_2 + 0 \cdot x_3 = -20$.

Man erhält eine falsche Aussage $(0 = -20)$, d.h., das **LGS ist unlösbar**.

Alternative: Aus (*) erhält man: $x_3 = 1$ und $x_3 = 0{,}5$. Dies ist ein Widerspruch.

Dieser Widerspruch bedeutet: Das **LGS ist unlösbar**.

Beachten Sie:

Ist **ein Diagonalelement der umgeformten Koeffizientenmatrix gleich null**, so ist das LGS **nicht eindeutig** lösbar.

Aufgaben

1   Zeigen Sie: Das lineare Gleichungssystem ist unlösbar.

a)
$$x_1 - 3x_2 + 2x_3 = 2$$
$$3x_1 + 3x_2 - 2x_3 = 1$$
$$x_1 - 6x_2 + 4x_3 = 3$$

b)
$$2x_1 - 6x_2 + 9x_3 = 1$$
$$3x_2 - 2x_3 = -1$$
$$-10x_1 - 25x_3 = 3$$

2   Bestimmen Sie ein lineares Gleichungssystem für die Unbekannten x_1 und x_2 mit der Lösungsmenge $L = \emptyset$.

2.3 Das LGS ist mehrdeutig lösbar

Beispiel

➲ Gegeben ist das LGS:

$$-x_1 + x_2 + x_3 = -1$$
$$-7x_2 + 7x_3 = 14$$
$$-x_1 + 3x_2 - x_3 = -5$$

Berechnen Sie die Lösungsmenge.

Viele Wege führen nach Ulm

Lösung

Erweiterte Koeffizientenmatrix auf die erweiterte Dreiecksform bringen:

$$\left(\begin{array}{rrr|r} -1 & 1 & 1 & -1 \\ 0 & -7 & 7 & 14 \\ -1 & 3 & -1 & -5 \end{array}\right) \sim \left(\begin{array}{rrr|r} -1 & 1 & 1 & -1 \\ 0 & -1 & 1 & 2 \\ 0 & 2 & -2 & -4 \end{array}\right) \sim \left(\begin{array}{rrr|r} -1 & 1 & 1 & -1 \\ 0 & -1 & 1 & 2 \\ 0 & 0 & 0 & 0 \end{array}\right)$$

> **Beachten Sie:**
>
> Ist **ein Diagonalelement der umgeformten Koeffizientenmatrix** gleich null, so ist das LGS **nicht eindeutig** lösbar.

Die letzte Zeile der erweiterten Dreiecksform
entspricht der Gleichung $\qquad 0 \cdot x_1 + 0 \cdot x_2 + 0 \cdot x_3 = 0$
Diese Gleichung führt für alle $x_1, x_2, x_3 \in \mathbb{R}$
zu einer wahren Aussage $(0 = 0)$.
Aus der 2. Zeile: $\qquad -x_2 + x_3 = 2$
Diese Gleichung mit 2 Unbekannten ist mehrdeutig lösbar:
Wir wählen z. B. $x_3 = 1$ und erhalten durch Einsetzen: $x_2 = -1$
oder z. B. $x_3 = -4$ und erhalten durch Einsetzen: $x_2 = -6$.
Um alle Lösungen zu erhalten, setzt man $x_3 = r, r \in \mathbb{R}$ (x_3 ist frei wählbar).
Durch Einsetzen berechnet man x_2
in Abhängigkeit von r: $\qquad -x_2 + r = 2$
$\qquad x_2 = r - 2$
Einsetzen in die 1. Zeile ergibt: $\qquad -x_1 + x_2 + x_3 = -1$
$\qquad -x_1 + (r - 2) + r = -1$
$\qquad x_1 = -1 + 2r$

Das LGS ist **mehrdeutig lösbar**, hat also **unendlich viele Lösungen**.

Lösungsvektor: $\qquad \vec{x} = \begin{pmatrix} x_1 \\ x_2 \\ x_3 \end{pmatrix} = \begin{pmatrix} -1 + 2r \\ r - 2 \\ r \end{pmatrix}; r \in \mathbb{R}$

Lösungsmenge: $\qquad L = \left\{ \vec{x} \mid \vec{x} = \begin{pmatrix} -1 + 2r \\ r - 2 \\ r \end{pmatrix}; r \in \mathbb{R} \right\}$

Hinweis: Ist das LGS mehrdeutig lösbar, so enthält der Lösungsvektor einen Parameter und wird als allgemeine Lösung des linearen Gleichungssystems bezeichnet.

Beispiel

➲ Lösen Sie das folgende lineare Gleichungssystem:
$$2x_1 + 3x_2 - x_3 = 2$$
$$5x_1 + x_2 \quad = -3$$

Lösung

Hinweis: Das LGS besteht aus zwei Gleichungen mit drei Unbekannten.

Es ist **unterbestimmt**.

2. Gleichung: $\qquad 5x_1 + x_2 = -3$

In dieser Gleichung mit 2 Unbekannten ist **eine Unbekannte frei wählbar**, z.B. x_1.

(Die Wahl von x_1 ermöglicht eine Rechnung ohne Brüche.)

Man wählt: $\qquad x_1 = r; \ r \in \mathbb{R}$

Durch Einsetzen lässt sich x_2 in Abhängigkeit von r berechnen.

Aus $5x_1 + x_2 = -3$ erhält man: $\qquad x_2 = -3 - 5r$

Einsetzen in die 1. Gleichung ergibt: $\qquad 2r + 3(-3 - 5r) - x_3 = 2$
$$x_3 = -11 - 13r$$

Das LGS aus 2 Gleichungen für 3 Unbekannte ist **mehrdeutig lösbar**.

Allgemeine Lösung: $\qquad \vec{x} = \begin{pmatrix} r \\ -3 - 5r \\ -11 - 13r \end{pmatrix}; \ r \in \mathbb{R}$

Beispiel

➲ Bestimmen Sie alle Lösungen der Gleichung $x_1 - 3x_2 + x_3 = -1$.

Lösung

Zur Lösung dieser Gleichung mit 3 Unbekannten sind **2 Unbekannte frei wählbar**.

Man wählt z.B. $x_2 = r$ und $x_3 = s; \ r, s \in \mathbb{R}$ und

erhält x_1 durch Einsetzen in $x_1 - 3x_2 + x_3 = -1$: $\quad x_1 - 3r + s = -1$
$$x_1 = -1 + 3r - s$$

Lösungsvektor: $\qquad \vec{x} = \begin{pmatrix} -1 + 3r - s \\ r \\ s \end{pmatrix}; \ r, s \in \mathbb{R}$

Beispiel

➲ Gegeben ist das LGS durch $\begin{pmatrix} -1 & 0 & 0 & | & 5 \\ 0 & 0 & 2 & | & 6 \\ 0 & 0 & 0 & | & 0 \end{pmatrix}$. Bestimmen Sie den Lösungsvektor.

Lösung

Die zugehörigen Gleichungen ergeben:
$$-x_1 = 5 \qquad \Leftrightarrow \quad x_1 = -5$$
$$2x_3 = 6 \qquad \Leftrightarrow \quad x_3 = 3$$
$$0 \cdot x_1 + 0 \cdot x_2 + 0 \cdot x_3 = 0$$

Einsetzen:
$$0 \cdot (-5) + 0 \cdot x_2 + 0 \cdot 3 = 0$$
$$0 \cdot x_2 = 0$$

In der Gleichung $0 \cdot x_2 = 0$ ist x_2 frei wählbar: $x_2 = r; \ r \in \mathbb{R}$.

Lösungsvektor: $\qquad \vec{x} = \begin{pmatrix} -5 \\ r \\ 3 \end{pmatrix}; \ r \in \mathbb{R}$

Das LGS ist **mehrdeutig lösbar**.

Beispiel

→ Gegeben sind die folgenden Gleichungen:

$$2x_1 + 4x_2 - 6x_3 = 8 \qquad (1)$$
$$3x_1 + 6x_2 - 8x_3 = 14 \qquad (2)$$
$$-2x_1 - 4x_2 + 3x_3 = -14 \qquad (3)$$
$$x_1 - x_2 - 2x_3 = 0 \qquad (4)$$

a) Berechnen Sie die Lösung des linearen Gleichungssystems, das aus den Gleichungen (1), (2) und (3) besteht.

b) Wie lautet der Lösungsvektor des linearen Gleichungssystems, das aus allen vier Gleichungen besteht?

Lösung

a) Koeffizientenmatrix auf Dreiecksform bringen

$$\begin{pmatrix} 2 & 4 & -6 & | & 8 \\ 3 & 6 & -8 & | & 14 \\ -2 & -4 & 3 & | & -14 \end{pmatrix} \sim \begin{pmatrix} 2 & 4 & -6 & | & 8 \\ 0 & 0 & 2 & | & 4 \\ 0 & 0 & -3 & | & -6 \end{pmatrix} \sim \begin{pmatrix} 2 & 4 & -6 & | & 8 \\ 0 & 0 & 2 & | & 4 \\ 0 & 0 & 0 & | & 0 \end{pmatrix}$$

Hinweis: Mindestens ein Diagonalelement der umgeformten Koeffizientenmatrix ist gleich null, d.h., das LGS ist **nicht eindeutig** lösbar.

Aus der 2. Zeile der erweiterten Dreiecksform $x_3 = 2$

Einsetzen von $x_3 = 2$ in die 1. Zeile $\qquad 2x_1 + 4x_2 - 12 = 8$

ergibt: $\qquad\qquad\qquad\qquad\qquad\qquad x_1 + 2x_2 = 10$

Zur Lösung dieser Gleichung mit 2 Unbekannten setzt man z.B.: $x_2 = t; \; t \in \mathbb{R}$

(x_2 ist frei wählbar.)

Durch Einsetzen berechnet man x_1 $\qquad\qquad x_1 + 2t = 10$

(in Abhängigkeit von t): $\qquad\qquad\qquad\qquad x_1 = 10 - 2t$

Lösungsvektor: $\qquad\qquad\qquad\qquad\qquad \vec{x} = \begin{pmatrix} 10 - 2t \\ t \\ 2 \end{pmatrix}; \; t \in \mathbb{R}$

Das LGS ist **mehrdeutig lösbar**, hat also unendlich viele Lösungen.

b) Einsetzen der allgemeinen Lösung

aus a) in die Gleichung (4) ergibt: $\qquad 10 - 2t - t - 2 \cdot 2 = 0$

$$t = 2$$

$t = 2$ einsetzen in $\vec{x} = \begin{pmatrix} 10 - 2t \\ t \\ 2 \end{pmatrix}$ ergibt: $\qquad \vec{x} = \begin{pmatrix} 6 \\ 2 \\ 2 \end{pmatrix}$

Das LGS aus allen vier Gleichungen ist **eindeutig lösbar**.

Aufgaben

1 Bestimmen Sie den Lösungsvektor.

a) $2x_1 + x_2 + 3x_3 = -2$
$\qquad\quad x_2 + 2x_3 = 1$
$\quad 4x_1 + 3x_2 + 8x_3 = -3$

b) $\begin{pmatrix} 1 & 0 & 2 & | & 1 \\ 2 & 1 & -1 & | & 3 \\ 3 & 1 & 1 & | & 4 \end{pmatrix}$

c) $\begin{pmatrix} 0 & 1 & 1 & | & 2 \\ 2 & 1 & 1 & | & 4 \\ 1 & -1 & -1 & | & -1 \end{pmatrix}$

Was man wissen sollte – über die Lösbarkeit eines linearen Gleichungssystems

Untersuchung in zwei Schritten (am Beispiel von 3 Gleichungen für 3 Unbekannte):

1. Umformung der erweiterten Koeffizientenmatrix
   mit dem Gaußverfahren in die **erweiterte Dreiecksform**: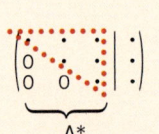

   A^*

2. Untersuchung der **Diagonalelemente von A***

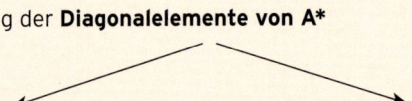

Alle Diagonalelemente von A*
sind ungleich null.

Mindestens ein Diagonalelement von A*
ist gleich null.

Das LGS ist eindeutig lösbar.

Das LGS ist nicht eindeutig lösbar.
Die rechte Seite entscheidet:
Das LGS ist

mehrdeutig lösbar.   unlösbar.

z. B.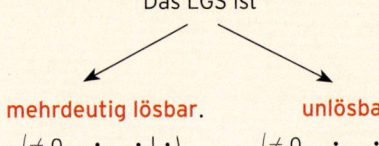

Beispiele

a) $\begin{pmatrix} -1 & 2 & 0 & | & 4 \\ 0 & -1 & 2 & | & 4 \\ 0 & 0 & 1 & | & 0 \end{pmatrix} \Rightarrow \vec{x} = \begin{pmatrix} -12 \\ -4 \\ 0 \end{pmatrix}$ Das inhomogene LGS ist **eindeutig lösbar**.

$\begin{pmatrix} -1 & 2 & 0 & | & 0 \\ 0 & -1 & 2 & | & 0 \\ 0 & 0 & 1 & | & 0 \end{pmatrix} \Rightarrow \vec{x} = \begin{pmatrix} 0 \\ 0 \\ 0 \end{pmatrix}$ Das homogene LGS ist **eindeutig lösbar**.

b) $\begin{pmatrix} -1 & 2 & 0 & | & 4 \\ 0 & -1 & 2 & | & 4 \\ 0 & 0 & 0 & | & 0 \end{pmatrix} \Rightarrow \vec{x} = \begin{pmatrix} -12 + 4r \\ -4 + 2r \\ r \end{pmatrix}$ Das inhomogene LGS ist **mehrdeutig lösbar**.

$\begin{pmatrix} -1 & 2 & 0 & | & 0 \\ 0 & -1 & 2 & | & 0 \\ 0 & 0 & 0 & | & 0 \end{pmatrix} \Rightarrow \vec{x} = \begin{pmatrix} 4r \\ 2r \\ r \end{pmatrix}$ Das homogene LGS ist **mehrdeutig lösbar**.

c) $\begin{pmatrix} -1 & 2 & 0 & | & 4 \\ 0 & -1 & 2 & | & 4 \\ 0 & 0 & 0 & | & 1 \end{pmatrix}$ Das inhomogene LGS ist **unlösbar**.

Aufgaben zu linearen Gleichungssystemen

1 Bestimmen Sie den Lösungsvektor.

a) $\begin{pmatrix} -1 & 2 & 0 & | & 4 \\ 0 & -1 & 2 & | & 4 \\ 0 & 0 & 0 & | & 0 \end{pmatrix}$
b) $\begin{pmatrix} -1 & 2 & 0 & | & 4 \\ 0 & 0 & 2 & | & 4 \\ 0 & 0 & 0 & | & 0 \end{pmatrix}$
c) $\begin{pmatrix} 0 & 1 & 2 & | & 5 \\ 0 & -2 & 0 & | & -2 \\ 0 & 0 & 4 & | & 8 \end{pmatrix}$

d) $\begin{pmatrix} 1 & 1 & 2 & | & 5 \\ 0 & 0 & 0 & | & 0 \\ 0 & 0 & 0 & | & 0 \end{pmatrix}$
e) $\begin{pmatrix} -1 & 2 & 5 & | & 0 \\ 0 & -1 & 3 & | & 0 \\ 0 & 0 & 0 & | & 0 \end{pmatrix}$
f) $\begin{pmatrix} -1 & 2 & 5 & | & 0 \\ 0 & 0 & 3 & | & 0 \\ 0 & 0 & 0 & | & 0 \end{pmatrix}$

g) $\begin{pmatrix} -1 & 2 & | & 0 \\ 0 & -1 & | & 0 \\ 0 & 1 & | & 0 \end{pmatrix}$
h) $\begin{pmatrix} 1 & 1 & | & 5 \\ 0 & 0 & | & 0 \\ 0 & 0 & | & 0 \end{pmatrix}$
i) $\begin{pmatrix} 1 & 1 & 1 & | & 3 \\ 1 & -1 & 0 & | & 2 \\ 2 & 0 & 0 & | & 5 \end{pmatrix}$

c) d)

2 Berechnen Sie die Lösungsmenge.

a) $x_1 - 3x_2 + 2x_3 = 2$
    $2x_1 - 6x_2 + 5x_3 = 11$
    $3x_1 + 11x_2 - 9x_3 = 1$

b) $8x_2 - 4x_3 = 4$
    $x_1 + 2x_2 - 3x_3 = 2$
   $-3x_1 - 4x_2 + 8x_3 = -5$

c) $2x_1 + 4x_2 + 6x_3 = 0$
    $3x_1 + 2x_2 + x_3 = 1$
        $2x_2 + 4x_3 = -0,5$

d) $2x_1 + 5x_2 - x_3 = 25$
    $x_1 + 7x_3 = 10$
    $x_1 + 2x_2 + x_3 = 12$

e) $x_1 + 2x_2 + x_3 = 0$
  $-2x_1 - x_2 + 3x_3 = -1$

f) $3x_1 - 5x_2 = 2$
    $x_1 + 3x_3 = 3$

g) $2x_2 + x_3 = -1$

h) $3x_1 - 7x_2 + x_3 = 0$

3 Bestimmen Sie den Lösungsvektor des Gleichungssystems.

a) $x_1 + 8x_2 = -1$
    $x_1 + 2x_2 = 2$
   $2x_1 + 6x_2 = 3$

b) $x_1 - 3x_2 + x_3 = 2$
   $4x_1 - 2x_2 + 3x_3 = 4$
  $-4x_1 + 2x_2 - x_3 = -2$
   $3x_1 + x_2 + 2x_3 = 2$

4 Gegeben ist das LGS $\begin{pmatrix} 0 & 1 & -1 & | & 1 \\ 0 & 1 & 0 & | & 2 \\ 0 & 0 & 3 & | & 1 \end{pmatrix}$.

Untersuchen Sie auf Lösbarkeit. Ändern Sie eine Zahl so ab, dass sich die Lösbarkeit ändert. Bestimmen Sie gegebenenfalls den Lösungsvektor.

5 Zeigen Sie, dass das LGS $x_1 - 2x_2 + x_3 = 1$
                     $x_1 - 4x_2 + 2x_3 = 2$
                         $-2x_2 + x_3 = -1$

unlösbar ist.

6 Bestimmen Sie r, s und t so, dass

$$4 + r + 2s = 4t + 3$$
$$3 + 3r + 2s = 2t$$
$$1 + 4r + 4s = 4t \qquad \text{ist.}$$

7 Gegeben ist das lineare Gleichungssystem:

$$x_1 + 3x_2 = 1$$
$$2x_1 + 4x_2 - x_3 = 0$$
$$2x_1 + 2x_2 - 2x_3 = -2$$

a) Untersuchen Sie, ob $\vec{x}_1 = \begin{pmatrix} 3 \\ 2 \\ -1 \end{pmatrix}$ und $\vec{x}_2 = \begin{pmatrix} -0{,}5 \\ 0{,}5 \\ 1 \end{pmatrix}$ jeweils eine Lösung des linearen Gleichungssystems ist.

b) Bestimmen Sie die allgemeine Lösung des Gleichungssystems.

c) Geben Sie eine Lösung mit ganzzahligen Koordinaten an.

d) Gibt es einen Lösungsvektor, bei dem alle drei Koordinaten gleich sind?

8 Gegeben ist das lineare Gleichungssystem:

$$2x_1 - 2x_2 + 2x_3 = x_1 \ \wedge \ -x_1 + x_2 + x_3 = x_2 \ \wedge \ 4x_1 - 2x_2 = x_3.$$

a) Zeigen Sie: $\vec{x} = \begin{pmatrix} 2 \\ 3 \\ 2 \end{pmatrix}$ ist ein Lösungsvektor.

b) Berechnen Sie alle Lösungen.

9 Gegeben ist das LGS:

$$2x_1 - x_2 + x_3 = -2$$
$$-x_1 + x_2 + x_3 = 2$$
$$x_1 + x_2 + 5x_3 = 2$$

Bestimmen Sie den allgemeinen Lösungsvektor.

Prüfen Sie, ob $\vec{x} = \begin{pmatrix} -15 \\ -22 \\ 8 \end{pmatrix}$ ein Lösungsvektor ist.

Bestimmen Sie eine spezielle Lösung mit $x_1 + x_2 + x_3 = 1$.

10 Gegeben ist das LGS $\begin{pmatrix} 1 & 0 & 2 & | & x \\ 2 & 9 & 10 & | & y \\ -1 & 3 & 0 & | & z \end{pmatrix}$.

a) Ist das LGS lösbar für $x = y = z = 0$? Wenn ja, geben Sie den Lösungsvektor an.

b) Ist das LGS lösbar für $x = y = 0$ und $z = 1$? Wenn ja, geben Sie die Lösung an.

c) Welche Beziehung besteht zwischen x, y und z, wenn das LGS lösbar ist?

11 Welche der Vektoren $\begin{pmatrix} 1 \\ 0 \\ 0 \end{pmatrix}, \begin{pmatrix} 0 \\ -2 \\ 0 \end{pmatrix}, \begin{pmatrix} 4 \\ 1 \\ 2 \end{pmatrix}$ sind Lösungen der Gleichung $x_1 - 2x_2 + x_3 = 4$?

Bestimmen Sie die allgemeine Lösung dieser Gleichung.

2.4 Anwendungen

Beispiel

⬤ Neusilber ist eine Legierung, die aus Kupfer, Zink und Nickel besteht. Zur Herstellung einer Folie wird Neusilber mit 25 % Kupfer (Cu), 40 % Nickel (Ni) und 35 % Zink (Zn) verarbeitet. Die Tabelle (Angaben in %) zeigt die Zusammensetzung der vorhandenen Legierungen.

Aus den Legierungen A, B und C sollen 100 g Neusilber für die Folienherstellung mit dem benötigten Gehalt hergestellt werden. Wie viel g nimmt man von den jeweiligen Legierungen?

	A	B	C
Cu	20	50	60
Ni	40	50	20
Zn	40	0	20

Lösung

Zur Herstellung von 100 Gramm (g) Neusilber nimmt man x Gramm von Legierung A, y Gramm von Legierung B und z Gramm von Legierung C.

In der Legierung A sind 20 % Cu enthalten, d. h., in x g A sind $0,2 \cdot x$ g Cu enthalten.
In der Legierung B sind 50 % Cu enthalten, d. h., in y g B sind $0,5 \cdot y$ g Cu enthalten.
In der Legierung C sind 60 % Cu enthalten, d. h., in z g C sind $0,6 \cdot z$ g Cu enthalten.

Hinweis: 100 g Neusilber mit 25 % Cu-Gehalt enthalten 25 g Cu.

Gleichung für 25 g Kupfer: $0,2\,x + 0,5\,y + 0,6\,z = 25$
ebenso für Nickel (40 g): $0,4\,x + 0,5\,y + 0,2\,z = 40$
ebenso für Zink (35 g): $0,4\,x + 0,2\,z = 35$

LGS in Matrixform:
$$\left(\begin{array}{ccc|c} 0,2 & 0,5 & 0,6 & 25 \\ 0,4 & 0,5 & 0,2 & 40 \\ 0,4 & 0 & 0,2 & 35 \end{array}\right) \quad \substack{\cdot(-2)\\ +} \quad \substack{\cdot(-2)\\ +}$$

Umformung der Matrix:
$$\left(\begin{array}{ccc|c} 0,2 & 0,5 & 0,6 & 25 \\ 0 & -0,5 & -1 & -10 \\ 0 & -1 & -1 & -15 \end{array}\right) \quad \substack{\cdot(-2)\\ +}$$

$$\left(\begin{array}{ccc|c} 0,2 & 0,5 & 0,6 & 25 \\ 0 & -0,5 & -1 & -10 \\ 0 & 0 & 1 & 5 \end{array}\right)$$

Auflösung ergibt: $z = 5; \; y = 10; \; x = 85$

Ergebnis: Für 100 g Neusilber müssen 85 g von Legierung A, 10 g von Legierung B und 5 g von Legierung C verwendet werden.

5 Bohner, Ott, Deusch - ISBN 978-3-8120-0303-2

Aufgaben

1 Ein Gartenbaubetrieb bewirtschaftet einen Baumbestand von insgesamt 420 Bäumen, aufgeteilt in Birnbäume (B), Kirschbäume (K) und Apfelbäume (A).
Für die Pflege der Bäume und für die Ernte müssen eine gewisse Anzahl von Arbeitsstunden aufgewendet werden. Für die Pflege stehen insgesamt 950 Arbeitsstunden, für die Ernte 1590 Arbeitsstunden zur Verfügung.

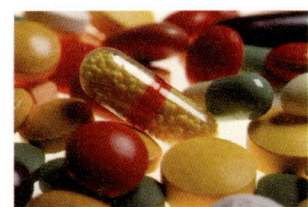

Die Tabelle gibt die Anzahl der Arbeitstunden pro Baum an. Berechnen Sie die Verteilung der einzelnen Baumarten.

	A	K	B
Pflege	2	1,5	3
Ernte	3	6	2,5

2 Bereiten Sie eine Mischung aus drei Vitaminpräparaten P1, P2 und P3 so, dass sie den täglichen Vitaminbedarf deckt und diese Mischung 1,2 € kostet.
Ein Gramm P1 kostet 0,1 € , ein Gramm P2 kostet 0,15 € und ein Gramm P3 kostet 0,25 €.
Die notwendigen Daten können Sie der Tabelle entnehmen. (Angaben in mg pro g, z.B.:
P1 enthält pro g 0,2 mg Vitamin A.)

	P1	P2	P3	Tagesbedarf
Vitamin A	0,2	0,3	0,1	2 mg
Vitamin C	10	10	20	100 mg

3 Neusilber ist eine Legierung, die aus Kupfer, Zink und Nickel besteht. Die Tabelle zeigt die vorhandenen Legierungen.
Zur Herstellung eines Schmuckstückes wird Neusilber mit 60 % Kupfer (Cu), 20 % Nickel (Ni) und 20 % Zink (Zn) verarbeitet. Aus den Legierungen A, B und C sollen 100 g Neusilber für die Schmuckherstellung mit dem benötigten Gehalt hergestellt werden.
Wie viel g benötigt man von der Legierung B?

	A	B	C
Cu	40	75	50
Ni	20	25	0
Zn	40	0	50

Angaben in %

4 Die Gesamtkosten K eines Betriebs lassen sich durch eine Polynomfunktion 3. Grades berechnen.

Produktionsmenge x in ME	0	2	4	6
Gesamtkosten in GE	18	30	42	102

Bestimmen Sie den Funktionsterm aus der Tabelle mithilfe eines linearen Gleichungssystems.

Test zur Überprüfung Ihrer Grundkenntnisse

1 Untersuchen Sie das LGS auf Lösbarkeit. Bestimmen Sie gegebenenfalls den Lösungsvektor.

a)
$3x_1 + 2x_2 - x_3 = -2$
$2x_1 - 3x_2 + x_3 = 9$
$4x_2 + x_3 = -7$

b) $\begin{pmatrix} 2 & 1 & 1 & | & -2 \\ 0 & 2 & -1 & | & 0 \\ 4 & 4 & 1 & | & -4 \end{pmatrix}$

c) $\begin{pmatrix} 1 & 2 & 0 & | & -3 \\ 1 & 3 & 4 & | & -2 \\ 0 & 1 & 4 & | & 5 \end{pmatrix}$

2 Zeigen Sie: Das LGS ist mehrdeutig lösbar.
$x_1 + 4x_2 + x_3 = 10$
$x_1 + 2x_2 + x_3 = 8$
$x_1 + x_2 + x_3 = 7$

3 Bestimmen Sie den Lösungsvektor des Gleichungssystems.

a)
$x_1 + 8x_2 = -1$
$x_1 + 2x_2 = 2$
$2x_1 + 6x_2 = 3$

b)
$2x_1 + 3x_2 - 5x_3 = -1$
$-x_1 - x_2 + 3x_3 = 1$

4 Gegeben ist folgendes Gleichungssystem:
$2x_1 + x_2 + 3x_3 = 3$
$x_1 - x_2 + 4x_3 = 3$
$4x_1 + 3x_2 + 11x_3 = 5$

Geben Sie eine Lösung des Gleichungssystems an, bei der $x_3 = 0$ ist.

5 Für ein Klassenfest kaufen drei Schüler im gleichen Getränkemarkt Mineralwasser (M), Saft (S) und Cola (C) ein. Die Tabelle gibt die Anzahl der gekauften Gebinde an.

	Mineralwasser (M)	Saft (S)	Cola (C)
Schüler 1	2	4	5
Schüler 2	3	2	6
Schüler 3	2	5	5

Die Einkäufer legen der Klassenkasse Belege über 80 Euro, 75 Euro und 89 Euro vor. Wie viel Gewinn erwirtschaftet die Klasse, wenn alle Getränke verkauft werden und der Verkaufspreis von M 20 %, der von S 30 % und der von C 25 % über dem jeweiligen Einkaufspreis liegt?

III Differenzialrechnung

1 Ableitung von Funktionen

Modellierung einer Situation

In der Pause eines Openair-Konzerts nimmt der Kioskbesitzer Huber ein Getränk aus dem Kühlschrank. Da es nicht verkauft wird, erwärmt es sich.

Der Term $T(t) = 27 - 19\,e^{-0,1t}$; $t \geq 0$ (t in Minuten, $T(t)$ in Grad Celsius) beschreibt näherungsweise den Erwärmungsvorgang. Welche Temperatur hat das Getränk, wenn es die Umgebungstemperatur hat?

Zu welcher Zeit steigt die Temperatur am schnellsten an? Wie groß ist dieser Anstieg? Bestimmen Sie für die ersten 15 Minuten die durchschnittliche Temperaturänderung.

Für das Openair-Konzert soll rechts neben einer Gebäudewand eine Bühne errichtet werden. Die Bühnenrückwand soll die Form eines Bogens haben (siehe Abbildung, nicht maßstabsgerecht). In einem Koordinatensystem wird der Bogen durch den im 1. Quadranten verlaufenden Teil der Funktion f mit

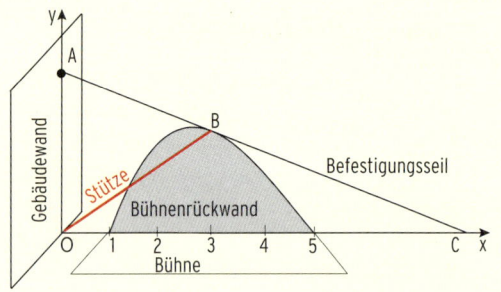

$f(x) = \frac{1}{5}x^3 - \frac{14}{5}x^2 + \frac{53}{5}x - 8$, $(1\,LE \triangleq 1\,m)$

beschrieben. Zur Sicherung der Bühnenkonstruktion wird ein Seil vom Punkt A(0|6,4) an der Gebäuderückwand zum Punkt C(8|0) auf dem Boden gespannt. Der für den Aufbau zuständige Techniker behauptet, das Seil berührt die Bühnenrückwand in einem Punkt B und eine von O zu B führende Stabilisierungsstütze verläuft senkrecht zum Seil. Überprüfen Sie diese zwei Behauptungen.

Bearbeiten Sie diese Situation, nachdem Sie die rechts aufgeführten **Qualifikationen und Kompetenzen** erworben haben.

Qualifikationen & Kompetenzen

- Mittlere und lokale Änderungsrate berechnen
- Ableitungsregeln anwenden
- Tangentengleichung bestimmen
- Ableitung grafisch veranschaulichen und interpretieren
- Modellieren von realen Situationen

1.1 Änderungsrate

Bei Wachstumsvorgängen ändert sich im Allgemeinen der Bestand in Abhängigkeit von der Zeit, z. B. die Bevölkerungszahl in Deutschland, der Durchmesser eines Baumes, die Gesamtkosten einer Produktion, die Geschwindigkeit eines Autos, der Zufluss in ein Gefäß usw.
Bei einem Wachstumsvorgang kommt es jedoch nicht nur auf den Bestand an, sondern auch darauf, wie schnell sich der Bestand ändert.
Diese „Schnelligkeit" versucht man mathematisch zu beschreiben.

Beispiel

⮕ Während eines Dauerregens wird die Wassermenge (Volumen in Liter) in einer Regentonne in Abhängigkeit von der Zeit (in Minuten) gemessen.

Zeit in x in min	0	1	3	5
Volumen y in ℓ	25	29,2	37,6	58

Berechnen Sie die Volumenänderung pro Minute.
Übertragen Sie die Messdaten in ein Koordinatensystem.

Lösung

Volumenänderung pro Minute

auf dem Intervall [0; 1] : $\frac{\Delta y}{\Delta x} = \frac{29,2 - 25}{1 - 0} = 4,2$

auf dem Intervall [1; 3] : $\frac{\Delta y}{\Delta x} = \frac{37,6 - 29,2}{3 - 1} = \frac{8,4}{2} = 4,2$

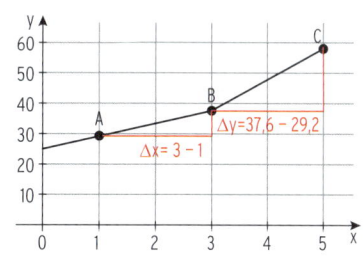

Zeitintervall	[0; 1]	[1; 3]	[3; 5]
Dauer in min (Δx)	1	2	2
Volumenänderung Δy	4,2	8,4	20,4
Änderungsrate in $\frac{\ell}{min}$	4,2	4,2	10,2

Das Volumen ändert sich pro Minute auf dem Intervall [0; 1]

bzw. [1; 3] um 4,2 ℓ, d. h.: $\frac{\Delta y}{\Delta x} = 4,2$.

$$\frac{\Delta y}{\Delta x} = \frac{y_2 - y_1}{x_2 - x_1}$$

Mit anderen Worten: $4,2 \frac{\ell}{min}$ ist die **mittlere Änderungsrate des Volumens.**

Auf dem Intervall [3; 5] ist die **mittlere Änderungsrate** des Volumens $10,2 \frac{\ell}{min}$.

Die mittlere Änderungsrate $\frac{\Delta y}{\Delta x}$ entspricht der Steigung der Strecke AB bzw. BC.

Festlegung

Die (mittlere) Änderungsrate einer Funktion im **Intervall [a; b]** ist der

Differenzenquotient $\frac{\Delta y}{\Delta x}$.

Mit dem Differenzenquotient kann z. B. beschrieben werden:
- die mittlere Steigung
- die mittlere Kostenzunahme
- die mittlere Wegänderung

Beispiel

⮕ Bei der Produktion eines Artikels werden die Gesamtkosten in € pro Tag, in Abhängigkeit von der Ausbringungsmenge x (in Stück), festgelegt durch:

$K(x) = x^2 + 3x + 100$; $x \geq 0$

Von x = 5 soll die Produktionsmenge um 10 Stück erhöht werden.

Bestimmen Sie den mittleren Kostenzuwachs.

Bestimmen Sie den momentanen Kostenzuwachs für x = 5.

Lösung

x	5	15
K(x)	140	370

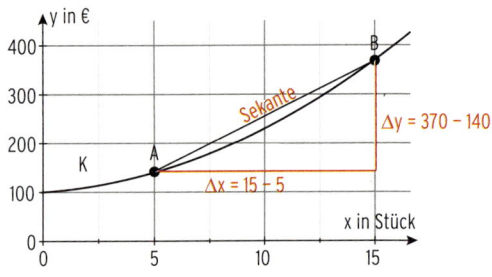

Mittlere Änderungsrate von K auf [5; 15]

$$\frac{\Delta y}{\Delta x} = \frac{K(x_2) - K(x_1)}{x_2 - x_1}$$

$$\frac{\Delta y}{\Delta x} = \frac{K(15) - K(5)}{15 - 5} = \frac{370 - 140}{10}$$

$$\frac{\Delta y}{\Delta x} = 23$$

Erhöht man die Produktion von 5 Stück auf 15 Stück, so erhöhen sich die Kosten durchschnittlich um 23 €/Stück.

Bedeutung der (mittleren) Änderungsrate

Die Änderungsrate ist die Steigung m der Sekante (AB), d. h. $m = \frac{\Delta y}{\Delta x}$.

Dies entspricht der mittleren Kostenzunahme.

Da sich die Kurve und die Strecke AB auf dem Intervall [5; 15] unterscheiden, ist 23 nur ein Näherungswert und nicht die tatsächliche Kostenzunahme (**Grenzkosten**) bei der Produktion von 5 Stück.

Diesen Näherungswert kann man verbessern, indem man die Abstände Δx verkleinert, d. h. den Punkt B näher an den Punkt A „wandern" lässt.

Welche momentane Kostenzunahme liegt nun tatsächlich nach 5 Stück vor?

Dazu berechnet man die Änderungsraten für $\Delta x \to 0$.

Intervall [5; x_2]	[5; 10]	[5; 6]	[5; 5,1]	[5; 5,01]	
$\Delta x = x_2 - 5$	$10 - 5 = 5$	$6 - 5 = 1$	$5,1 - 5 = 0,1$	$5,01 - 5 = 0,01$	$\to 0$
$\Delta y = K(x_2) - K(5)$	$230 - 140 = 90$	$154 - 140 = 14$	$141,31 - 140 = 1,31$	$140,1301 - 140 = 0,1301$	
$\frac{\Delta y}{\Delta x} = \frac{K(x_2) - K(5)}{x_2 - 5}$	$\frac{90}{5} = 18$	$\frac{14}{1} = 14$	$\frac{1,31}{0,1} = 13,1$	$\frac{0,1301}{0,01} = 13,01$	$\to 13$

Die **momentane Änderungsrate (Grenzkosten)** bei 5 Stück beträgt $13 \frac{€}{\text{Stück}}$.

Hinweis: Mittlere Änderungsrate von K im Intervall [5; x_2]: $\frac{\Delta y}{\Delta x} = \frac{K(x_2) - K(5)}{x_2 - 5}$

Für $\Delta x = x_2 - 5 \to 0$ erhält man die momentane Änderungsrate von K an der Stelle x = 5.

Beispiel

⟳ Gegeben ist die Funktion f mit $f(x) = -\frac{1}{2}x^2 + 3x$; $x \in \mathbb{R}$.

a) Berechnen Sie die mittlere Änderungsrate im Intervall [1; 3].

b) Ermitteln Sie die momentane Änderungsrate an der Stelle x = 1 bzw. an der Stelle x = 4.

Lösung

a) Mittlere Änderungsrate auf [1; 3]: $\quad \frac{\Delta y}{\Delta x} = \frac{f(3) - f(1)}{3 - 1} = \frac{4,5 - 2,5}{2} = 1$

Die Steigung der Sekante durch (1|2,5) und (3|4,5) ist 1.

b) Mittlere Änderungsrate auf [x₁; x₂]: $\quad \frac{f(x_2) - f(x_1)}{x_2 - x_1}$

Für $x_1 = 1$: $\quad \frac{f(x_2) - f(1)}{x_2 - 1}$

Untersuchung für $\Delta x = x_2 - 1 \rightarrow 0$

Tabelle

Intervall [1; x₂]	[1; 1,1]	[1; 1,01]	[1; 1,001]	[1; 1,0001]
$\Delta x = x_2 - 1$	0,1	0,01	0,001	0,0001
$\frac{f(x_2) - f(1)}{x_2 - 1}$	1,95	1,995	1,9995	1,99995

Die mittlere Änderungsrate stebt gegen 2. Die momentane Änderungsrate in x = 1 ist 2.

Untersuchung für $x_1 = 4$: $\frac{f(x_2) - f(4)}{x_2 - 4}$ und $\Delta x = x_2 - 4 \rightarrow 0$

Tabelle

Intervall [4; x₂]	[4; 4,1]	[4; 4,01]	[4; 4,001]
$\Delta x = x_2 - 4$	0,1	0,01	0,001
$\frac{f(x_2) - f(4)}{x_2 - 4}$	−1,05	−1,005	−1,0005

Die mittlere Änderungsrate stebt gegen − 1. Die momentane Änderungsrate in x = 4 ist − 1.

Grafische Interpretation:

Die Tangente an der Stelle x = 1 hat die Steigung 2.

Die Tangente an der Stelle x = 4 hat die Steigung − 1.

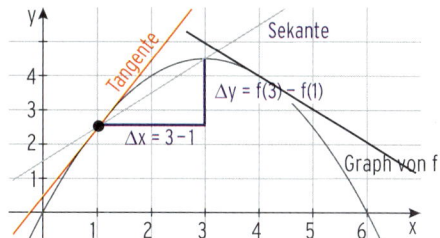

Hinweis: Die momentane Änderungsrate entspricht der Steigung der Tangente.

Beachten Sie:

Die **mittlere Änderungsrate** von f auf [x₁; x₂]: $\frac{f(x_2) - f(x_1)}{x_2 - x_1}$ strebt für $x_2 \rightarrow x_1$ gegen die **momentane Änderungsrate von f** an der Stelle x₁.
(Grenzwert der mittleren Änderungsrate).

1 Berechnen Sie die mittleren Änderungsraten von f mit $f(x) = x^2 - x + 1$ auf den Intervallen: $[0; 3]$, $[1; 1,5]$ und $[-4; -2,5]$.

2 Chemische Reaktionen können langsam oder schnell ablaufen. Bringt man z. B. Zink in Salzsäure, entsteht Wasserstoff. Die folgende Tabelle gibt die Menge des Wasserstoffs in Abhängigkeit von der Zeit an.

Zeit in s	2	4	6	8	10	12
Menge Wasserstoff in ml	21	30,5	35,5	40,5	42,5	43

Erstellen Sie hierzu ein Diagramm.
Berechnen Sie die mittleren Änderungsraten auf den folgenden Intervallen $[2; 4]$, $[4; 8]$ und $[8; 12]$.
Was lässt sich über die Wasserstoffproduktion aussagen?

3 Ein Pudding kühlt nach seiner Zubereitung ab. Der Term $T(t) = 20 + 70\,e^{-0,1\,t}$; $t \geq 0$ (t in Minuten, $T(t)$ in Grad Celsius) beschreibt den Abkühlvorgang. Die Abbildung zeigt das Schaubild der Funktion T.

a) Von welcher anfänglichen Temperatur geht man aus?

b) Welche Temperatur hat der Pudding, wenn er abgekühlt ist?

c) Zu welcher Zeit ist die „Geschwindigkeit", mit der sich der Pudding abkühlt, am größten?

d) Berechnen Sie für die ersten 10 Minuten die durchschnittliche Temperaturänderung.

4 Gegeben ist die Funktion f mit $f(x) = \frac{3}{4}x^2 - 3x$.

a) Berechnen Sie die mittlere Änderungsrate von f auf dem Intervall $I = [2; 5]$.

b) Bestimmen Sie die Gleichung der Sekante g durch $P\big(2\,|\,f(2)\big)$ und $Q\big(5\,|\,f(5)\big)$. Zeichnen Sie die Schaubilder von f und g in ein Koordinatensystem.

c) Ermitteln Sie die momentane Änderungsrate von f an der Stelle $x = 2$. Interpretieren Sie geometrisch.

5 Die Abbildung zeigt den Wasserstand h in Cuxhaven (in cm über Pegelstand) zur Zeit t. Dabei entspricht $t = 0$ der Uhrzeit 0:00 Uhr. Bestimmen Sie mithilfe der Abbildung die größte Änderungsrate der Höhe h.

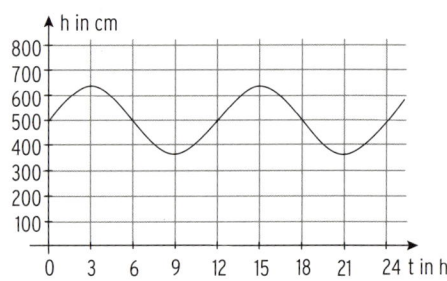

1.2 Definition der Ableitung

Die Berechnung der momentanen Änderungsrate kann mühsam sein. Deshalb leitet man Regeln her, die es gestatten, die momentane Änderungsrate anzugeben. Diese Regeln ersetzen eine allgemeine Methode zur Berechnung der momentanen Änderungsrate.

Berechnung der Tangentensteigung

Gegeben ist die Funktion f mit $f(x) = x^2$ mit Graph K.

a) Zunächst wollen wir die Steigung der Tangente an die Normalparabel im Punkt $P(1|1)$ berechnen. Wie bei der Herleitung der momentanen Änderungsrate geht man von einer Sekante aus und lässt den Punkt Q auf den Punkt P zuwandern, sodass die **Tangente** als **Grenzlage der Sekanten** entsteht.

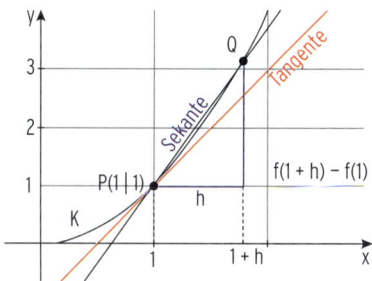

Berechnung der Sekantensteigung m_s

Es gilt:

$$m_s = \frac{f(x_2) - f(x_1)}{x_2 - x_1}$$

Mit $x_1 = 1$ und $x_2 = 1 + h$:

$$m_s = \frac{f(1 + h) - f(1)}{1 + h - 1} = \frac{(1 + h)^2 - 1}{h}$$

$$m_s = \frac{2h + h^2}{h} = \frac{h(2 + h)}{h}$$

$$m_s = 2 + h$$

Für $h \to 0$ strebt $(2 + h) \to 2$. Man erhält die Steigung m_t der Tangente: $m_t = 2$. Man bezeichnet die momentane Änderungsrate bzw. die Steigung der Tangente an die Kurve im Punkt $P(1|1)$ als **Ableitung** von **f** an der Stelle 1.

Es gilt: $m_t = 2 = f'(1)$ Lesen Sie: f „Strich" von 1

Festlegung
....

Die Steigung m_t der Tangente an das Schaubild von f im Punkt P ist die **Steigung des Schaubildes** im Punkt P.

$f'(1)$ ist die Steigung des Schaubildes von f im Kurvenpunkt $P(1|f(1))$.

Beachten Sie:
....

Die Ableitung bzw. die momentane Änderungsrate kann verschiedene Bedeutungen haben, z.B.:

- Momentane Änderungsrate des Weges (Momentangeschwindigkeit)
- Momentane Zunahme der Wassermenge pro Zeiteinheit (Zuflussgeschwindigkeit)
- Grenzkosten einer Produktion
- Abkühlgeschwindigkeit (einer Glasvase)
- Geburtenrate einer Bevölkerung

b) Berechnung der Steigung der Normalparabel im (beliebigen) Punkt $P(u\,|\,f(u))$

Steigung m_S der **Sekante** (PQ): $m_S = \dfrac{f(x_2) - f(x_1)}{x_2 - x_1}$

Mit $x_1 = u$ und $x_2 = u + h$ erhält man:

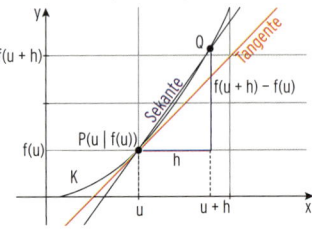

$$m_S = \frac{f(u+h) - f(u)}{u+h-u} = \frac{f(u+h) - f(u)}{h}$$

$$= \frac{(u+h)^2 - u^2}{h} = \frac{2hu + h^2}{h} = \frac{h(2u+h)}{h} = 2u + h$$

Für $h \to 0$ strebt $(2u + h) \to 2u$.

Die Steigung $f'(u)$ der Tangente an die Normalparabel
im Punkt $P(u\,|\,f(u))$ ist $2u$: $f'(u) = 2u$

Ersetzt man den beliebigen u-Wert durch x, so gilt für alle $x \in \mathbb{R}$: $f(x) = x^2 \;\Rightarrow\; f'(x) = 2x$.

$f'(x)$ ist die Ableitung von f an der Stelle x.

Beachten Sie:

Der Quotient $\dfrac{\Delta y}{\Delta x} = \dfrac{f(x_2) - f(x_1)}{x_2 - x_1}$ heißt **Differenzenquotient.**

Der Grenzwert des Differenzenquotienten heißt **Differenzialquotient.**

$\dfrac{\Delta y}{\Delta x}$ strebt für $\Delta x \to 0$ gegen $\dfrac{dy}{dx} = f'(x)$ (**Ableitung** von f an der Stelle x).

Schreibweise: $f'(x) = \lim\limits_{\Delta x \to 0} \dfrac{\Delta y}{\Delta x} = \dfrac{dy}{dx}$

Hinweis: Eine Funktion f heißt differenzierbar, wenn an jeder Stelle aus dem Definitionsbereich der **Differenzialquotient** existiert. Differenzieren heißt Ableiten.

In der folgenden Tabelle sind für einige x-Werte die Steigungen $f'(x)$ im zugehörigen
Parabelpunkt $P(x\,|\,f(x))$ berechnet.

Mit $f(x) = x^2$ und $f'(x) = 2x$
erhält man folgende Tabelle:

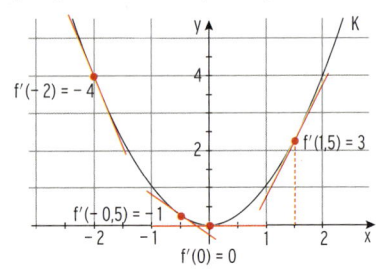

x	−2	−0,5	0	1,5
f'(x)	−4	−1	0	3

Aufgaben

1 Die Abbildung zeigt das Schaubild von f.
Bestimmen Sie $f'(0)$, $f'(2)$, $f'(3)$
mithilfe der Abbildung.

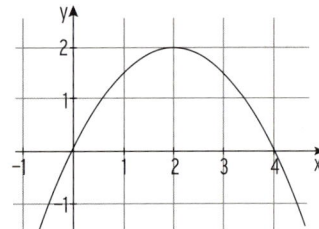

2 Berechnen Sie die Ableitung von f an der Stelle $x = 2$
mithilfe des Differenzenquotienten $\dfrac{f(2+h) - f(2)}{h}$.

a) $f(x) = x^2 + 3$ b) $f(x) = x^2 + 4x$ c) $f(x) = 4x - 1$

1.3 Ableitungsregeln

Ableitung der Grundfunktionen

A) Potenzfunktionen

Beispiel

➲ Wie lautet die Ableitung der Funktion f mit $f(x) = x^3$?

Lösung

Ableitung an der festen Stelle u:

Mittlere Änderungsrate (Steigung der Sekante): $m_S = \dfrac{f(x_2) - f(x_1)}{x_2 - x_1}$

Mit $x_1 = u$ und $x_2 = u + h$ erhält man: $\quad m_S = \dfrac{f(u + h) - f(u)}{u + h - u} = \dfrac{f(u + h) - f(u)}{h}$

$$m_S = \frac{(u + h)^3 - u^3}{h} = \frac{h(3u^2 + 3uh + h^2)}{h}$$

$$m_S = 3u^2 + 3uh + h^2$$

Für $h \to 0$ strebt $(3u^2 + 3uh + h^2)$ gegen $3u^2$.

Die Ableitung von f an der festen Stelle u lautet $f'(u) = 3u^2$.

Beachten Sie:

Die Ableitung von f mit $f(x) = x^3$ ist $f'(x) = 3x^2$.

Vorgehensweise beim Ableiten einer **Potenzfunktion:**

$f(x) = x \qquad \Rightarrow \quad f'(x) = 1 = 1 \cdot x^{1-1}$

$f(x) = x^2 \qquad \Rightarrow \quad f'(x) = 2x = 2 \cdot x^{2-1}$

$f(x) = x^3 \qquad \Rightarrow \quad f'(x) = 3x^2 = 3 \cdot x^{3-1}$

Merkregel

„Alte" Hochzahl als Faktor vor x setzen, „neue Hochzahl" = „alte" Hochzahl minus 1.

$f(x) = x^4 \qquad \Rightarrow \quad f'(x) = 4 \cdot x^{4-1} = 4x^3$

$f(x) = x^5 \qquad \Rightarrow \quad f'(x) = 5 \cdot x^{5-1} = 5 \cdot x^4$

$f(x) = x^6 \qquad \Rightarrow \quad f'(x) = 6 \cdot x^{6-1} = 6 \cdot x^5$

$f(x) = x^n \qquad \Rightarrow \quad f'(x) = n x^{n-1}$

Potenzregel der Ableitung

Die Ableitung von f mit $\mathbf{f(x) = x^n}$ ist $\mathbf{f'(x) = n \cdot x^{n-1}}$; $n \in \mathbb{N}$.

B) Natürliche Exponentialfunktion

Beispiel

➔ Gegeben ist die Funktion f mit $f(x) = e^x$; $x \in \mathbb{R}$.
Ein elektronisches Hilfsmittel erstellt eine Wertetabelle für
$f(x)$ und $f'(x)$. Welche Vermutung lässt sich formulieren?

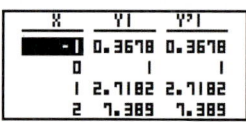

Lösung

Die Funktion f mit $f(x) = e^x$; $x \in \mathbb{R}$, hat die Ableitung $f'(x) = e^x$.

Erläuterung: Ableitung an der Stelle 0

mithilfe des **Differenzenquotienten**:

$$m_S = \frac{f(0+h) - f(0)}{h} = \frac{e^{0+h} - e^0}{h} = \frac{e^h - 1}{h}$$

Aufgrund der Grafik kann man erkennen, dass der
Grenzwert des Differenzenquotienten für $h \to 0$

den Wert 1 hat, also $f'(0) = 1$.

Ableitung von f mit $f(x) = e^x$ an der Stelle u

Differenzenquotient: $\dfrac{f(u+h) - f(u)}{h}$ $= \dfrac{e^{u+h} - e^u}{h} = \dfrac{e^u \cdot e^h - e^u}{h} = e^u \cdot \dfrac{e^h - 1}{h}$

Für $h \to 0$ strebt $e^u \cdot \dfrac{e^h - 1}{h}$ gegen e^u. Also gilt: $f'(u) = e^u$

Beachten Sie: Die Ableitung von f mit $f(x) = e^x$ ist $f'(x) = e^x$.

C) Trigonometrische Funktionen

Schaubild K_f von f mit **f(x) = sin(x)**   bzw. K_g von g mit **g(x) = cos(x)**

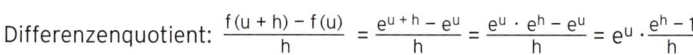

Man überträgt einige Steigungswerte von K_f bzw. K_g.

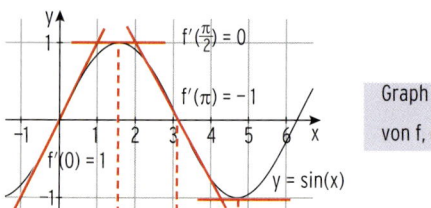

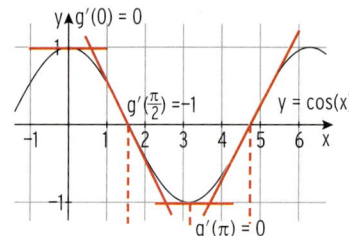

Beachten Sie: $f(x) = \sin(x) \Rightarrow f'(x) = \cos(x)$ $g(x) = \cos(x) \Rightarrow g'(x) = -\sin(x)$

Faktor- und Summenregel

Beispiel

⮱ Wie lautet die Ableitung der quadratischen Funktion f mit $f(x) = ax^2$; $a \neq 0$?

Lösung

Ableitung an der festen Stelle u:

$$m_S = \frac{f(x_2) - f(x_1)}{x_2 - x_1}$$

Mit $x_1 = u$ und $x_2 = u + h$ erhält man:

$$m_S = \frac{f(u + h) - f(u)}{h} = \frac{a(u + h)^2 - au^2}{h}$$

$$m_S = \frac{a(u^2 + 2uh + h^2) - au^2}{h} = \frac{ah(2u + h)}{h}$$

$$m_S = a(2u + h)$$

Für $h \to 0$ strebt $a(2u + h)$ gegen $2au$.

Ergebnis: $f'(u) = 2au$

> **Beachten Sie** Die Ableitung von f mit $f(x) = ax^2$ ist $f'(x) = 2ax$.

Beispiele

$f(x) = \frac{1}{3}x^2 \Rightarrow f'(x) = \frac{1}{3} \cdot 2x = \frac{2}{3}x$ 　　　　　$f(x) = -4x^2 \Rightarrow f'(x) = -4 \cdot 2x = -8x$

> **Faktorregel:** **Konstante Faktoren bleiben beim Ableiten erhalten.**

$f(x) = 7x^3 \quad \Rightarrow f'(x) = 7 \cdot 3x^2 = 21x^2$ 　　　$f(x) = 5e^x \quad \Rightarrow f'(x) = 5e^x$

$f(x) = 3\sin(x) \Rightarrow f'(x) = 3\cos(x)$ 　　　$f(x) = \pi\cos(x) \Rightarrow f'(x) = -\pi\sin(x)$

Beispiel

⮱ Wie lautet die Ableitung der quadratischen Funktion f mit $f(x) = ax^2 + c$; $a \neq 0$?

Lösung

Verschiebt man eine Parabel in y-Richtung, so ändert sich die Form der Parabel nicht, damit kann sich auch die Steigung an einer festen Stelle u **nicht** ändern.

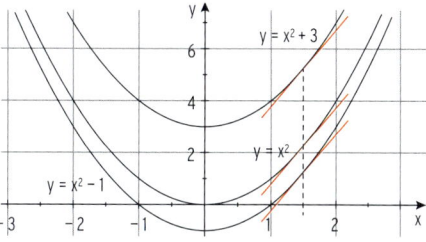

$g(x) = x^2$	↑ 3	$f(x) = x^2 + 3$	Ableitung $f'(x) = g'(x) = 2x$
$g(x) = 2x^2$	↓ 1	$f(x) = 2x^2 - 1$	Ableitung $f'(x) = g'(x) = 4x$
$g(x) = ax^2$	↑ c	$f(x) = ax^2 + c$	Ableitung $f'(x) = g'(x) = 2ax$

> **Beachten Sie** Die Ableitung von f mit $f(x) = ax^2 + c$ ist $f'(x) = 2ax$.

Hinweis: Beim Ableiten wird ein **konstanter Summand** zu null.

Beispiele

$f(x) = 3x^2 + 4 \Rightarrow f'(x) = 6x$ $f(x) = -5x^3 - 12x + 2 \Rightarrow f'(x) = -15x^2 - 12$

$f(x) = e^x + 1 \Rightarrow f'(x) = e^x$ $f(x) = \sin(x) + 5 \Rightarrow f'(x) = \cos(x)$

$f(x) = -x^2 + 2x + c \Rightarrow f'(x) = -2x + 2$ $f(x) = 7 \Rightarrow f'(x) = 0$

Summenregel

Die **Ableitung einer Summe** ist die **Summe der Ableitungen** der Summanden.

Beispiele

$f(x) = x^2 - 4x + 3$	$\Rightarrow f'(x) = 2x - 4$
$f(x) = -\frac{3}{2}x^2 + \frac{3}{4}x$	$\Rightarrow f'(x) = -3x + \frac{3}{4}$
$f(x) = x^3 - 5x^2 + 3x + 1$	$\Rightarrow f'(x) = 3x^2 - 10x + 3$
$f(x) = -\frac{5}{2}e^x - 3x^4$	$\Rightarrow f'(x) = -\frac{5}{2}e^x - 12x^3$
$f(x) = 4\sin(x) + 3x^5$	$\Rightarrow f'(x) = 4\cos(x) + 15x^4$
$f(x) = 4(x + x^4)$	$\Rightarrow f'(x) = 4(1 + 4x^3) = 4 + 16x^3$
$f(x) = -\frac{x^3}{6} - \frac{2}{5}\cos(x)$	$\Rightarrow f'(x) = -\frac{1}{2}x^2 + \frac{2}{5}\sin(x)$
$f(x) = -\frac{1}{8}(x^2 - 4x)$	$\Rightarrow f'(x) = -\frac{1}{8}(2x - 4) = -\frac{1}{4}x + \frac{1}{2}$
$f(x) = 4e^x + 3\cos(x)$	$\Rightarrow f'(x) = 4e^x - 3\sin(x)$
$f(x) = ax^3 + bx^2 + cx + d$	$\Rightarrow f'(x) = 3ax^2 + 2bx + c$
$f(x) = ae^x + b$	$\Rightarrow f'(x) = ae^x$
$A(u) = \frac{1}{2}u^3 - 6u$	$\Rightarrow A'(u) = \frac{3}{2}u^2 - 6$
$v(t) = \frac{1}{4}t^2 + 3t$	$\Rightarrow v'(t) = \frac{1}{2}t + 3$

Ableitungsregeln

Faktorregel:	**Konstante Faktoren** bleiben beim Ableiten erhalten.
	$f(x) = a \cdot g(x) \Rightarrow f'(x) = a \cdot g'(x)$
Summenregel:	Die **Ableitung einer Summe** ist die **Summe der Ableitungen** der Summanden.
	$f(x) = g(x) + h(x) \Rightarrow f'(x) = g'(x) + h'(x)$
Potenzregel:	$f(x) = x^n \Rightarrow f'(x) = n \cdot x^{n-1};\ n \in \mathbb{N}$

Funktionen und deren Ableitung

- **in der Betriebswirtschaft**

Gesamtkostenfunktion K	Grenzkostenfunktion K′ bzw. Differenzialkostenfunktion K′
Erlösfunktion E	Grenzerlösfunktion E′

- **In der Physik**

Weg s(t)	Geschwindigkeit v mit $v(t) = s'(t)$
Geschwindigkeit v(t)	Beschleunigung a mit $a(t) = v'(t)$

Aufgaben

1 Leiten Sie ab.

a) $f(x) = -2x^4 + 3x^2 - 4x + 2$

b) $f(x) = -x^3 + 5x^2 - 8$

c) $f(x) = 1 - 3\cos(x)$

d) $f(x) = 6e^x + 7\sin(x)$

2 Gegeben ist die Funktion f mit $f(x) = x^3 - 1{,}5x^2 + 2x$; $x \in \mathbb{R}$.
Berechnen Sie: $f'(0)$; $f'(0{,}5)$; $f'(-1) + f'(2)$.

3 Bilden Sie die erste Ableitung.

a) $f(x) = 3\sin(x) - 4x + 2$

b) $f(x) = 0{,}5x^4 - x^3 + 2{,}5x^2 - 8$

c) $f(x) = \frac{1}{4}x^4 + \frac{3}{8}x^3 - \frac{4}{5}x^2$

d) $f(x) = \frac{1}{32}x^3 + \frac{3}{7}x$

e) $f(x) = -x^4 - 6x^2 - 2{,}25$

f) $f(x) = -\frac{5}{6}x^2 + \frac{2}{3}x + \frac{5}{2}$

g) $f(x) = -(x - 6)^2(x + 1)$

h) $f(x) = 0{,}5(x^2 - 2)^2$

i) $f(x) = \frac{1}{16}(x^5 + x^3 - 1)$

j) $A(u) = u(u^2 - 1{,}5u - 4)$

k) $l(t) = 0{,}125t^4 - 1{,}5t^2 - 3$

l) $f(x) = \frac{1}{8}(x - 1)(x^2 - 12x + 16)$

m) $f(x) = ax^2 + bx + c$

n) $K(x) = ax^3 + bx^2 + cx + d$

4 Bestimmen Sie $f'(x)$.

a) $f(x) = 6e^x + 7$

b) $f(x) = -7e^x + 3e$

c) $f(x) = \frac{1}{2}x^2 + 4x + 5e^x$

d) $f(x) = -\frac{3}{4}e^x - e \cdot x$

e) $f(x) = e^x(e^{-x} - 3)$

f) $f(x) = \frac{1}{4}e^x - 5x^3 + 6e^3$

5 Leiten Sie ab.

a) $f(x) = 2x - 3\sin(x) + 4$

b) $f(t) = \frac{1}{2}t^4 - t + 5\cos(t)$

c) $f(x) = 4\cos(x) - 8\sin(x)$

d) $A(u) = -\frac{1}{2}\sin(u) + \cos\left(\frac{\pi}{3}\right)$

6 Bestimmen Sie die erste Ableitung.

a) $f(x) = 1{,}25(\cos(x) + 2e^x - 1)$

b) $f(x) = 2x(x^2 - 8x)$

c) $f(x) = \frac{a}{2}(x - 3) + ae^x$

d) $f(x) = \sin\left(\frac{\pi}{6}\right) \cdot e^x + e^3 \cdot x^2$

e) $f(u) = 7\sin(u) - 3e^u + \sin(0{,}5) + 3e^2$

f) $f(x) = x^3 - 2x^2 + 4x - 5\cos(x)$

7 Gegeben ist das Weg-Zeit-Gesetz $s(t) = 5t^2 + 3t + 8$.

a) Bestimmen Sie $s'(0)$, $s'(1)$ und $s'(2)$. Vergleichen Sie.

b) Bestimmen Sie das zugehörige Geschwindigkeits-Zeit- und das
Beschleunigungs-Zeit-Gesetz.

8 Die Kostenfunktion K eines Unternehmens ist gegeben durch
$K(x) = 0{,}2x^3 - 2{,}6x^2 + 13{,}2x + 8$.

a) Bestimmen Sie $K'(0)$, $K'(4)$ und $K'(8)$. Vergleichen Sie.

b) Die Erlösfunktion ist E mit $E(x) = 8x$. Bestimmen Sie die Grenzgewinnfunktion.

Kettenregel der Ableitung

Beispiel

➲ Mithilfe eines elektronischen Hilfsmittels kann man eine Wertetabelle für f(x) (entspricht Y1) und f'(x) (entspricht Y'1) erstellen.

Wie lautet vermutlich die Ableitung der Funktion f mit

$f(x) = e^{0,5x}$?

X	Y1	Y'1
-1	0.6065	0.3032
0	1	0.5
1	1.6487	0.8243
2	2.7182	1.3591

Lösung

Vermutung: $f'(x) = 0,5\,e^{0,5x}$

Beispiel

➲ Eine Abbildung zeigt das Schaubild K_f einer Funktion, die andere das Schaubild der zugehörigen Ableitungsfunktion.

Ordnen Sie zu. Begründen Sie Ihre Zuordnung.

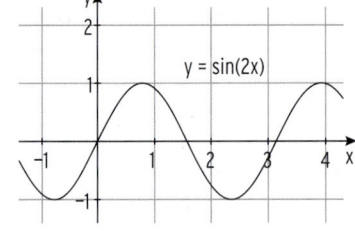

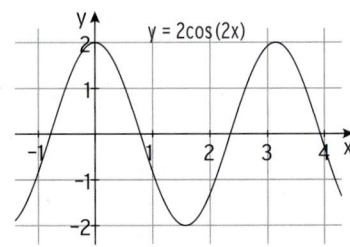

Lösung

f mit $f(x) = \sin(2x)$; g mit $g(x) = 2\cos(2x)$

Aus der Zeichnung von K_f liest man einige Steigungen von K_f ab:

Steigung in x = 0: $f'(0) = 2 = g(0)$

Steigung in $x = \frac{\pi}{4}$: $f'\left(\frac{\pi}{4}\right) = 0 = g\left(\frac{\pi}{4}\right)$

Steigung in $x = \frac{\pi}{2}$: $f'\left(\frac{\pi}{2}\right) = -2 = g\left(\frac{\pi}{2}\right)$

Steigung in $x = \frac{3\pi}{4}$: $f'\left(\frac{3\pi}{4}\right) = 0 = g\left(\frac{3\pi}{4}\right)$

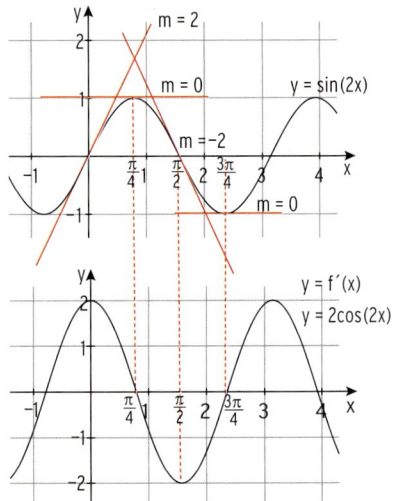

g ist die Ableitungsfunktion von f.

$f'(x) = g(x) = 2\cos(2x)$

$f(x) = \sin(2x) \Rightarrow f'(x) = 2\cos(2x)$

Zum Beweis benötigt man eine **neue Ableitungsregel, die Kettenregel.**

Herleitung der Kettenregel

Die Funktion f ist eine Verkettung der Funktionen
u und h: $f(x) = h(u(x))$,

u: $x \mapsto u(x)$ ist die innere Funktion,

h: $u \mapsto h(u)$ ist die äußere Funktion.

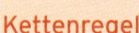

Ableitung der Funktion f an der Stelle x_0
Differenzenquotient von f:

$$\frac{f(x) - f(x_0)}{x - x_0} = \frac{h(u(x)) - h(u(x_0))}{x - x_0} = \frac{h(u(x)) - h(u(x_0))}{u(x) - u(x_0)} \cdot \frac{u(x) - u(x_0)}{x - x_0}$$

Für $x \to x_0$ gilt auch $u(x) \to u(x_0)$.

Der Grenzübergang $x \to x_0$ liefert: $f'(x_0) = h'(u(x_0)) \cdot u'(x_0)$

Kettenregel

Ist die Funktion f eine **Verkettung** $f(x) = h(u(x))$, so gilt für die Ableitung von f:

$$f'(x) = \qquad h'(u(x)) \qquad \cdot \qquad u'(x)$$

Ableitung nach u   Ableitung nach x

Merkregel: „äußere mal innere Ableitung"

Bestätigung der Vermutung für $f(x) = e^{0,5x}$ durch Ableiten mit der Kettenregel.

$f(x) = e^{0,5x}$ innere Funktion: $u(x) = 0,5x$ und $u'(x) = 0,5$

                 äußere Funktion: $h(u) = e^u$; $h'(u) = e^u$

Ableitung $f'(x) = h'(u) \cdot u'(x) = e^u \cdot 0,5 = e^{0,5x} \cdot 0,5 = 0,5\,e^{0,5x}$

Beispiele

1) $f(x) = e^{3x}$

    Ableitung: $f'(x) = e^{3x} \cdot 3$

              $f'(x) = 3\,e^{3x}$

$e^{\boxed{u}}$ $\boxed{u = 3x}$

            ableiten

nach u   nach x

e^u $\cdot$ $3 = e^{3x} \cdot 3$

2) $f(x) = e^{4-2x}$

    Ableitung: $f'(x) = e^{4-2x} \cdot (-2)$

              $f'(x) = -2\,e^{4-2x}$

$e^{\boxed{u}}$ $\boxed{u = 4 - 2x}$

            ableiten

nach u   nach x

e^{4-2x} $\cdot$ $(-2) = -2\,e^{4-2x}$

3) $f(x) = \sin(4x)$

    Ableitung: $f'(x) = \cos(4x) \cdot 4$

              $f'(x) = 4\cos(4x)$

$\sin(\boxed{u})$ $\boxed{u = 4x}$

           ableiten

nach u   nach x

$\cos(u)$ $\cdot$ $4 = \cos(4x) \cdot 4$

4) $f(x) = \cos(\pi x)$

                        $f'(x) = -\sin(\pi x) \cdot \pi = -\pi \sin(\pi x)$

5) $f(x) = e^{7x}$

                        $f'(x) = e^{7x} \cdot 7 = 7\,e^{7x}$

6) $f(x) = 3\sin(2x) - e^{-x}$

                        $f'(x) = 3 \cdot 2\cos(2x) - (-e^{-x})$

                        $f'(x) = 6\cos(2x) + e^{-x}$

6 Bohner, Ott, Deusch - ISBN 978-3-8120-0303-2

Kettenregel für die Funktion f mit

$f(x) = e^{kx}$:	$f'(x) = k \cdot e^{kx}$	$f(x) = e^{kx+b}$:	$f'(x) = k \cdot e^{kx+b}$
$f(x) = \sin(kx)$:	$f'(x) = k \cdot \cos(kx)$	$f(x) = \cos(kx)$:	$f'(x) = -k \cdot \sin(kx)$

Aufgaben

1 Bestimmen Sie $f'(x)$.

a) $f(x) = 2e^{3x}$ b) $f(x) = 5e^{-x}$ c) $f(x) = \frac{1}{2}e^{2x}$ d) $f(x) = \frac{3}{2}\sin(3x)$

e) $f(x) = \cos(6x) + 1$ f) $f(x) = -\cos\left(\frac{x}{3}\right)$ g) $f(x) = 4\sin(\pi x)$ h) $f(x) = 2 - \cos(0,5x)$

2 Bestimmen Sie die erste Ableitung.

a) $f(x) = e^{-4x} - e^{4x}$ b) $f(x) = 250\,e^{0,015x}$

c) $f(x) = 4\sin(5x)$ d) $f(x) = 3\cos(4x)$

3 Bestimmen Sie die erste Ableitung.

a) $f(x) = -\frac{1}{2}e^{-0,5x-1} + 2$ b) $f(x) = \frac{3}{2}e^{2-3x}$

c) $f(x) = \frac{1}{5}(e^{2-x} + e)$ d) $f(x) = 4x - e^{1-x}$

4 Leiten Sie ab.

a) $f(x) = \frac{x}{3} - 2 + e \cdot e^{x}$ b) $f(x) = \frac{3}{2}(e^{-x} - 3x^2)$

c) $f(x) = -4e^x(e^{-x} + 3)$ d) $f(x) = -3x^2 - x - e^{\ln(2)\cdot x}$

e) $f(x) = e^{-x}(1 + 2e^{-3x})$ f) $f(x) = -e^{-5x} - 6e$

g) $f(x) = 2\sin(2x) - 3$ h) $f(x) = \sqrt{3} - \cos\left(\frac{4}{3}x\right)$

i) $f(x) = \pi x - \cos\left(\frac{x}{\pi}\right)$ j) $f(x) = -2\sin(2x) + x$

k) $f(x) = 7 - \cos\left(\frac{x}{2}\right)$ l) $f(x) = \pi\left(e^{-x} + \cos(\pi x)\right)$

5 Gegeben ist die Funktion f mit $f(x) = \cos(2x)$; $x \in [-1; 3]$.
   Bestimmen Sie $f'(0)$; $f'\left(\frac{\pi}{8}\right)$; $f'\left(\frac{\pi}{4}\right)$.

6 Gegeben ist die Funktion f mit $f(x) = e^x + 3e^{-x}$; $x \in \mathbb{R}$.
   Welcher der drei Ableitungswerte $f'(0)$; $f'(1)$; $f'(-1)$ ist der größte?

7 Das Abkühlgesetz $T(t) = 20 + 50\,e^{-0,07t}$ beschreibt den Temperaturverlauf eines
   erwärmten Körpers. $T(t)$ ist die Temperatur in °C zur Zeit t in Minuten mit $t \geq 0$.
   Berechnen Sie: $T'(0)$, $T'(20)$ und $T'(100)$ und interpretieren Sie diese Werte.

8 Bestimmen Sie die Stellen, für die gilt: $f'(x) = 0$.

a) $f(x) = \frac{1}{4}(x^2 - 2x + 1)$ b) $f(x) = \frac{1}{2}\cos(2x)$; $-2 < x < 2$

c) $f(x) = x + e^{-0,25x}$ d) $f(x) = \frac{1}{8}x^4 - \frac{2}{3}x^3$

9 Erläutern Sie die Bedeutung der Bedingungen $f\left(\frac{\pi}{2}\right) = 0$ und $f'\left(\frac{\pi}{2}\right) = 0$.

Höhere Ableitungen

Beispiele

1) Gegeben ist die Funktion f mit $f(x) = -\frac{2}{3}x^3 - \frac{3}{2}x^2 + 5$; $x \in \mathbb{R}$.

   Ableitung von f : $f'(x) = -2x^2 - 3x$ **1. Ableitung von f**

   Ableitung von f': $(f'(x))' = f''(x) = -4x - 3$ **2. Ableitung von f**

   Ableitung von f'': $(f''(x))' = f'''(x) = -4$ **3. Ableitung von f**

2) Gegeben ist die Funktion f mit $f(x) = x^2 + 1 - e^{2x}$; $x \in \mathbb{R}$.

   1. Ableitung von f: $f'(x) = 2x - 2e^{2x}$

   2. Ableitung von f: $f''(x) = 2 - 2e^{2x} \cdot 2 = 2 - 4e^{2x}$

   3. Ableitung von f: $f'''(x) = -4e^{2x} \cdot 2 = -8e^{2x}$

Beachten Sie:

f″(2. Ableitung von f) ist die Ableitungsfunktion von f′.

Einsetzen der x-Werte in f″(x) liefert die Steigungswerte des Schaubildes von f′.

Aufgaben

1 Bilden Sie f′(x) und f″(x).

a) $f(x) = \frac{1}{2}x^4 - 2x^2$ **b)** $f(x) = 3\cos(4x) + 1$

c) $f(x) = 3e^{-2x} + 1$ **d)** $f(x) = 5 \cdot \sin(0{,}5x)$

2 Leiten Sie die gegebene Funktion zweimal ab.

a) $f(x) = -x^3 - \frac{3}{2}x^2 + 5x$ **b)** $f(x) = -\frac{1}{6}(x^5 - x^3 - x^2)$

c) $f(x) = \sin(2x) - \cos(x)$ **d)** $g(a) = 3a - e + e^{-2a}$

e) $f(x) = -\frac{3}{2}x^2(x^2 + 5)$ **f)** $f(x) = \frac{1}{8}(x^3 - 2x^2 + 1)$

g) $f(x) = 6x + 5 - e^{-x}$ **h)** $f(x) = ae^{-x} + be^{-2x}$

i) $f(x) = \cos(x) + 2\sin(2x)$ **j)** $A(u) = (u - 2)^2$

k) $f(x) = -\frac{1}{2}\sin(\pi x) - x^2$ **l)** $f(x) = 3\left(\frac{1}{8}x^2 - x + 2\right)$

m) $f(x) = ax^4 + 2ax^2 + c$ **n)** $f(x) = ax^3 + bx^2 + cx + d$

o) $f(x) = 2e^{2x} - x^2$ **p)** $f(t) = 0{,}02t^3 + 18t^2 + 256t + 2050$

3 Zeigen Sie: Für f mit $f(x) = 3\cos(x) + 4\sin(x)$; $x \in \mathbb{R}$, gilt: $f''(x) = -f(x)$.

4 Gegeben ist die Funktion f mit $f(x) = x^3 - 5x^2 + 3x - 6$; $x \in \mathbb{R}$.
Berechnen Sie $f'(1)$; $f''(1)$; $f''(0)$; $f''(-1)$.

5 Gegeben ist die Kostenfunktion K mit $K(x) = 0{,}25x^3 - 1{,}5x^2 + 5x + 12$.
Bestimmen Sie die Grenzkostenfunktion und deren Ableitung.
Berechnen Sie $K'(0)$; $K''(0)$; $K'(3)$; $K''(3)$.

1.4 Ableitung und Steigung

Beispiel

⮕ K ist der Graph der Funktion f mit $f(x) = x^3 - 3x^2$; $x \in \mathbb{R}$.

a) Bestimmen Sie für $x \in \{-1; 0; 2; 3\}$ die y-Werte der zugehörigen Kurvenpunkte.
   Bestimmen Sie die Steigungen im jeweiligen Kurvenpunkt.

b) Erläutern Sie die Bedeutung von $f'(-1)$ und $f'(2)$ für das Schaubild von f.
   Vergleichen Sie $f(-1)$ mit $f'(-1)$.

Lösung

a) y-Werte: $f(x) = x^3 - 3x^2$

   Ableitung: $f'(x) = 3x^2 - 6x$

x	−1	0	2	3
f(x)	−4	0	−4	0
f′(x)	9	0	0	9

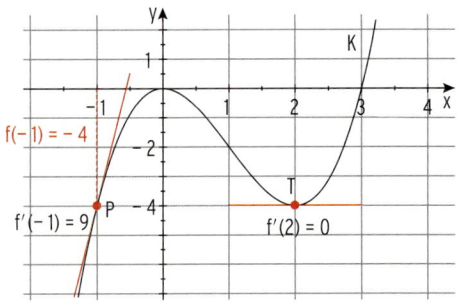

b) **f′(−1) = 9** bedeutet: Die **Kurve** hat an der Stelle x = −1 die **Steigung** 9.

   f′(2) = 0 bedeutet: Die Kurve hat an der Stelle x = 2 die Steigung 0,
   die Tangente an die Kurve in x = 2 verläuft **waagrecht**
   (parallel zur x-Achse).

   f(−1) = −4 ist der **y-Wert des Kurvenpunktes** P(−1|−4).

   f′(−1) = 9 ist die Steigung der **Tangente** an die Kurve im Punkt P(−1|f(−1)).

Beachten Sie:

Einsetzen des x-Wertes **in f(x)** ergibt den **Funktionswert**, d. h. die y-Koordinate des zugehörigen Kurvenpunktes.
P(−1|f(−1)) bedeutet: Der Punkt P liegt auf dem Graphen der Funktion f.

Einsetzen des x-Wertes **in f′(x)** ergibt die **Steigung** der Kurve (der Tangente) im zugehörigen Kurvenpunkt.

Bemerkung:

Gilt für eine Stelle u

$f(u) > 0$, so bedeutet dies: Der zugehörige Kurvenpunkt liegt **oberhalb** der x-Achse.

Gilt für eine Stelle u

$f'(u) > 0$, so bedeutet dies: Das Schaubild von f ist an der Stelle u **steigend.**

Beispiel

⮑ Gegeben ist das Schaubild der Gewinnfunktion G.

a) Welche Informationen lassen sich dem Graph von G entnehmen?

b) Bestimmen Sie $G'(4)$ nach Augenmaß. Welche Bedeutung hat dieser Wert?

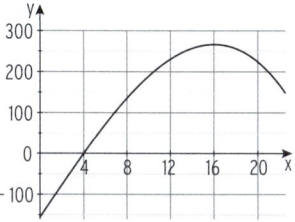

Lösung

a) Man liest ab: $G'(16) = 0$:

In H hat der Graph eine **waagrechte Tangente.**

Für $x < 16$ gilt: $G'(x) > 0$, d.h., der Gewinn ist zunehmend (**wachsend**).

Für $x > 16$ gilt: $G'(x) < 0$, d.h., der Graph ist abnehmend (**fallend**).

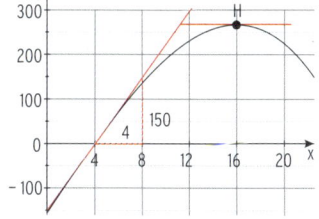

b) Tangente in $x = 4$ einzeichnen und die Steigung der Tangente ablesen: $G'(4) = 37,5$. Der Grenzgewinn in der Gewinnschwelle beträgt 37,5 GE/ME, d.h. bei Produktionssteigerung um eine kleine Einheit nimmt der Gewinn um 37,5 GE/ME zu.

Beachten Sie:

Besitzt das Schaubild K von f im Kurvenpunkt $P(u\,|\,f(u))$ eine **waagrechte Tangente**, so ist die Steigung in P **null** und es gilt: $f'(u) = 0$.

Aufgaben

1 Gegeben ist die Funktion f mit $f(x) = \frac{1}{2}x^2 - 3x$; $x \in \mathbb{R}$ mit Schaubild K_f.

a) Bestimmen Sie die Steigung von K_f an der Stelle $x = 4$.

b) Welche Steigung hat die Tangente an K_f im Punkt $P(-1\,|\,f(-1))$?

2 Die Abbildung zeigt den Graphen einer Funktion f. Bestimmen Sie nach Augenmaß: $f'(0)$ und $f'(4)$. Folgende Aussagen sind wahr oder falsch: $f'(1) > f'(2)$; $f'(3) < f'(4)$; $f'(x) \geq 0$ für $x > 0$. Entscheiden Sie.

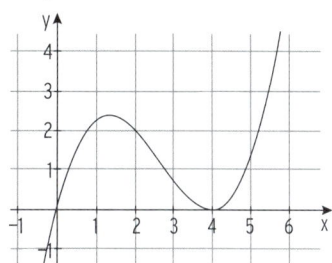

3 Das Schaubild von f heißt K. Bestimmen Sie die Steigung von K: $f(x) = \frac{4}{3}x^3 - 5x^2$ an der Stelle $x = -1$ und in den Schnittpunkten von K mit der x-Achse. In welchen Punkten hat K eine waagrechte Tangente? Geben Sie die exakten Koordinaten an.

4 Gegeben ist die Funktion f mit $f(x) = e^{-x} + 4x + 5$; $x \in \mathbb{R}$. Berechnen Sie: $f'(-2)$; $f'(0)$ und $f'(3)$. Interpretieren Sie Ihre Ergebnisse.

1.5 Tangente

Beispiel

⮕ K ist der Graph der Funktion f mit

$f(x) = -\frac{1}{2}x^2 + x + \frac{3}{2};\ x \in \mathbb{R}$.

Bestimmen Sie die Gleichung der Tangente an K im Punkt $A(3|f(3))$.
Wie lautet die Gleichung der Tangente an K im Punkt $B(0|f(0))$ bzw. im Punkt $C(1|f(1))$?
Zeichnen Sie das Schaubild K von f und die Tangenten in ein Koordinatensystem ein.

Lösung

Ableitung $f'(x) = -x + 1$

Tangente in $A(3|f(3))$:

$y = f(3) = 0$; also ist $A(3|0)$ Berührpunkt von Tangente und Kurve.

Steigung in A: $\qquad\qquad\qquad\qquad\qquad$ $f'(3) = -2$

Tangentengleichung mithilfe der Hauptform

Hauptform: $\qquad\qquad\qquad\qquad\qquad\qquad$ $y = mx + b$

Einsetzen von $m = f'(3) = -2$: $\qquad\qquad$ $y = -2x + b$

Punktprobe mit $A(3|0)$: $\qquad\qquad\qquad$ $0 = -2\cdot 3 + b$

$\qquad\qquad\qquad\qquad\qquad\qquad\qquad\qquad$ $b = 6$

Tangentengleichung: $\qquad\qquad\qquad\qquad$ $y = -2x + 6$

Tangente in $B(0|f(0))$:

$m = f'(0) = 1$

$y = f(0) = \frac{3}{2} = b$

Tangentengleichung: $y = x + \frac{3}{2}$

Tangente in $C(1|f(1))$:

$m = f'(1) = 0$

$y = f(1) = 2$

Tangentengleichung: $y = 2$

(waagrechte Tangente)

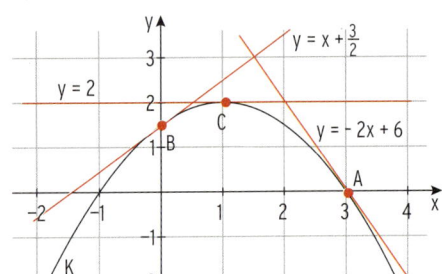

Beachten Sie:

Die **Tangente** an den Graph K von f im Kurvenpunkt $B(u|f(u))$ ist eine Gerade mit Steigung $m = f'(u)$ durch B.

Beispiel

⮕ Gegeben ist die Funktion f mit $f(x) = -2x^2 + 6x$; $x \in \mathbb{R}$. K ist das Schaubild von f.
Die Tangente an K im Punkt $P(2|f(2))$ heißt t.

a) Wo schneidet t die x-Achse?

b) Die Gerade n schneidet t in P senkrecht. Bestimmen Sie die Gleichung von n.

c) Welche Tangente an K verläuft parallel zur Geraden g mit der Gleichung $y = 2x - 1$?
Bestimmen Sie den Berührpunkt.

Lösung

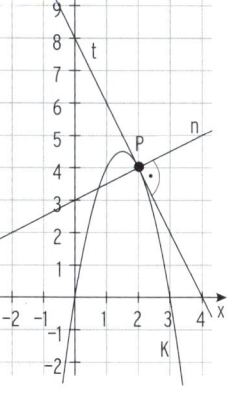

a) Ableitung: $\qquad f'(x) = -4x + 6$

Tangente t

Mit $f(2) = 4$ erhält man den Kurvenpunkt $P(2|4)$.

Steigung in $x = 2$:	$f'(2) = -2$
Hauptform:	$y = mx + b$
Einsetzen von $m = f'(2)$:	$y = -2x + b$
Punktprobe mit $P(2|4)$:	$4 = -2 \cdot 2 + b$
	$b = 8$
Gleichung der Tangente t:	$y = -2x + 8$
Schnittpunkt mit der x-Achse: $y = 0$	$-2x + 8 = 0$
	$x = 4$

t schneidet die x-Achse in $N(4|0)$.

b) **Senkrechte n**

n steht senkrecht auf t:	$m_n = -\dfrac{1}{m_t}$
Steigung von n:	$m_n = -\dfrac{1}{-2} = \dfrac{1}{2}$
Hauptform:	$y = \dfrac{1}{2}x + b$
Punktprobe mit $P(2|4)$:	$4 = \dfrac{1}{2} \cdot 2 + b \;\Rightarrow\; b = 3$
Gleichung der Senkrechten n:	$y = \dfrac{1}{2}x + 3$

Hinweis: n ist die **Normale** zu t in P.

Beachten Sie:

Die **Normale** an das Schaubild K von f im Kurvenpunkt P ist eine Gerade,
die senkrecht (orthogonal) zur Tangente an K in P steht. Die Normalensteigung m_n ist
der negative Kehrwert der Tangentensteigung m_t: $m_n = \dfrac{-1}{m_t}$; $m_t \neq 0$

---

c) **Parallel** zur Geraden g bedeutet, die Steigungen sind gleich.

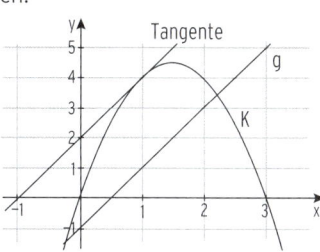

$m_t = m_g = 2$, also $f'(x) = 2$

	$-4x + 6 = 2$
	$x = 1$
y-Wert des Berührpunkts:	$f(1) = 4$
Berührpunkt:	$B(1|4)$
Punktprobe mit B in $y = 2x + b$:	$4 = 2 \cdot 1 + b$
	$b = 2$
Gleichung der Tangente:	$y = 2x + 2$

Beispiel

⮕ Gegeben ist die Funktion f mit $f(x) = -2e^{-x} + 3$; $x \in \mathbb{R}$ mit Schaubild K.

a) Zeigen Sie: K hat keinen Punkt mit waagrechter Tangente.

b) In welchem Punkt P verläuft die Tangente an K in P senkrecht
zur 2. Winkelhalbierenden?

c) Unter welchem Winkel schneidet K die x-Achse?

Lösung

a) Ableitung: $f'(x) = 2e^{-x}$

Bedingung für die x-Koordinate: $f'(x) = 0$ $2e^{-x} = 0$

$2e^{-x} = 0$ hat wegen $e^{-x} > 0$ keine Lösung, also gibt es keinen Punkt mit waagrechter
Tangente.

b) 2. Winkelhalbierende mit $y = -x$ (Steigung m = -1)
Die Tangente steht senkrecht auf der
2. Winkelhalbierenden, d.h. $f'(x) = 1$

$2e^{-x} = 1$

$e^{-x} = 0,5$

$x = -\ln(0,5)$

Mit $f(-\ln 0,5) = 2$ ergibt sich $P(-\ln(0,5)\,|\,2)$.

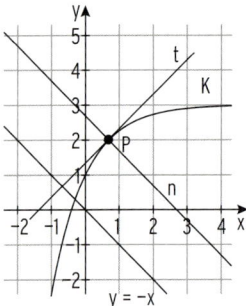

c) **Nullstelle von f**
Bedingung: $f(x) = 0$ $-2e^{-x} + 3 = 0$

$e^{-x} = 1,5$

$x = -\ln(1,5) \approx -0,41$

Steigungswinkel α

$\tan(\alpha) = \dfrac{\text{Gegenkathete}}{\text{Ankathete}}$ = Steigung der Tangente

$\tan(\alpha) = m = f'(-\ln(1,5)) = 3$

$\alpha = 71{,}57°$

K schneidet die x-Achse unter einem Winkel von 71,57°.

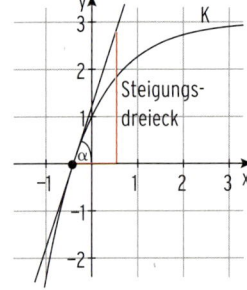

Beachten Sie:

Unter dem **Steigungswinkel α** einer Tangente t
versteht man den Winkel zwischen 0° und 180°,
den sie mit der x-Achse bildet.

$\alpha = \angle(\text{x-Achse}; t)$

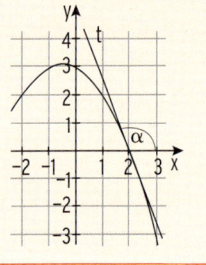

Beispiel

⭢ Die Gesamtkosten eines Unternehmens werden beschrieben durch die Funktion K mit
$K(x) = x^3 - 7x^2 + 20x + 40;\ 0 \le x \le 10$.
Der Marktpreis für eine ME beträgt 25 GE.

a) Untersuchen Sie, ob die Gerade g mit der Gleichung $y = 25x - 35$ Tangente an die Kurve K ist.
Interpretieren Sie Ihr Ergebnis ökonomisch.

b) Gibt es eine Tangente an K mit Steigung 2?
Interpretieren Sie Ihr Ergebnis ökonomisch.

Lösung

a) Ableitung: $K'(x) = 3x^2 - 14x + 20$

Bedingung für die Berührstelle:
$$K'(x) = 25$$
$$3x^2 - 14x + 20 = 25$$

Hinweis: Gegeben ist ein Steigungswert, gesucht wird ein x-Wert.

Lösung der Gleichung ergibt: $x_1 = 5$ (einzige positive Lösung)

In $x_1 = 5$ hat K eine Stelle mit Steigung 25.

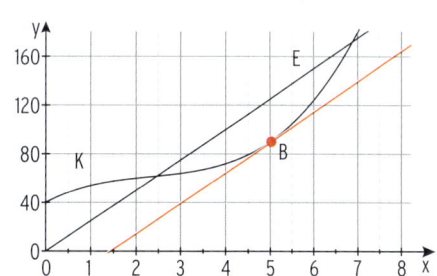

Ist die **Gerade g_1 Tangente**, so berührt sie die Kurve von K in $x = 5$.

$B\big(5 \mid K(5)\big) = B(5 \mid 90)$ ist der mögliche Berührpunkt.

Entscheidung durch **Punktprobe**.

Einsetzen von $B(5 \mid 90)$ in die Geraden-gleichung $y = 25x - 35$ ergibt:
$$90 = 25 \cdot 5 - 35$$
$$90 = 90 \quad \text{w. A.}$$

g ist Tangente an K.

Interpretation: Die Tangente verläuft parallel zur Erlösgeraden. Der Abstand der beiden Geraden in y-Richtung ist der maximal mögliche Gewinn.

b) **Bedingung für die Berührstelle:** $K'(x) = 2$ $3x^2 - 14x + 20 = 2$
$$3x^2 - 14x + 18 = 0$$

Die quadratische Gleichung hat wegen $D = 14^2 - 4 \cdot 3 \cdot 18 = -28 < 0$ keine Lösung.
Es gibt also **keine Tangente** an K mit Steigung 2.

Interpretation: Mit $K'(0) = 20$ folgt: Die Gesamtkostenkurve hat auf [0; 10] eine Steigung größer als 2.
Die Grenzkosten sind stets größer als 2 GE/ME.

Aufgaben

1 Bestimmen Sie die Gleichung der Tangente an das Schaubild K von f im Punkt P.

a) $f(x) = e^{2x}$; $P(1 \mid f(1))$

b) $f(x) = 2\sin(x)$; $P(\pi \mid \blacksquare)$

c) $f(x) = x - x^2$; $P(2 \mid f(2))$

d) $f(x) = \cos(2x)$; $P\left(-\frac{\pi}{4} \mid \blacksquare\right)$

2 Gegeben ist die Funktion f mit Schaubild K_f.
Bestimmen Sie die Gleichung der Tangente an K_f im Kurvenpunkt A.
Zeichnen Sie K_f und die Tangente in ein Koordinatensystem ein.

a) $f(x) = -\frac{1}{8}x^2(x-6)$; $A(1 \mid f(1))$

b) $f(x) = \frac{1}{2}e^{-x}$; $P(1 \mid \blacksquare)$

c) $f(x) = -\frac{1}{4}x^4 - \frac{3}{2}x^2$; $A(-2 \mid \blacksquare)$

d) $f(x) = 2\sin(0,5x)$; $P(0,5\pi \mid \blacksquare)$

3 Zeigen Sie, die 1. Winkelhalbierende ist Tangente an das Schaubild von f mit
$f(x) = \frac{1}{6}x^3 - x^2 + x$; $x \in \mathbb{R}$.

4 K ist das Schaubild der Funktion f mit $f(x) = \frac{1}{4}x^2(x-3)$; $x \in \mathbb{R}$.

a) Bestimmen Sie die Gleichung der Tangente an K in $x = 1$.

b) Welche Tangenten an K verlaufen parallel zur Geraden g mit $y = 2,25x - 1$?

c) Welche Tangenten an K stehen senkrecht auf der Geraden h mit $y = 1,5x + 4$?

d) In welchen Kurvenpunkten besitzt K eine waagrechte Tangente?

e) In welchen Kurvenpunkten verläuft die Normale parallel zur Ursprungsgeraden mit Steigung $m = 2,4$?

5 Gegeben ist die Funktion f mit $f(x) = \frac{1}{2}x^4 - x^3 - 2$; $x \in \mathbb{R}$ mit Schaubild K.
t ist die Tangente an K in $x = 2$, n ist die Normale von K in $P(-1 \mid f(-1))$.
Bestimmen Sie die Koordinaten des gemeinsamen Punktes von t und n.

6 K ist das Schaubild der Funktion f mit $f(x) = \frac{1}{3}x(x^2 - 3)$; $x \in \mathbb{R}$.
Es gibt zwei Tangenten an K, die parallel zur 1. Winkelhalbierenden verlaufen.
Bestimmen Sie die Koordinaten der Berührpunkte exakt.

7 K ist das Schaubild der Funktion f mit
$f(x) = -(x-1)^2(2+x)$; $x \in \mathbb{R}$.

a) K schneidet die Koordinatenachsen in A und B.
Eine Tangente an K ist parallel zu (AB).
Bestimmen Sie die Koordinaten der Berührpunkte
auf zwei Dezimalstellen gerundet.

b) Unter welchem Winkel schneidet K die x-Achse in A?

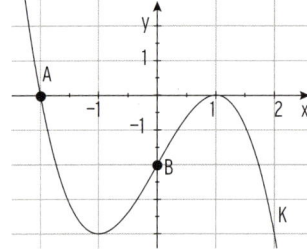

8 Gegeben ist die Funktion f mit $f(x) = e^x - x$; $x \in \mathbb{R}$ mit Schaubild K.

a) Gibt es eine Tangente an K, die parallel zur Asymptote von K verläuft?
Begründen Sie Ihre Antwort.

b) Bestimmen Sie eine Tangente an K, die die Asymptote von K senkrecht schneidet.

9 Gegeben ist die Funktion f mit $f(x) = \frac{1}{2}x - 2\sin(x); \ x \in \mathbb{R}$.
Bestimmen Sie die Gleichung der Tangente an das Schaubild K von f in $x = \pi$.
Die Normale an K in $x = \pi$ schneidet die x-Achse in $x = \frac{9}{4}\pi$. Überprüfen Sie.

10 Für eine Funktion f gilt: $f(-2) = 1$, $f(2) = -4$ und $f'(x) < 0$ für alle $x \in \mathbb{R}$.
Skizzieren Sie ein mögliches zugehöriges Schaubild.

11 Die Steigung der Kurve K von f in $x = 1$
beträgt $-0{,}8$. Wo schneidet die Tangente an
K in $x = -1$ die x-Achse?
Wie lautet die Gleichung der Tangente an G in
$x = 1$?

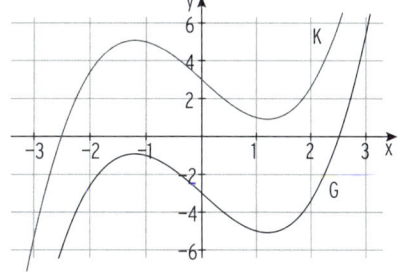

12 Gegeben ist die Funktion f mit
$f(x) = 3 + 3\cos(2x); \ x \in [0{,}5; 3{,}5]$.
Bestimmen Sie die Stellen mit waagrechter
Tangente.

13 Gegeben ist die Funktion f mit
$f(x) = \frac{1}{8}x^3 - \frac{3}{2}x^2 + \frac{9}{2}x; \ x \in \mathbb{R}$
mit Graph K.
Die Normale und die Tangente von K in
$W(4|2)$ bilden mit der x-Achse ein
Dreieck.
Berechnen Sie den Flächeninhalt des
Dreiecks.

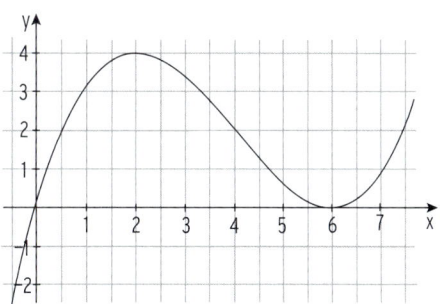

14 K ist das Schaubild der Funktion f mit $f(x) = x^2 + 1; \ x \in \mathbb{R}$.
Wie heißt die Gleichung der Tangente t an K in $x = 1$? Welche Tangente an K schneidet t
senkrecht? Berechnen Sie den Schnittpunkt der beiden Tangenten.

15 Die Gesamtkosten und der Erlös eines Unternehmens werden beschrieben durch die Funktion K mit $K(x) = 0{,}05\,x^3 - 1{,}2\,x^2 + 10\,x + 156; \ 0 \le x \le 26$ und die
Funktion E mit $E(x) = 22\,x$.
a) Bestimmen Sie eine zur Erlösgeraden parallel verlaufende Tangente an den Graph der
Kostenfunktion. Interpretieren Sie Ihr Ergebnis ökonomisch.
b) Gibt es eine Tangente an K mit Steigung 0? Interpretieren Sie Ihr Ergebnis ökonomisch.

16 Die Abbildung zeigt den Querschnitt eines Erdhügels.
Für $3 \le x \le 6$ wird die Berandung beschrieben durch
die Funktion f mit $f(x) = 3x - \frac{1}{2}x^2$.
Im Punkt $P\left(4\,|\,f(4)\right)$ wurde tangential eine Rampe
angelegt.
Der Hersteller eines Geländewagens gibt einen
maximalen Steigungswinkel von 42° an.
Kommt der Geländewagen die Rampe hoch?

Skizze

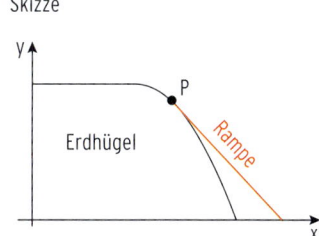

1.6 Senkrechtes Schneiden, Berühren

Die Kurven K und G schneiden sich senkrecht

Beispiel

➲ Gegeben sind die Funktionen f mit $f(x) = \frac{1}{8}x^3 - \frac{1}{2}x$ und g mit $g(x) = x^2 + 2x$; $x \in \mathbb{R}$.
K ist das Schauild von f und G ist das Schaubild von g.
Zeigen Sie: Die Schaubilder K und G schneiden sich im Ursprung senkrecht.

Lösung

> **Beachten Sie:**
>
> K von f und G von g **schneiden sich** in S **senkrecht (orthogonal)**, wenn die
> **Tangenten** an K und G in S **senkrecht** aufeinander stehen.
> Bedingungen: $f(x_S) = g(x_S)$ und $f'(x_S) \cdot g'(x_S) = -1$

Schnittstelle $x_S = 0$ ist gegeben.
Die Bedingungen werden durch
Einsetzen geprüft: • $f(0) = 0 = g(0)$ w. A.
Ableitungen:
$f'(x) = \frac{3}{8}x^2 - \frac{1}{2}$; $g'(x) = 2x + 2$
Mit $f'(0) = -\frac{1}{2}$ und $g'(0) = 2$ folgt:
• $f'(0) \cdot g'(0) = -1$ w. A.

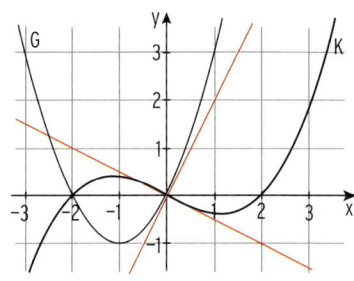

Die Kurven K und G berühren sich

Beispiel

➲ K und G sind die Graphen von f mit $f(x) = \frac{1}{e} \cdot e^x + 1$ und von g mit $g(x) = -x^2 + 3x$; $x \in \mathbb{R}$.
Zeigen Sie, dass sich K und G in $x = 1$ berühren. Geben Sie den Berührpunkt an.

Lösung

Gemeinsamer Punkt mit x = 1:
$f(1) = g(1)$ $2 = 2$ w. A.
Gleiche Steigung in x = 1:
Mit $f'(x) = \frac{1}{e} \cdot e^x$; $g'(x) = -2x + 3$:
$f'(1) = g'(1)$ $1 = 1$ w. A.
Berührstelle: $x = 1$
Berührpunkt: $B(1|2)$

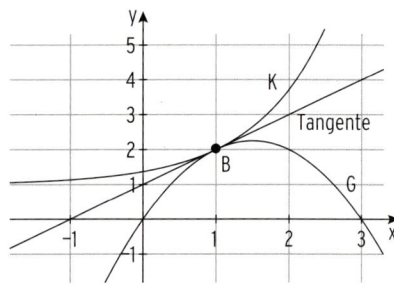

> **Beachten Sie:**
>
> Der **Berührpunkt B (u|...)** ist   • **gemeinsamer Punkt** von K und G $f(u) = g(u)$
>   • mit der **gleichen Steigung.** $f'(u) = g'(u)$

......

Beispiel

➲ K ist der Graph von f mit $f(x) = x^2 + 2;\ x \in \mathbb{R}$.

G ist der Graph von g mit $g(x) = -x^2 + 4x;\ x \in \mathbb{R}$.

Es gibt eine Stelle u, in der K und G die gleiche Steigung haben. Gibt es in x = u eine gemeinsame Tangente? Wenn ja, bestimmen Sie die Gleichung.

Lösung

Ableitungen: $f'(x) = 2x;\ g'(x) = -2x + 4$

Gleiche Steigung: $f'(x) = g'(x)$ $\qquad 2x = -2x + 4$

$\qquad\qquad\qquad\qquad\qquad\qquad\qquad x = 1$

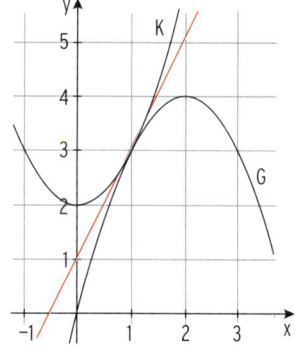

Gemeinsamer Punkt: $\qquad\qquad \left.\begin{array}{l} f(1) = 3 \\ g(1) = 3 \end{array}\right\} A(1|3)$

In $A(1|3)$ haben K und G die gleiche Steigung;

A ist ein Berührpunkt.

Es gibt eine gemeinsame Tangente.

Mit $m = f'(1) = 2$ ergibt sich aus $\qquad y = 2x + b$

durch Punktprobe mit $A(1|3)$: $\qquad 3 = 2 \cdot 1 + b$

$\qquad\qquad\qquad\qquad\qquad\qquad\qquad b = 1$

Gleichung der Tangente: $y = 2x + 1$

......

Was man wissen sollte – über die gegenseitige Lage von zwei Kurven

K ist das Schaubild von f, G ist das Schaubild von g.

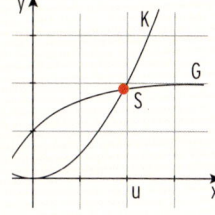
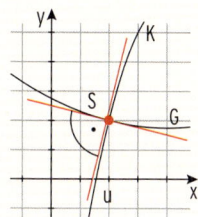
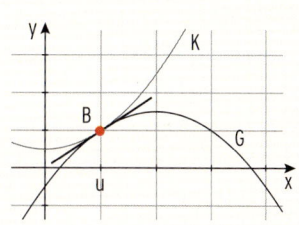

Gemeinsamer Punkt	$S(u\|f(u))$	$S(u\|f(u))$	$B(u\|f(u))$
Bedingung	$f(u) = g(u)$	$f(u) = g(u)$	$f(u) = g(u)$
Zusatz		K und G schneiden sich in $S(u\|f(u))$ **senkrecht**.	K und G **berühren** sich in $B(u\|f(u))$.
Bedingung		$f'(u) \cdot g'(u) = -1$	$f'(u) = g'(u)$

1 K und G sind die Schaubilder der Funktionen f mit $f(x) = -0{,}5\,x^3 + 2\,x + 1$ und g mit $g(x) = -0{,}5\,(x^3 + 2\,x^2 + x - 2); \; x \in \mathbb{R}$.
Bestätigen Sie, dass sich K und G in $x = 0$ senkrecht schneiden.

2 Gegeben sind die Funktionen f mit $f(x) = \sqrt{2} - \sin(x)$ und g mit $g(x) = \cos(x); \; x \in \mathbb{R}$.
Die Schaubilder von f und g berühren sich in $x = \frac{\pi}{4}$.
Bestätigen Sie diese Behauptung.

3 Die Abb. 1 zeigt die Schaubilder K und G der beiden
Funktionen f mit $f(x) = -\frac{1}{8}(x^3 - 6\,x^2 + 32)$ und
g mit $g(x) = x^2 - 4; \; x \in \mathbb{R}$.
K und G haben zwei gemeinsame Punkte. Zeigen Sie,
dass nur einer dieser Punkte ein Berührpunkt ist.

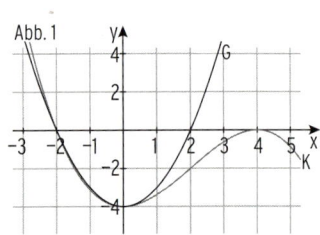
Abb. 1

4 Gegeben ist die Funktion f mit $f(x) = 2\sin(\pi x) + 2; \; x \in [0; \pi]$. Ihr Schaubild ist K_f.
Zeigen Sie, dass die Gerade mit der Gleichung $y = -2\pi x + 2 + 2\pi$ Tangente an K_f ist.

5 Zeigen Sie: Die Schaubilder von f mit $f(x) = e^{2x}; \; x \in \mathbb{R}$ und g mit $g(x) = 2\,e^x - 1$ haben eine gemeinsame Tangente.

6 Die Tangente an das Schaubild K von f mit $f(x) = 2\sin(x); \; x \in \mathbb{R}$, im Ursprung, ist Tangente an das Schaubild G von g mit $g(x) = 0{,}5\,x^2 + 2; \; x \in \mathbb{R}$.
Überprüfen Sie diese Behauptung.

7 Bestimmen Sie die Koeffizienten a, b so, dass sich die Schaubilder K von f und G von g an der Stelle $x_1 = 1$ berühren.

a) $f(x) = 0{,}5\,(x^2 + 3); \; g(x) = a\,x^2 + b\,x$ b) $f(x) = x^3 - x^2 + 4; \; g(x) = a\,e^x + b$

8 Die Abb. 2 zeigt die Schaubilder der beiden Funktionen
f mit $f(x) = 1 - x - \sin(x)$ und
g mit $g(x) = \frac{1}{2}(e^x + 1); \; x \in \mathbb{R}$.
Ordnen Sie jeder Funktion die zugehörige Kurve zu.
Begründen Sie. Machen Sie eine Aussage über die
gegenseitige Lage der beiden Kurven.
Begründen Sie rechnerisch.

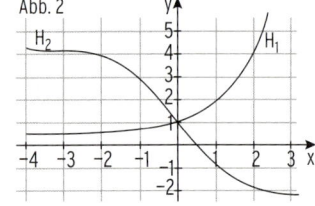
Abb. 2

9 Ein Motorboot rast längs der Kurve K auf
die Kaimauer zu.
Wie groß ist der Kollisionswinkel?
Hinweis: Verwenden Sie die Steigungswinkel.

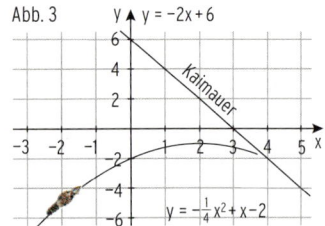
Abb. 3

1.7 Grafisches Differenzieren

Beim grafischen Differenzieren bestimmt man die Steigung eines Schaubildes in einem Punkt mithilfe einer Zeichnung.

Führt man dieses Verfahren mit mehreren Punkten durch, lässt sich das Schaubild der Ableitungsfunktion skizzieren.

Beispiel

⮕ Gegeben ist das Schaubild K einer Funktion f.

Bestimmen Sie durch zeichnerisches Differenzieren die Ableitung von f in $x \in \{-2; -1; 0; 1; 2\}$.

Tragen Sie die Steigungswerte in ein Koordinatensystem ein.

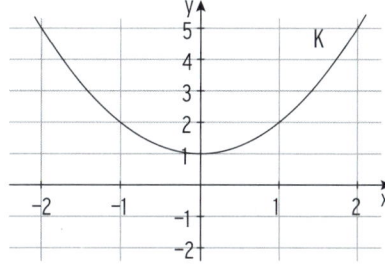

Lösung

Im Punkt $P(-2 \mid f(-2))$ wird die Tangente an K gelegt und die Steigung aus der Zeichnung bestimmt:

$m = -4$ (Steigungsdreieck).

Dieses zeichnerische Verfahren wendet man auf weitere Punkte an.

Tabelle mit den so erhaltenen Steigungswerten.

x	−2	−1	0	1	2
f′(x)	−4	−2	0	2	4

Der y-Wert (f′(x)) ist die Steigung von K an einer Stelle x.

Verbindet man die Punkte, erhält man das **Schaubild der Ableitungsfunktion f′.**

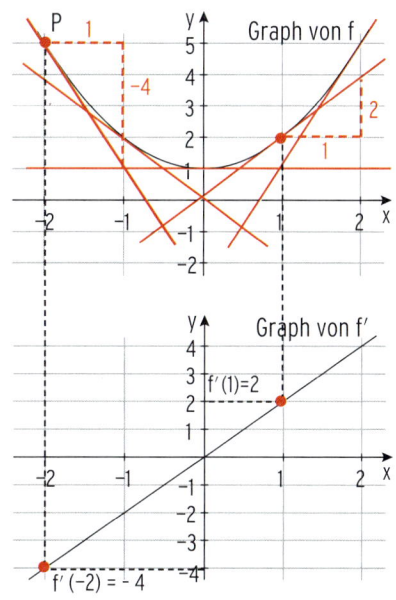

Beispiel

⮕ Gegeben ist das Schaubild K einer Funktion f.
Für welche x-Werte ist die Steigung von K
positiv, null oder negativ?
Skizzieren Sie das Schaubild der Ableitungsfunktion von f.

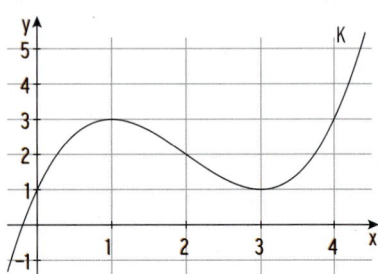

Lösung

Die Steigung von K ist **null** für $x_1 = 1$ und $x_2 = 3$,
d.h., das Schaubild von f' schneidet die
x-Achse in $x_1 = 1$ und $x_2 = 3$.

Die Steigung von K ist **positiv**
für $x < 1$ oder $x > 3$,
d.h., das Schaubild von f' verläuft oberhalb
der x-Achse für $x < 1$ oder $x > 3$.

Die Steigung von K ist **negativ** für $1 < x < 3$,
d.h., das Schaubild von f' verläuft unterhalb
der x-Achse für $1 < x < 3$.

Hinweis: K hat im Punkt W die kleinste Steigung.
Die Abbildung zeigt das Schaubild der Ableitungsfunktion f'.

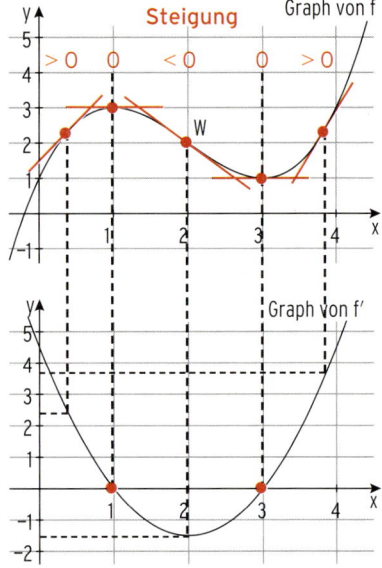

Aufgaben

1 Lesen Sie die Steigungen des Graphen K in den Punkten A, B, C und D ab.
Übertragen Sie das Schaubild in Ihr Heft und skizzieren Sie das Schaubild der Ableitungsfunktion.

Abb. 1

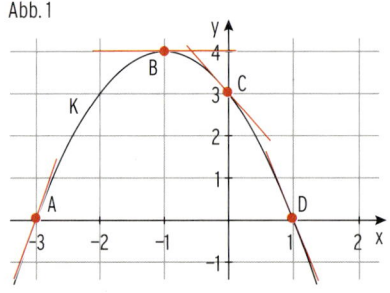

Abb. 2

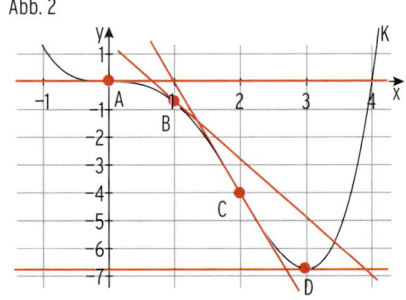

2 Die Abbildung zeigt das Schaubild von f. Übertragen Sie das Schaubild in Ihr Heft und skizzieren Sie das Schaubild der Ableitungsfunktion von f.

a)
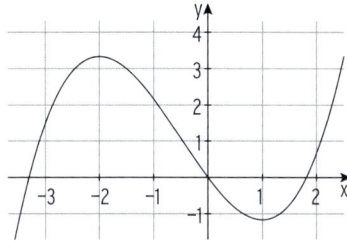

b)
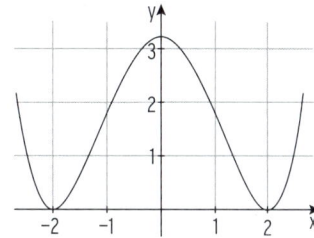

c)
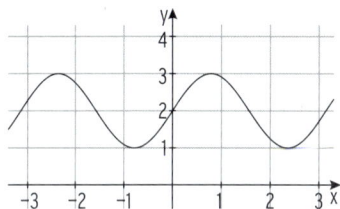

d)
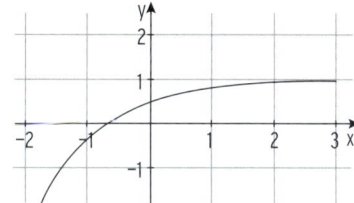

3 Skizzieren Sie das Schaubild K einer Funktion f mit folgenden Eigenschaften:

a) K ist eine Parabel und verläuft durch $P(2|3)$ mit der Steigung 1.

b) K hat zwei waagrechte Tangenten und im Ursprung eine positive Steigung.

4 K ist das Schaubild der Funktion f. Welches der beiden Schaubilder, G oder H, ist das Schaubild der Ableitungsfunktion von f? Begründen Sie Ihre Entscheidung.

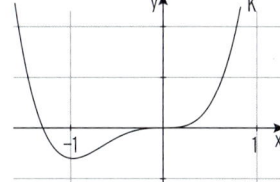
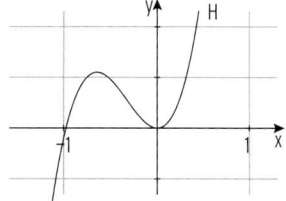

5 Ordnen Sie dem Schaubild einer Funktion das Schaubild ihrer Ableitungsfunktion zu. Begründen Sie Ihre Zuordnung.

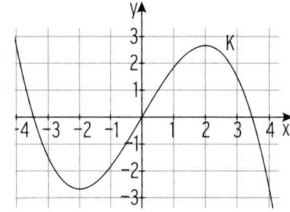
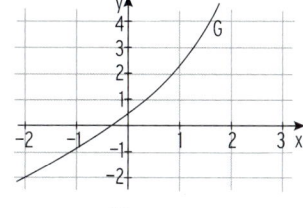
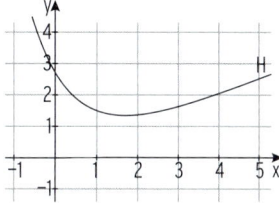

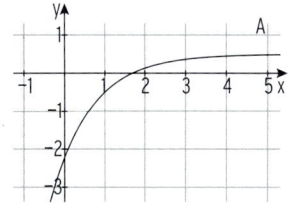
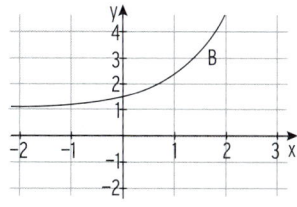
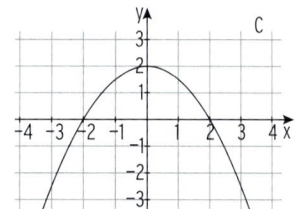

7 Bohner, Ott, Deusch - ISBN 978-3-8120-0303-2

Test zur Überprüfung Ihrer Grundkenntnisse

1 Leiten Sie ab.

a) $f(x) = 5x^3 - \frac{3}{2}x^2 + 2x + 1$ **b)** $f(x) = 6\,(e^x - 5\sin(x))$

c) $f(x) = e^{2x} - 3e^{-x} + 1$ **d)** $f(x) = 5\cos(4x) + \sin(1,5)$

e) $f(x) = e^4 - 3x - 5\cos(\pi x)$ **f)** $f(x) = \frac{1}{8}(x - 3)x^2$

g) $f(x) = e^{-3x} + 4$ **h)** $f(x) = x - 7\,e^{\ln(2)\cdot x} + 5$

2 Gegeben ist die Funktion f mit $f(x) = x^3 - 2x^2$; $x \in \mathbb{R}$ mit Schaubild K.

a) Bestimmen Sie die Gleichung der Tangente an K im Punkt $P(2\,|\,f(2))$.

b) Welche Parallele zur x-Achse berührt K?

c) Berechnen Sie die Stelle mit $f(x) = f'(x)$.

3 K ist das Schaubild der Funktion f mit $f(x) = 2\sin(x) + 1$; $x \in \mathbb{R}$.
Unter welchem Winkel schneidet K die y-Achse?
Bestimmen Sie eine mögliche Stelle u, sodass die Tangente an K in u parallel zur
2. Winkelhalbierenden verläuft.

4 Gegeben ist die Funktion f mit $f(x) = \frac{1}{2e}e^x + 2$; $x \in \mathbb{R}$.
K ist das Schaubild von f.
In welchem Punkt P verläuft die Tangente t an K
parallel zur Geraden g mit $y = \frac{1}{2}x - 2$?
Schätzen Sie die Koordinaten von P
mithilfe der Abbildung ab.
Geben Sie die Gleichung von t an.

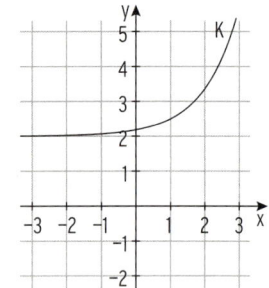

5 K ist das Schaubild der Funktion f.
Skizzieren Sie das Schaubild der
Ableitungsfunktion von f.
Bestimmen Sie den Punkt auf K mit
der kleinsten Steigung.

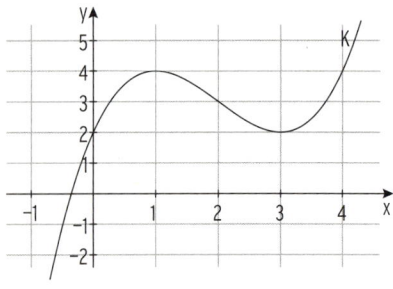

2 Kurvenuntersuchung

Modellierung einer Situation

Herr Cerone ist begeisterter Segelflieger.

Die Flughöhe seines Segelflugzeugs wird näherungsweise beschrieben durch die Funktion f

mit $f(t) = \frac{1}{1000}(t^3 - 187{,}5\,t^2 + 7500\,t) + 500;\ 0 \le t \le 120,\ t$ in Minuten, $f(t)$ in Metern.

a) Bestimmen Sie die größte bzw. geringste erreichte Flughöhe.
Skizzieren Sie das Schaubild von f.
Wie lange steigt bzw. sinkt das Segelflugzeug?

b) Nach welcher Zeit hat das Flugzeug den größten Höhenverlust? Wie groß ist dieser?
Interpretieren Sie das Ergebnis anhand des Schaubildes von f.

c) Bestimmen Sie die vertikale Geschwindigkeit (Steiggeschwindigkeit) des Segelflugzeugs
zur Zeit t = 0.

d) Der Funktionsterm f(t) ist für eine Flugdauer bis 250 Minuten für die Modellierung der
Flughöhe geeignet. Nehmen Sie Stellung zu dieser Behauptung.

Bearbeiten Sie diese Situation, nachdem
Sie die rechts aufgeführten **Qualifikationen
und Kompetenzen** erworben haben.

Qualifikationen & Kompetenzen

- Monotoniebereiche angeben
- Extrempunkte und Wendepunkte
  bestimmen
- Eigenschaften einer Kurve
  angeben
- Aufstellen eines Funktionsterms
  aus gegebenen Bedingungen
- Modellieren von realen Problemen

2.1 Monotonie

Bemerkung: Ergeben sich für **wachsende x-Werte** auch **wachsende** oder gleich bleibende **y-Werte,** so heißt die Funktion f **monoton wachsend.**

Beispiel

f mit $f(x) = 2x - 3$

f ist (streng) monoton wachsend auf $\mathbb{R}$.

Hinweis: f ist **streng** monoton wachsend, wenn sich für wachsende x-Werte auch wachsende y-Werte ergeben.

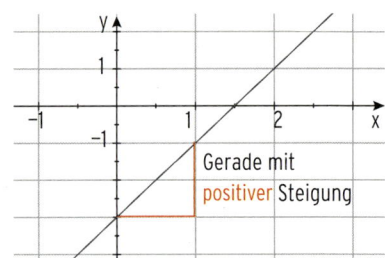

Gerade mit positiver Steigung

Bemerkung: Ergeben sich für **wachsende x-Werte fallende** oder gleich bleibende **y-Werte,** so heißt die Funktion f **monoton fallend.**

Beispiel

f mit $f(x) = -0,5x + 1$

f ist (streng) monoton fallend auf $\mathbb{R}$.

Hinweis: f ist **streng** monoton fallend, wenn sich für wachsende x-Werte fallende y-Werte ergeben.

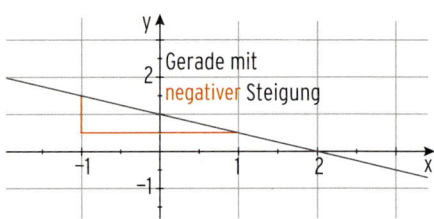

Gerade mit negativer Steigung

Bei nichtlinearen Funktionen können Bereiche festgelegt werden, in denen die Funktion f für alle x-Werte aus diesem Bereich wachsend bzw. fallend ist.

Beispiel

f mit $f(x) = -\frac{1}{2}x^2 + 2x$

Ableitung: $f'(x) = -x + 2$

Stellen mit Steigung 0: $f'(x) = 0$

$$-x + 2 = 0$$

$$x = 2$$

x-Wert des Scheitelpunkts: $x_S = 2$

	Für $x < 2$	Für $x = 2$	Für $x > 2$
	$f'(x) > 0$	$f'(2) = 0$	$f'(x) < 0$
	positive Steigung		negative Steigung
f ist (streng) **monoton**	**wachsend**		**fallend**

Beachten Sie

Gilt auf einem Bereich I (Intervall I)

$\left.\begin{array}{l} f'(x) \geq 0 \\ f'(x) \leq 0 \end{array}\right\}$ für alle $x \in I$, so heißt die Funktion f monoton $\left\{\begin{array}{l} \textbf{wachsend} \\ \textbf{fallend} \end{array}\right\}$ auf I.

Monotonieuntersuchung

Schaubild K von f

Funktionswert f (x) ist der **y-Wert des**
Kurvenpunktes von K.

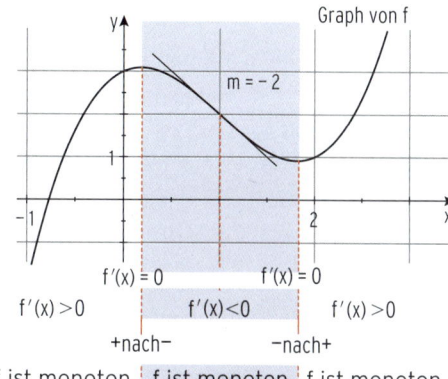

Graph von f

$m = -2$

f′(x) ist der **Steigungswert** von K.

Steigungswert = 0	$f'(x) = 0$	$f'(x) = 0$
	$f'(x) > 0$	$f'(x) < 0$	$f'(x) > 0$
VZW von f′(x) von	+nach−	−nach+
	f ist monoton **wachsend**	f ist monoton **fallend**	f ist monoton **wachsend**

Beispiel

➲ Die Abbildung zeigt den Graphen K einer Funktion f.
Bestimmen Sie die Monotoniebereiche von f.

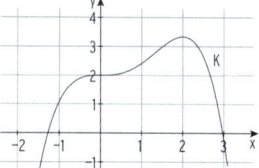

Lösung

Mithilfe des Schaubildes von f kann man
die Monotoniebereiche festlegen.

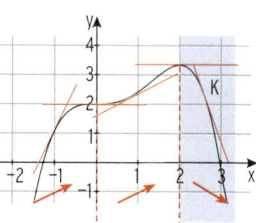

f ist monoton

wachsend wachsend fallend
für x < 2   für x > 2

Monotoniebereiche: f ist monoton wachsend für $x \leq 2$, f ist monoton fallend für $x \geq 2$.

Hinweis: Kein VZW von f′(x) in x = 0.

Beispiel

➲ Gegeben ist die Funktion f mit $f(x) = e^{-x} + 2x$; $x \in \mathbb{R}$.
Bestimmen Sie die Monotoniebereiche von f.

Lösung

Mithilfe der 1. Ableitung	$f'(x) = -e^{-x} + 2$
Stellen mit waagrechter Tangente: f′(x) = 0	$-e^{-x} + 2 = 0$
Einzige Lösung (Extremstelle)	$x_1 = -\ln(2) = -0{,}69$
Einsetzen von x = 0 (> x_1) in f′(x):	$f'(0) = 1 > 0$
Einsetzen von x = −1 (< x_1) in f′(x):	$f'(-1) = -0{,}72 < 0$

Das Schaubild von f ist für $x > -\ln(2)$ wachsend, für $x < -\ln(2)$ fallend.

Beispiel

⊃ Ein Gefäß wird gleichmäßig mit Wasser gefüllt.
Wie steigt der Wasserspiegel beim abgebildeten Gefäß in Abhängigkeit von der Zeit an?
Die Abbildungen zeigen die Füllhöhe h in Abhängigkeit von der Zeit t.
Ordnen Sie dem Gefäß die zugehörige Kurve zu.

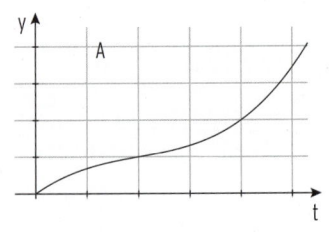 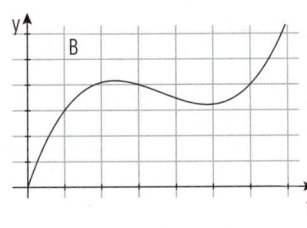

Lösung

Die Füllhöhe h **nimmt** mit der Zeit **zu**, die Kurve B kommt also nicht infrage.
Die Funktion h, die zum Schaubild A gehört, ist (streng) monoton wachsend.
Für **wachsende t-Werte** ergeben sich auch **wachsende y-Werte.**
Das Schaubild von h hat für alle $t > 0$ eine positive Steigung: $h'(t) > 0$ für alle $x \in \mathbb{R}$.

Aufgaben

1 Bestimmen Sie aus der Abbildung die Bereiche, in denen das Schaubild der Funktion f monoton wächst bzw. fällt.

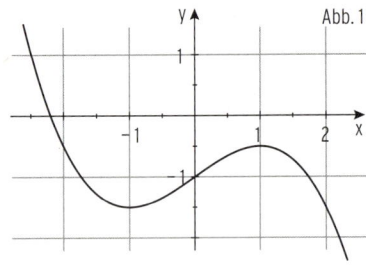 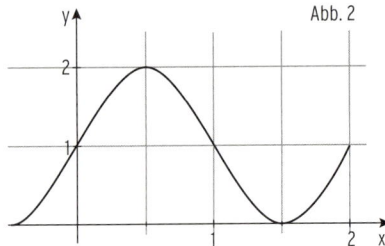

2 Gegeben ist die Funktion f mit $f(x) = \frac{1}{2}x^2 - x + 2$; $x \in \mathbb{R}$.
Zeigen Sie, dass f monoton wachsend ist für $x \geq 1$.

3 Gegeben ist die Funktion f mit $f(x) = e^x - x$; $x \in \mathbb{R}$.
Bestimmen Sie die Monotoniebereiche von f.

4 Zeigen Sie: f ist monoton wachsend bzw. fallend für alle x aus $\mathbb{R}$.

a) $f(x) = -x^3 - 2x + 3$ 　　　 b) $f(x) = \frac{3}{5}x^5 + x^3 + 4$ 　　　 c) $f(x) = 2 + e^{-x} - e^x$

5 Für eine Funktion f gilt: $f'(0) > 0$ und $f'(-1) = -2$.
Skizzieren Sie eine mögliche zugehörige Kurve.

6 Für eine Funktion f mit $D = \mathbb{R}$ gilt:

a) $f'(x) > 1$ b) $f'(x) \leq 0$ c) $f'(x) \in [0; 2]$ d) $f(x) \in [-4; 4]$

Welche Aussagen lassen sich über die Funktion f und das zugehörige Schaubild machen?
Nennen Sie jeweils ein Beispiel. Skizzieren Sie eine mögliche Kurve.

7 Stellen Sie die Abhängigkeit näherungsweise grafisch dar.
Machen Sie Aussagen über das Monotonieverhalten.

a) Die Gesamtkosten K einer Unternehmung hängen von der erzeugten Menge x ab.

b) Der Tankinhalt eines Pkw hängt von der gefahrenen Strecke ab.

c) Die Höhe einer Sonnenblume ist abhängig von der Zeit in der Wachstumsphase.

8 Gegeben ist das Schaubild der ersten Ableitung der Funktion f.
Machen Sie Aussagen über die Monotonie von f.

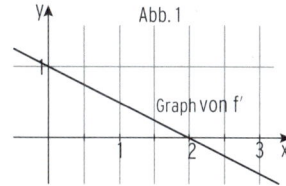
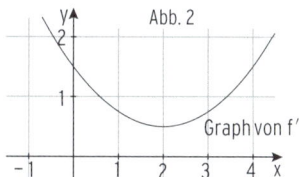

9 Beim Füllen der Gefäße entsteht, abhängig von der Füllhöhe x, eine kreisförmige Oberfläche mit Radius r.
Ist der Radius r als Funktion der Füllhöhe x (streng) monoton?
Ordnen Sie jedem Gefäß eine Abbildung zu.
Erläutern Sie, warum sich die dritte Abbildung nicht zuordnen lässt.
Wie sieht ein zugehöriges Gefäß aus?

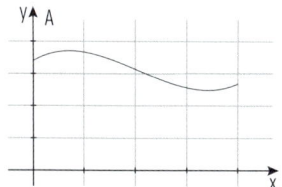
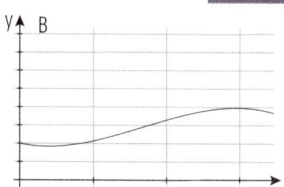
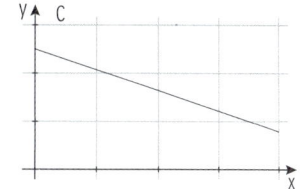

10 Die Gesamtkosten in GE für die Herstellung einer Druckerpresse sind gegeben durch die Funktion K mit $K(x) = 0{,}05\,x^3 - 1{,}2\,x^2 + 10\,x + 156;\ x \geq 0$.
Zeigen Sie, mit zunehmender Produktionsmenge steigen auch die Gesamtkosten.

2.2 Extrempunkte

Beispiel

⮕ Die Funktion f mit $f(x) = \frac{1}{12}x^3 - \frac{7}{4}x^2 + 10x + \frac{17}{3}$
beschreibt näherungsweise die wöchentlichen
Verkaufszahlen von Rasenmähern. Dabei ist x
die Zeit in Wochen nach Wiedereröffnung der
Geschäftsräume. Untersuchen Sie die Entwicklung der Verkaufszahlen.

Lösung

Das Schaubild von f wird gezeichnet. Die
Verkaufszahlen nehmen zu bis zur Woche 4
mit 23 Stück, danach nehmen sie ab bis zur
Woche 10 mit 14 verkauften Rasenmähern, um
danach wieder zuzunehmen.

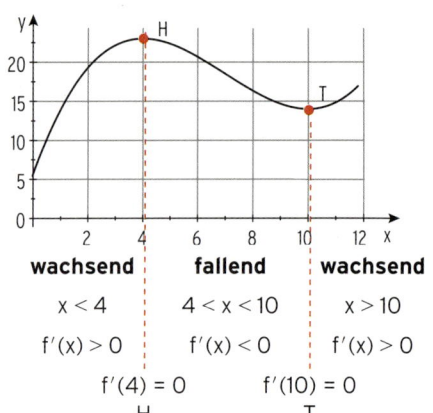

Erläuterungen

Man liest ab:

	f ist monoton	wachsend	fallend	wachsend
	für	$x < 4$	$4 < x < 10$	$x > 10$
Im Übergang		$f'(x) > 0$	$f'(x) < 0$	$f'(x) > 0$
		$f'(4) = 0$	$f'(10) = 0$	
		H	T	

von **wachsend zu fallend** liegt ein **Hochpunkt,**
von **fallend zu wachsend** liegt ein **Tiefpunkt.**

Beachten Sie:

Ein Kurvenpunkt $P(x_1 | f(x_1))$ heißt $\begin{Bmatrix} \textbf{Hochpunkt} \\ \textbf{Tiefpunkt} \end{Bmatrix}$, wenn $f(x_1)$ der $\begin{Bmatrix} \textbf{größte} \\ \textbf{kleinste} \end{Bmatrix}$

Funktionswert für alle x aus einer Umgebung von x_1 ist.

Dieser $\begin{Bmatrix} \textbf{größte} \\ \textbf{kleinste} \end{Bmatrix}$ Funktionswert $f(x_1)$ heißt **relatives (lokales)** $\begin{Bmatrix} \textbf{Maximum} \\ \textbf{Minimum} \end{Bmatrix}$.

Notwendige Bedingung für (lokale) Extremstellen: $f'(x_1) = 0$.
Dabei liegt x_1 im Innern des Definitionsbereichs.

Hochpunkte bzw. Tiefpunkte nennt man **Extrempunkte** des Schaubildes K von f.
Der x-Wert des Extrempunktes heißt Extremstelle.

Nachweis für Extrempunkte (1. Möglichkeit):
Nachweis mit **Vorzeichenwechsel** (VZW von $f'(x)$):

	VZW von $f'(x)$ an der Stelle	$x = 4$	$x = 10$
Hinweis: $f'(x) = \frac{1}{4}x^2 - \frac{7}{2}x + 10$		von	von
$f'(3) = 1{,}75 > 0$; $f'(4) = 0$; $f'(5) = -1{,}25 < 0$		**+** nach **−**	**−** nach **+**
		führt auf einen	
		Hochpunkt	**Tiefpunkt**
		mit $f(4) = 23$ und $f(10) = 14$	
		H(4 | 23)	**T(10 | 14)**

**Nachweis mithilfe der zweiten
Ableitung von f (2. Möglichkeit):**

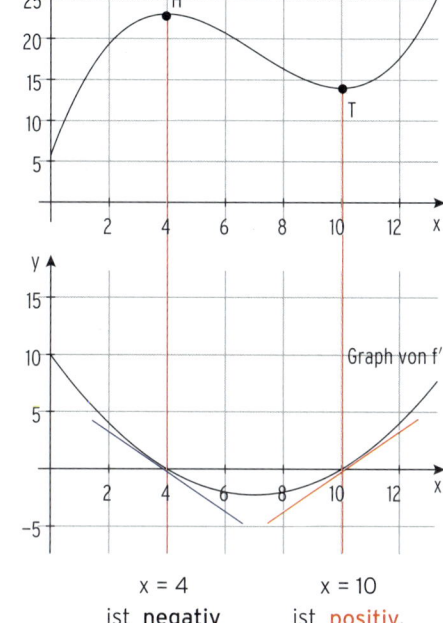

Schaubild von f

Schaubild von f′

f″(x) ist die **Steigung** des Schaubildes
von f′ an der Stelle x.

Die **Steigung** des Graphen von f′ an der Stelle	x = 4	x = 10
	ist negativ	ist positiv.
Das bedeutet:	f″(4) < 0	f″(10) > 0
Das Schaubild von f hat dort einen	**Hochpunkt**	**Tiefpunkt**

Hinweis: x = 4 ist **Maximalstelle**, x = 10 ist **Minimalstelle**.

Berechnung von f″(4) und f″(10)

Zweite Ableitung von f: $f''(x) = \frac{1}{2}x - \frac{7}{2}$

Einsetzen der x-Werte in f″(x): $f''(4) = -\frac{3}{2} < 0$ $f''(10) = \frac{3}{2} > 0$

Bestimmung von Extrempunkten

- **Notwendige Bedingung: f′(x) = 0**   liefert die Stellen x_1, x_2, ... mit
                                                  waagrechter Tangente.

- **Nachweis für Hochpunkt bzw. Tiefpunkt**
  1. Möglichkeit durch **Vorzeichen-Untersuchung** von f′(x)
  Hat f′(x) an der Stelle x_1 einen Vorzeichenwechsel
  $\begin{Bmatrix} \text{von + nach −} \\ \text{von − nach +} \end{Bmatrix}$, so hat der Graph von f einen $\begin{Bmatrix} \textbf{Hochpunkt } H(x_1 | f(x_1)) \\ \textbf{Tiefpunkt } T(x_1 | f(x_1)) \end{Bmatrix}$.

  2. Möglichkeit durch **Einsetzen von x_1** in f″(x)
  Ist $\begin{Bmatrix} f''(x_1) < 0 \\ f''(x_1) > 0 \end{Bmatrix}$, so hat der Graph von f einen $\begin{Bmatrix} \textbf{Hochpunkt } H(x_1 | f(x_1)) \\ \textbf{Tiefpunkt } T(x_1 | f(x_1)) \end{Bmatrix}$.

Beispiel

⮕ Gegeben ist die Funktion f mit $f(x) = -\frac{1}{3}x^3 + 2x^2 - 3x$; $x \in \mathbb{R}$ mit Graph K.
   Berechnen Sie die Koordinaten der Hoch- und Tiefpunkte.

Lösung

Ableitungen: $f'(x) = -x^2 + 4x - 3$; $f''(x) = -2x + 4$

Notwendige Bedingung für Extremstellen: f'(x) = 0 $-x^2 + 4x - 3 = 0$

Stellen mit waagrechter Tangente: $x_1 = 1$; $x_2 = 3$

Nachweis durch Einsetzen der x-Werte in **f''(x)**

$f''(1) = 2 > 0$:   f hat in $x = 1$ ein (relatives) Minimum,
          K hat einen Tiefpunkt an der Stelle $x_1 = 1$.

$f''(3) = -2 < 0$:   f hat in $x = 3$ ein (relatives) Maximum,
          K hat einen Hochpunkt an der Stelle $x_2 = 3$.

Mit $f(1) = -\frac{4}{3}$ und $f(3) = 0$ erhält man:

Tiefpunkt $T\left(1 \mid -\frac{4}{3}\right)$; **Hochpunkt** $H(3 \mid 0)$

Schaubild K:

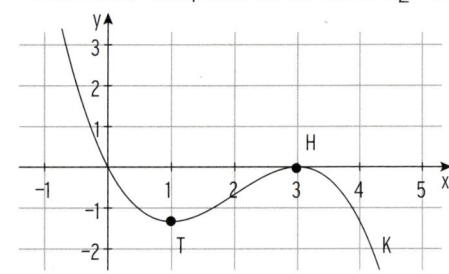

Beispiel

⮕ Berechnen Sie die Extremstellen von f mit $f(x) = 0{,}5x + \cos(x)$ für $x \in \,]0; \pi[$.
   Welche ist die Minimalstelle?

Lösung

Ableitungen: $f'(x) = 0{,}5 - \sin(x)$; $f''(x) = -\cos(x)$

Notwendige Bedingung für Extremstellen: f'(x) = 0 $0{,}5 - \sin(x) = 0$
          $\sin(x) = 0{,}5$

Lösung z. B. mithilfe der Tabelle: $x_1 = \frac{\pi}{6}$; $x_2 = \frac{5}{6}\pi$

Nachweis durch Einsetzen der x-Werte in **f''(x)**

$f''\left(\frac{\pi}{6}\right) = -0{,}866 < 0$

f hat in $x_1 = \frac{\pi}{6}$ ein (relatives) Maximum.

$f''\left(\frac{5}{6}\pi\right) = 0{,}866 > 0$

f hat in $x_2 = \frac{5}{6}\pi$ ein (relatives) Minimum.

$x_2 = \frac{5}{6}\pi$ ist die Minimalstelle.

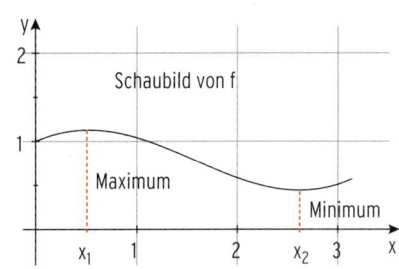

Hinweis: $f(x_2)$ ist der absolut kleinste y-Wert,
          $f(x_2)$ ist das **absolute Minimum auf** $]0; \pi[$.
          Das relative Maximum ist auch das **absolute Maximum auf** $]0; \pi[$.

Beispiel

➲ K ist das Schaubild der Funktion f mit $f(x) = 3 - 2x - e^{-x}$; $x \in \mathbb{R}$.
Bestimmen Sie Art und Lage des zugehörigen Extrempunktes ohne Hilfsmittel.

Lösung

Ableitungen:
$$f'(x) = -2 + e^{-x}$$
$$f''(x) = -e^{-x}$$

Notwendige Bedingung

für Extremstellen: f'(x) = 0
$$-2 + e^{-x} = 0$$
$$e^{-x} = 2$$

Stelle mit waagrechter Tangente: $x_1 = -\ln(2)$

Nachweis mithilfe von f''(x)

Wegen $e^{-x} > 0$ für alle $x \in \mathbb{R}$ gilt: $f''(x) = -e^{-x} < 0$

K hat einen **Hochpunkt** an der Stelle $x_1 = -\ln(2)$

y-Wert des Hochpunktes H:

$f(-\ln(2)) = 3 + 2\ln(2) - e^{\ln(2)}$

$f(-\ln(2)) = 1 + 2\ln(2)$

Hochpunkt $H(-\ln(2) \,|\, 1 + 2\ln(2))$

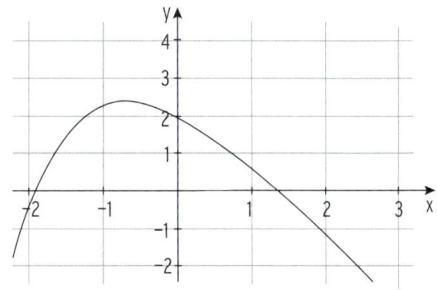

Beispiel

➲ Gegeben ist die Funktion f mit $f(x) = -0{,}5x(x-3)^2$; $x \in \mathbb{R}$. K ist das Schaubild von f.
Zeigen Sie ohne Verwendung der 1. Ableitung, dass K in $x = 3$ einen Hochpunkt hat.

Lösung

Ohne Rechnung erkennt man:

$x_1 = 0$ ist **einfache Nullstelle** von f.

$x_{2|3} = 3$ ist **doppelte Nullstelle** von f.

Doppelte Nullstelle von f bedeutet:

$f(x)$ **wechselt das Vorzeichen nicht.**

Skizze:

(K verläuft vom II. in das IV. Feld)

Wir lesen ab:

K hat in $x = 3$ einen **Hochpunkt.**

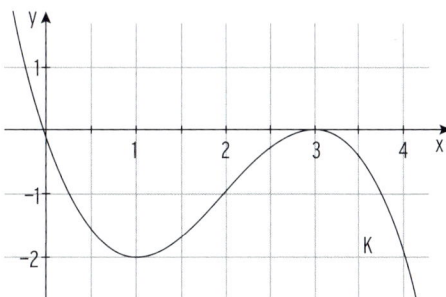

Beachten Sie:

x_1 ist **doppelte Nullstelle** von f $\Rightarrow$ x_1 ist **Extremstelle** von f.

Beispiel

Die Strom AG gewinnt Energie aus Wasserkraft. Dazu nutzt sie die beiden Stauseen Obersee und Untersee. Tagsüber fließt Wasser vom Obersee in den Untersee und treibt Turbinen an. Nachts pumpt die Strom AG einen Teil dieses Wassers wieder hoch in den Obersee.

Der Wasserdurchfluss kann näherungsweise beschrieben werden durch die Funktion f mit $f(x) = 0{,}23\,x^3 - 4{,}61\,x^2 - 4{,}72\,x + 124;\ 0 \le x \le 24$,
$f(x)$ gibt den Wasserdurchfluss in $1000\,m^3$ pro Stunde an.
Positive Funktionswerte bedeuten nach oben gepumptes Wasser, negative Funktionswerte stehen für nach unten strömendes Wasser.
Berechnen Sie, um wie viel Uhr der Wasserdurchfluss nach unten am größten war.
Wie hoch war der Wasserdurchfluss zu diesem Zeitpunkt?

Lösung

Gesucht ist der Zeitpunkt, zu dem f ein Minimum auf [0; 24] hat.

Ableitungen:
$$f'(x) = 0{,}69\,x^2 - 9{,}22\,x - 4{,}72$$
$$f''(x) = 1{,}38\,x - 9{,}22$$

Notwendige Bedingung für die Extremstellen: $f'(x) = 0$

$$0{,}69\,x^2 - 9{,}22\,x - 4{,}72 = 0$$

Lösung der quadratischen Gleichung:

$$x_1 = 13{,}86 \quad (x_2 = -0{,}49)$$

Nachweis durch Einsetzen des x-Wertes in $f''(x)$:

$$f''(13{,}86) = 9{,}91 > 0$$

f hat in $x_1 = 13{,}86$ ein Minimum.
Der Wasserdurchfluss nach unten ist um 13:52 Uhr am größten.

Wasserdurchfluss für $x_1 = 13{,}86$:

$f(13{,}86) = -214{,}62$

$214{,}62 \cdot 1000\,\frac{m^3}{h} = 214\,620\,\frac{m^3}{h}$.

Um 13:52 Uhr betrug der Wasserdurchfluss nach unten $214\,620\,\frac{m^3}{h}$.

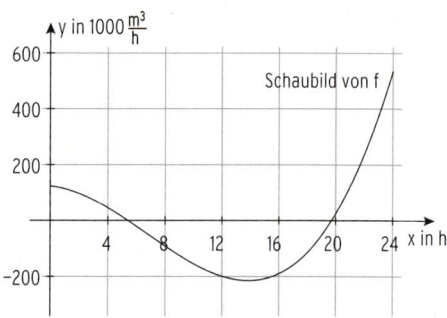

Aufgaben

1 Berechnen Sie die Koordinaten der Hoch- und Tiefpunkte des Graphen von f.

a) $f(x) = -\frac{1}{4}x^2 + x - 2$

b) $f(x) = x^3 - 3x$

c) $f(x) = 2(e^x - x)$

d) $f(x) = 3\cos(x); \; x \in \,]-1; 5[$

2 Bestimmen Sie die Extrempunkte von K_f. Entscheiden Sie, ob ein Hoch- oder ein Tiefpunkt vorliegt.

a) $f(x) = \frac{1}{6}(x^3 - 9x)$

b) $f(x) = -x - 2 + e^{0,5x}$

c) $f(x) = \frac{1}{16}x^4 - \frac{3}{2}x^2 + 5$

d) $f(x) = 2\sin(2x) + 1; \; x \in \,]-1; 4[$

3 Bestimmen Sie die Extrempunkte des Schaubildes von f mit $f(x) = x^3 - 3x + 2; \; x \in \mathbb{R}$. Geben Sie die Monotoniebereiche an.

4 Zeigen Sie, dass f mit $f(x) = 4e^{-x} + 2x + 1; \; x \in \mathbb{R}$ in $x = \ln(2)$ eine Extremstelle hat. Bestimmen Sie Art und Lage des zugehörigen Extrempunktes.

5 Die Abbildung zeigt den Graphen einer Funktion f mit $f(x) = a(x - x_1)(x - x_2)(x - x_3)$.

a) Bestimmen Sie a, x_1, x_2 und x_3 aus der Zeichnung.

b) Ermitteln Sie den Hoch- und den Tiefpunkt von K.

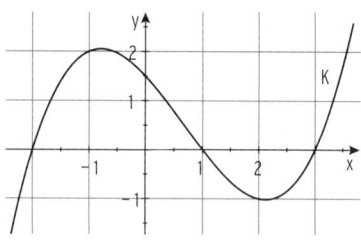

6 Berechnen Sie die Extremstellen von f mit $f(x) = 0,5x + \sin(x)$ für $x \in \,]-1; 7[$.

7 K ist das Schaubild der Funktion f mit $f(x) = 2\cos(0,5\pi x) + 3; \; x \in [-1; 5]$.
Die nebenstehende Abbildung zeigt K und die Geraden g und h.
Die Geraden schneiden sich senkrecht.
Überprüfen Sie die Behauptung.

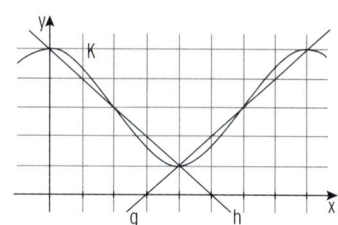

8 Bestimmen Sie a so, dass f mit $f(x) = -\frac{1}{12}x^3 + ax^2 + 4; \; x \in \mathbb{R}$, in $x = 2$ eine Extremstelle hat. Um welche Art von Extremstelle handelt es sich dabei?

9 Das Schaubild der Funktion f mit $f(x) = \frac{1}{8}x^4 - x^3 + a; \; x \in \mathbb{R}$ sei K.
Bestimmen Sie a so, dass der Extrempunkt von K auf der x-Achse liegt.
Ist der Extrempunkt ein Hoch- oder ein Tiefpunkt?

10 Jan behauptet: f mit $f(x) = 2e^{2x} + x - 3; \; x \in \mathbb{R}$, hat keine Extremstellen und ist monoton fallend. Überprüfen Sie die Behauptung.

11 Begründen Sie ohne Verwendung der Ableitung, dass die Funktion f mit $f(x) = x^3 + 3x^2 + 1; \; x \in \mathbb{R}$, Extremstellen besitzt.

12 Untersuchen Sie auf Extrempunkte.
$Y1 \triangleq f(x)$
$Y'1 \triangleq f'(x)$

a)

X	Y1	Y'1
0.5	1.6666	0.75
1	1.8333	0
1.5	1.75	-0.25
2	1.6666	0
2.5	1.8333	0.7499

b)

X	Y1	Y'1
-3	-0.149	-0.049
-2	-0.135	0.1353
-1	0.3678	1.1036
0	3	5
1	13.591	19.027

13 Eine ganzrationale Funktion f hat die einfachen Nullstellen $x_1 = -1$ und $x_2 = 3$ und die doppelte Nullstelle $x_3 = 2$. Das Schaubild von f verläuft durch den Punkt $P(0|3)$. Skizzieren Sie einen möglichen Verlauf des Schaubildes von f.

14 Für eine Polynomfunktion f 3. Grades gilt:
$f'(x) = 0$ für $x_1 = -3$ und $x_2 = 1$ $f'(-4) = 15$
$f'(-2) = -9$ $f(-3) = 27$ $f(1) = -5$
Welche Aussagen lassen sich daraus für die Extrempunkte des Graphen von f treffen?

15 Eine Parabel verläuft durch den Ursprung und hat in $P(1|f(1))$ eine Tangente mit der Gleichung $y = -2x - 0,5$.
Nicola notiert folgende Bedingungen zur Bestimmung des Funktionsterms.
$f(0) = 0$ $f(1) = -0,5$ $f'(1) = 0$
Begründen Sie, dass Nicola die Informationen im Aufgabentext nicht alle richtig übersetzt hat.

16 Die Abbildung zeigt das Schaubild einer Funktion f. Begründen Sie, ob die folgenden Aussagen wahr oder falsch sind.
- $f(1) = 0$
- $f'(1) = 5$
- $f'(3) = 0$
- Bei $x = 1$ hat $f'(x)$ einen Vorzeichenwechsel von + nach −.
- Die momentane Änderungsrate von f an der Stelle $x = 3,5$ ist größer als die durchschnittliche Änderungsrate im Intervall [1; 2].

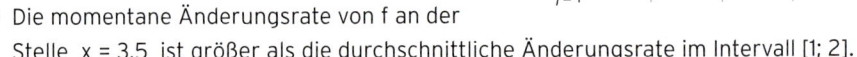

17 Gegeben ist die Funktion f mit $f(x) = e^{-x} + ax - 6$; $x \in \mathbb{R}$. K ist der Graph von f. Für welchen Wert von a liegt der Extrempunkt von K auf der y-Achse?

18 Das Weg-Zeit-Gesetz eines 100-Meter-Sprints kann näherungsweise beschrieben werden durch die Funktion s mit $s(t) = -0,066t^3 + 1,49t^2$. t ist die Zeit in Sekunden und $s(t)$ gibt die Strecke in m an. Bestimmen Sie die größte Geschwindigkeit des Läufers.

2.3 Wendepunkte

Der Amazonas fließt zunächst in einer **Rechtskurve** und danach in einer **Linkskurve** (vgl. Abbildung).

Im Übergang von **Rechtskurve** zu **Linkskurve** **oder** von **Linkskurve** zu **Rechtskurve** liegt ein **Wendepunkt.** Die Kurve wechselt ihre **Krümmung.**

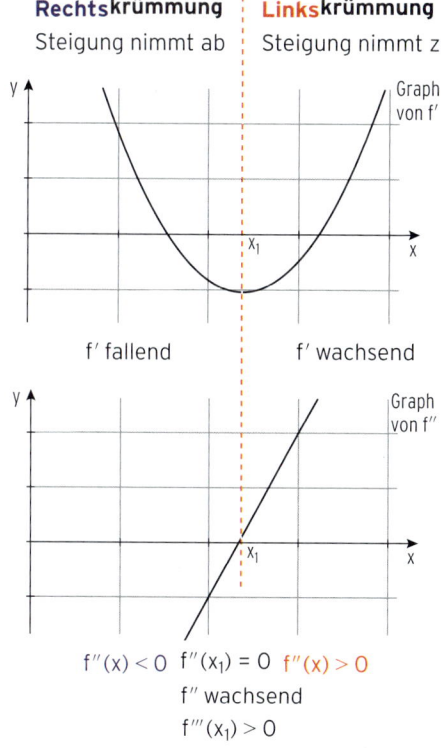

Rechtskrümmung   **Links**krümmung
Steigung nimmt ab   Steigung nimmt zu

Ist x_1 **Wendestelle** von f, so ist x_1 die Stelle mit **kleinster Steigung,** also Extremstelle von f′.

f′ fallend   f′ wachsend

Daraus folgt:
Notwendige Bedingung für die Wendstelle x_1:
Steigung des Graphen von f′ in x_1 ist null, also:
$(f′)′(x_1) = 0$

$$f″(x_1) = 0$$

Nachweis für die Wendestelle x_1:
f″(x) hat einen Vorzeichenwechsel
von − nach +
oder
$f‴(x_1) > 0$

$f″(x) < 0$ $f″(x_1) = 0$ $f″(x) > 0$
f″ wachsend
$f‴(x_1) > 0$

Hinweis: $f‴(x_1)$ ist die Steigung des Schaubildes von f″ an der Stelle x_1.

Bestimmung von Wendepunkten

- **Notwendige Bedingung: $f''(x) = 0$ liefert die Stellen x_1, x_2, ...**
- **Nachweis:**

  1. Möglichkeit   durch Vorzeichenuntersuchung von $f''(x)$

  Ist x_1 einfache Nullstelle von f'', so wechselt $f''(x)$ das Vorzeichen an der Stelle x_1. K von f hat den Wendepunkt $W\left(x_1 \mid f(x_1)\right)$.

  2. Möglichkeit   durch Einsetzen von x_1 in $f'''(x)$

  Ist $f'''(x_1) \neq 0$, so hat K von f den Wendepunkt $W\left(x_1 \mid f(x_1)\right)$.

Beachten Sie:

In der Wendestelle x_1 ändert sich die **Krümmung** der Kurve K von f.

$f''(x_1) > 0$ bedeutet: K ist in x_1 linksgekrümmt.

$f''(x_1) < 0$ bedeutet: K ist in x_1 rechtsgekrümmt.

Beispiel

➲ Gegeben ist Funktion f mit $f(x) = \frac{3}{48}x^4 - \frac{3}{2}x^2$; $x \in \mathbb{R}$.

Untersuchen Sie das Schaubild K von f auf Wendepunkte.

Lösung

Ableitungen: $f'(x) = \frac{1}{4}x^3 - 3x$; $f''(x) = \frac{3}{4}x^2 - 3$; $f'''(x) = \frac{3}{2}x$

Notwendige Bedingung für Wendestellen:

$f''(x) = 0$: $\frac{3}{4}x^2 - 3 = 0$

$\qquad\qquad\qquad\qquad\qquad\qquad x^2 = 4$

Lösungen der Gleichung: $x_1 = 2$; $x_2 = -2$

Nachweis:

Einsetzen von $x_1 = 2$ in $f'''(x)$: $f'''(2) = 3 \neq 0$

$x_1 = 2$ ist Wendestelle.

y-Wert des Wendepunkts: $f(2) = -5$

Wendepunkt: $W_1(2 \mid -5)$

Wegen der Symmetrie von K zur y-Achse:

Wendepunkt: $W_2(-2 \mid -5)$

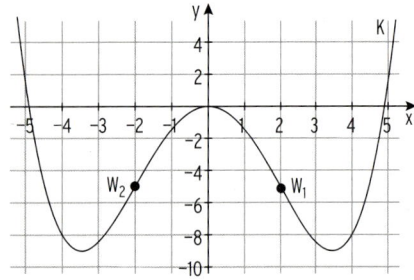

.....

Beispiel

➲ Gegeben ist die Funktion f mit $f(x) = -x^3 + 3x^2$; $x \in \mathbb{R}$. K ist das Schaubild von f.

a) Bestimmen Sie den Wendepunkt von K.

b) Geben Sie die Gleichung der Tangente an K im Wendepunkt an.

Lösung

a) Ableitungen: $f'(x) = -3x^2 + 6x$; $f''(x) = -6x + 6$; $f'''(x) = -6$

Notwendige Bedingung für Wendestellen:

$f''(x) = 0$	$-6x + 6 = 0$
Lösung der Gleichung:	$x = 1$
Nachweis:	$f'''(1) = -6 \neq 0$
Damit ist $x = 1$ Wendestelle.	
Wendepunkt:	$W(1 \mid 2)$

b) **Tangente**

Steigung in W:	$f'(1) = 3$
Hauptform:	$y = mx + b$
Einsetzen von $m = f'(1)$:	$y = 3x + b$
Punktprobe mit $W(1\mid2)$:	$2 = 3 \cdot 1 + b \Leftrightarrow b = -1$
Gleichung der Wendetangente t:	$y = 3x - 1$

.....

Bemerkungen:

1. Die Tangente an das Schaubild K von f **im Wendepunkt heißt Wendetangente.**

2. Die **Wendetangente** ist die einzige Tangente, die das Schaubild K von f im Wendepunkt berührt und „durchschneidet".

.....

Beispiel

➲ Gegeben ist die Funktion f mit $f(x) = \cos\left(\frac{\pi}{4}x\right)$; $-1 \leq x \leq 4$.

Die Gerade g mit der Gleichung $y = -\frac{\pi}{4}x + \frac{1}{2}\pi$ ist Wendetangente. Überprüfen Sie.

Lösung

Ableitungen: $f'(x) = -\frac{\pi}{4}\sin\left(\frac{\pi}{4}x\right)$; $f''(x) = -\frac{\pi^2}{16}\cos\left(\frac{\pi}{4}x\right)$; $f'''(x) = \frac{\pi^3}{64}\sin\left(\frac{\pi}{4}x\right)$

Bedingung für Wendestelle: $\quad f''(x) = 0 \qquad -\frac{\pi^2}{16}\cos\left(\frac{\pi}{4}x\right) = 0$

Umformung: $\qquad\qquad\qquad\qquad \cos\left(\frac{\pi}{4}x\right) = 0$

$$\frac{\pi}{4}x = \frac{\pi}{2}$$

Einzige Lösung für $-1 \leq x \leq 4$: $x = 2$

Nachweis: $f'''(2) \neq 0$

Wendepunkt: $W(2\mid0)$

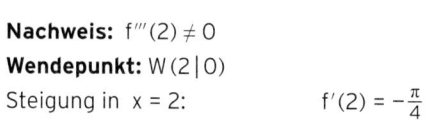

Steigung in $x = 2$: $\qquad f'(2) = -\frac{\pi}{4} = m_g$

Punktprobe mit $W(2\mid0)$ in $y = -\frac{\pi}{4}x + \frac{1}{2}\pi$: $0 = -\frac{\pi}{4} \cdot 2 + \frac{1}{2}\pi \qquad$ wahr

g ist die Wendetangente.

.....

8 Bohner, Ott, Deusch · ISBN 978-3-8120-0303-2

Beispiel

⮕ K ist das Schaubild von f mit $f(x) = x^4 - 6x^3 + 12x^2 - 8x$; $x \in \mathbb{R}$.
Bestimmen Sie die Gleichungen der Wendetangenten.

Lösung

Ableitungen: $f'(x) = 4x^3 - 18x^2 + 24x - 8$; $f''(x) = 12x^2 - 36x + 24$; $f'''(x) = 24x - 36$

Notwendige Bedingung für Wendestellen:

$f''(x) = 0$: $\qquad\qquad\qquad\qquad\qquad$ $12x^2 - 36x + 24 = 0$

Lösungen der Gleichung: $\qquad\qquad\qquad$ $x_1 = 1$; $x_2 = 2$

Nachweis:

Einsetzen der x-Werte in $f'''(x)$: $\qquad\qquad$ $f'''(1) = -12 \neq 0$; $f'''(2) = 12 \neq 0$

$x_1 = 2$; $x_2 = 2$ sind Wendestellen.

y-Werte der Wendpunkte: $\qquad\qquad$ $f(1) = -1$; $f(2) = 0$

Wendepunkte: $\qquad\qquad\qquad\qquad\qquad$ $W_1(1\,|-1)$; $W_2(2\,|\,0)$

Gleichung der Wendetangente in $W_1(1\,|-1)$:

$m = f'(1) = 2$

In $x = 1$ hat K eine schiefe Wendetangente.

Gleichung: $y = 2x - 3$

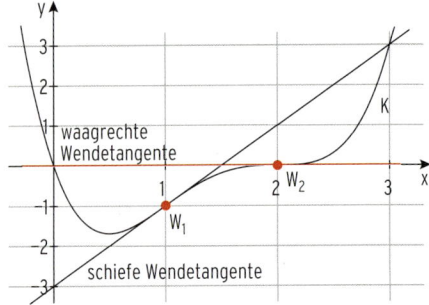

Gleichung der Wendetangente in $W_2(2\,|\,0)$:

$m = f'(2) = 0$ waagrechte Tangente

Gleichung: $y = 0$

Hinweis: $f'(2) = 0$ $\qquad$ waagrechte Tangente ⎫

$\qquad\qquad$ $\left.\begin{array}{l} f''(2) = 0 \\ f'''(2) \neq 0 \end{array}\right\}$ Wendepunkt $\left.\phantom{\begin{array}{l}a\\b\\c\end{array}}\right\}$ Sattelpunkt

$\qquad\qquad$ Mit $f(2) = 0$:

$\qquad\qquad$ $W_2(2\,|\,0)$ ist ein Sattelpunkt.

$\qquad\qquad$ Nur wenn ein Sattelpunkt

$\qquad\qquad$ $W(x_W\,|\,f(x_W))$ auf der x-Achse

$\qquad\qquad$ liegt, ist $x = x_W$ eine **dreifache**

$\qquad\qquad$ **Nullstelle von f.**

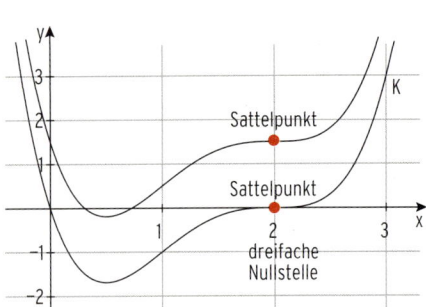

Beachten Sie:

Ein Wendepunkt mit waagrechter Tangente heißt Sattelpunkt.

Beispiel

➲ K ist das Schaubild der Funktion f mit $f(x) = \frac{1}{6}x^3 - x^2 + x + 3;\ x \in \mathbb{R}$.
Untersuchen Sie das Krümmungsverhalten von K.

Lösung

Um das Krümmungsverhalten von K zu untersuchen, bestimmt man den Wendepunkt.
Ableitungen: $f'(x) = \frac{1}{2}x^2 - 2x + 1;\ f''(x) = x - 2;\ f'''(x) = 1 \neq 0$

Notw. Bedingung für eine Wendestelle: f''(x) = 0 $x - 2 = 0$
Einzige (einfache) Lösung: $x = 2$

Nachweis: $f'''(2) \neq 0$
x = 2 ist Wendestelle, die Krümmung wechselt.

Mit $f''(0) = -2 < 0$ gilt:
Für $x < 2$ ist K eine Rechtskurve,
für $x > 2$ ist K eine Linkskurve.

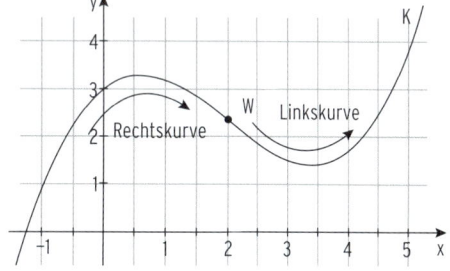

Hinweis: In einer Wendestelle findet ein
Übergang von Rechts- in Linkskrümmung
oder umgekehrt statt.

Beispiel

➲ K ist das Schaubild der Funktion f mit $f(x) = e^{2x} - x + 2;\ x \in \mathbb{R}$.
Anton behauptet: K ist eine Linkskurve. Nehmen Sie Stellung.

Lösung

Um das Krümmungsverhalten von K zu bestimmen, untersucht man K auf Wendepunkte.

Ableitungen: $f'(x) = 2e^{2x} - 1;\ f''(x) = 4e^{2x};\ f'''(x) = 8e^{2x}$

Notw. Bed. für eine Wendestelle: f''(x) = 0 $4e^{2x} = 0$
Wegen $e^{2x} > 0$ hat die Gleichung keine Lösung.
Es gibt **keine** Wendestellen.

Da $f''(x) = 4e^{2x} > 0$,
ist K eine **Linkskurve.**

Anton hat Recht.

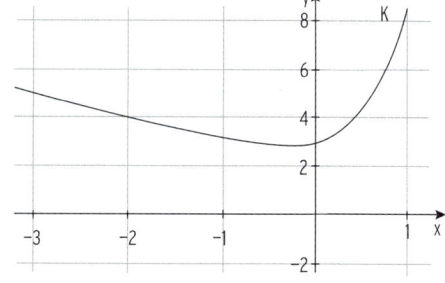

Beispiel

↪ Die Kosten eines Betriebes in GE für x ME lassen sich durch eine Funktion K mit
   $K(x) = x^3 - 6x^2 + 14x + 18;\ 0 \le x \le 6$ berechnen.
   Für welche Ausbringungsmenge x wird der Kostenzuwachs am geringsten?

Lösung

Der **Kostenzuwachs** entspricht der momentanen Änderungsrate (Steigung) von K und lässt sich mithilfe der ersten Ableitung bestimmen.

Kostenzuwachs (Differenzialkosten)

$K'(x) = 3x^2 - 12x + 14$

Bestimmung der Wendestelle

Der Kostenzuwachs ist am geringsten, wenn die Differenzialkostenkurve (Parabel) ihren tiefsten Punkt im Scheitel erreicht

oder

wenn der **Graph von K′** einen Tiefpunkt hat.

Notwendige Bedingung:

K″(x) = 0

$6x - 12 = 0$

$x = 2$

Mit $K'''(x) = 6 > 0$ wird K′ **minimal in x = 2.**

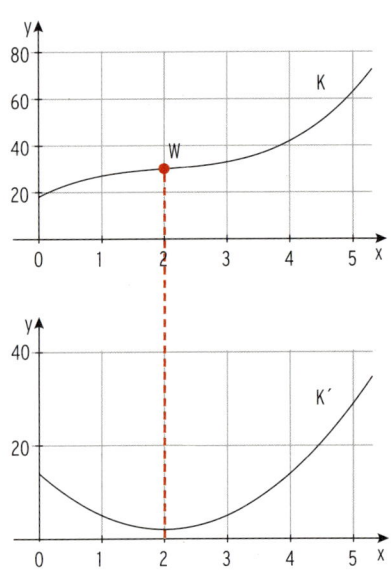

Der Punkt mit der geringsten Steigung ist der **Wendepunkt des Graphen von K.**

Bis zum Wendepunkt W (bis x = 2) nimmt die Steigung ab, um nach W (für x > 2) wieder zu wachsen.

Beispiel

↪ Die Schwingung eines Federpendels lässt sich beschreiben durch das Elongations-Zeit-Gesetz: $s(t) = s_0 \sin(\omega t)$.
   Bestimmen Sie einen Term zur Berechnung der maximalen Geschwindigkeit.

Lösung

$v(t) = s'(t) = s_0 \omega \cos(\omega t)$

v wird maximal für $\cos(\omega t) = 1$, dann ist $v_{max} = s_0 \omega$.

oder v ist maximal (notwendige Bedingung),

wenn $v'(t) = s''(t) = 0$,

d. h. im Wendepunkt des Schaubildes von s.

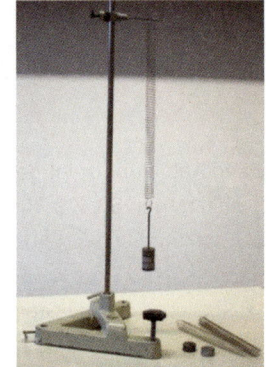

Aufgaben

1 Berechnen Sie die Koordinaten der Wendepunkte des Schaubildes von f.

a) $f(x) = \frac{2}{3}x^3 - 2x + 3$ 　　b) $f(x) = \frac{1}{4}x^4 - \frac{1}{2}x^3 - 2$ 　　c) $f(x) = -\frac{1}{8}x^3 + \frac{1}{4}x^2 + \frac{5}{2}x + 3$

d) $f(x) = 4x^2 - \frac{2}{3}x^4$ 　　e) $f(x) = 0{,}5\sin(x) + 2$ 　　f) $f(x) = x + \cos(x); \ x \in [-1; 7]$

2 Untersuchen Sie das Krümmungsverhalten von K_f.

a) $f(x) = 2 - x - x^2$ 　　b) $f(x) = x^3 + 2x$ 　　c) $f(x) = \sin(2x) + 1; \ x \in [0; 3]$

3 Maria behauptet: K von f mit $f(x) = e^{-3x} + x + 2; \ x \in \mathbb{R}$, ist eine Linkskurve.
Überprüfen Sie.

4 Bestimmen Sie die Gleichung der Tangente im Wendepunkt (Wendetangente).

a) $f(x) = \frac{3}{8}x^3 - \frac{3}{2}x$ 　　b) $f(x) = x^3 - 3x^2 - x + 5$ 　　c) $f(x) = 2\cos(2x); \ 0 < x < 3$

5 Gegeben ist die Funktion f mit $f(x) = 0{,}5x^4 - 3x^2 + 3; \ x \in \mathbb{R}$ mit dem Schaubild K.
Begründen Sie, dass sich die Wendetangenten auf der y-Achse schneiden.
Ermitteln Sie die Koordinaten des Schnittpunktes S.
Überprüfen Sie, ob die Wendetangenten von K senkrecht aufeinander stehen.

6 Zeigen Sie: Jede Polynomfunktion 3. Grades hat genau eine Wendestelle.

7 K ist der Graph der Funktion f mit $f(x) = -\frac{1}{3}x^3 + x^2 + x - 5; \ x \in \mathbb{R}$.
Untersuchen Sie, ob die Gerade mit $y = 2x - \frac{16}{3}$ Wendetangente an K ist.

8 Der Graph der Funktion f mit $f(x) = \frac{1}{5}(x - 3)(x^2 + 3); \ x \in \mathbb{R}$, sei K.
Überprüfen Sie, ob K im Wendepunkt eine waagrechte Tangente hat.

9 Die Abbildung zeigt das Schaubild K einer Funktion f
und die Schaubilder von f′ und f″.
Ordnen Sie zu. Begründen Sie Ihre Entscheidung.
Bestimmen Sie nach Augenmaß den Wendepunkt
von K.

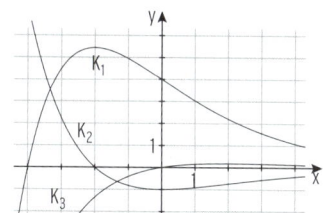

10 Die Abbildung zeigt das Schaubild K einer Funktion f.
Übertragen Sie K in Ihr Heft.
Zeichnen Sie nach Augenmaß alle Wendepunkte ein
und lesen Sie die Koordinaten ab.
Skizzieren Sie die Graphen von f′ und f″ in Ihr Achsenkreuz ein. Welche Bedeutung hat die Wendestelle
von f für den Verlauf des Graphen von f′?

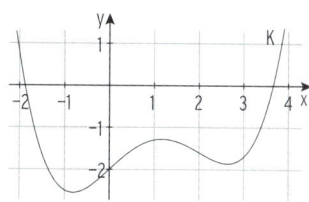

11 Gegeben ist die Funktion f mit $f(x) = 4\cos\left(\frac{1}{4}\pi x\right); \ x \in [0; 10]$.
Zeigen Sie: Die Nullstellen von f sind die Wendestellen von f.

12 Gegeben ist eine Funktion f durch $f(x) = -\frac{1}{4}x^4 + x^3 - \frac{27}{4}$; $x \in \mathbb{R}$.
Bestimmen Sie die Gleichung der nicht waagrechten Wendetangente an K.

13 Zeigen Sie, für f mit $f(x) = x^4 + 2x^2 + 1$; $x \in \mathbb{R}$ gilt $f''(x) > 0$.
Weche Bedeutung hat dies für das Schaubild von f?

14 Die Abbildung zeigt das Schaubild der 1. Ableitungsfunktion
einer Funktion f.
Begründen Sie mithilfe der Zeichnung, dass das
Schaubild von f einen Hoch-, einen Tief- und einen
Wendepunkt mit positiver Steigung besitzt.

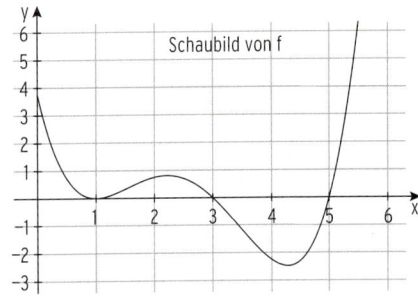

15 Wie verläuft ein mögliches Schaubild von f in einer Umgebung von $x_0 = 1$, wenn f folgende Bedingungen erfüllt?
a) $f(1) = 2$, $f'(1) = -1$ und $f''(1) > 0$ b) $f'(1) = 0$ und $f''(1) < 0$

16 Gegeben ist die Funktion f mit $f(x) = 4\sin(2x) + 1$; $-1 \le x \le 2{,}5$ mit Schaubild K.
a) Zeigen Sie: Eine Wendetangente an K verläuft durch den Punkt $P\left(\frac{\pi}{2} + \frac{1}{8} \middle| 0\right)$.
b) Die Tangenten in den Wendepunkten von K bilden mit der Verbindungsgeraden der Wendepunkte ein Dreieck. Wie groß ist der Inhalt dieses Dreiecks?

17 K ist das Schaubild von f mit $f(x) = 0{,}5\,e \cdot e^x$; $x \in \mathbb{R}$.
Zeigen Sie: K verläuft oberhalb der Geraden g mit der Gleichung $y = \frac{e}{2}(x + 1)$.

18 Das Schaubild K hat den Extrempunkt $E(-1|5)$ und den Wendepunkt $W(2|3)$.
Skizzieren Sie einen möglichen Verlauf von K.

19 Für eine Polynomfunktion f 4. Grades gelten folgende Bedingungen:
$f'(x) = 0$ für $x_1 = 0$ und $x_2 = 3$ $f''(3) = 0$ $f''(2{,}9) < 0$
$f''(3{,}1) > 0$ $f'(-1) < 0$ $f'(1) > 0$
Welche Aussagen lassen sich daraus für die Extrem- und die Wendestellen von f treffen? Skizzieren Sie das Schaubild von f, wenn $f(3) = 0$ ist.

20 Die Abbildung zeigt das Schaubild der
Funktion f im Intervall $[0; 5{,}5]$. Begründen
Sie für jede der folgenden Aussagen, ob sie
wahr oder falsch ist.
(1) $f'(3) = 0$
(2) $f'(0{,}5) < 0$
(3) $f''(4) > 0$
(4) Das Schaubild von f hat zwei Wendepunkte.
(5) Das Schaubild von f' ist monoton fallend für $0 \le x \le 1$.

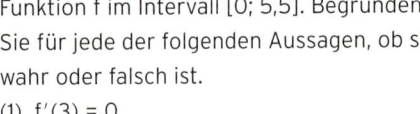

21 K ist der Graph der Funktion f mit $f(x) = -\frac{3}{2}(x^3 - 3x^2)$; $x \in \mathbb{R}$.

Der Wendepunkt von K liegt auf der Geraden mit der Gleichung $y = 3$. Überprüfen Sie.

22 Gegeben ist die Gesamtkostenfunktion K durch $K(x) = \frac{1}{5}x^3 - 8x^2 + 110x + 180$.

Bestimmen Sie den Wendepunkt des Graphen von K und die Steigung der Wendetangente. Interpretieren Sie Ihre Ergebnisse.

23 Das Profil eines Berghangs wird beschrieben durch die Funktion f mit

$f(x) = \frac{1}{120}x^4 - \frac{1}{10}x^3 + \frac{3}{10}x^2$; $0 \le x \le 6$, 1 LE $\stackrel{\wedge}{=}$ 1 km.

Vom höchsten Punkt (Gipfel) aus startet ein Mountainbiker seine Fahrt bergab. An welcher Stelle ist das Gefälle maximal? Berechnen Sie diese Stelle und das maximale Gefälle in %.

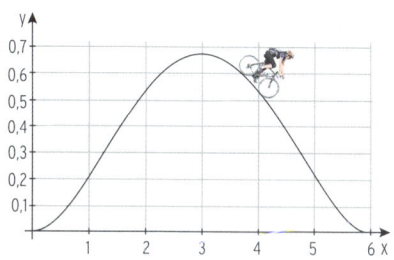

24 Die Schwingung eines Federpendels lässt sich beschreiben durch das Weg-Zeit-Gesetz: $s(t) = 30\sin\left(\frac{\pi}{2}t\right)$; t in s, s(t) in cm.

Berechnen Sie die maximale Geschwindigkeit des Pendelkörpers. Wann ist die momentane Änderungsrate der Geschwindigkeit maximal?

Interpretieren Sie Ihr Ergebnis.

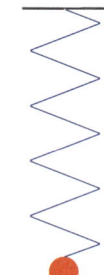

25 Die Gesamtkosten K werden beschrieben durch

$K(x) = \frac{1}{12}x^3 - \frac{3}{8}x^2 + \frac{3}{2}x + 10$; $x \ge 0$.

Zeigen Sie: K ist für $x \ge 0$ monoton wachsend.

Bestimmen Sie die Produktionsmenge, bei der die Änderungsrate der Gesamtkosten am geringsten ist und bestimmen Sie diese Kostenänderung.

26 Ein Zug bewegt sich nach folgendem Weg-Zeit-Gesetz:

$s(t) = 6t^4 - 48t^3 + 96t^2$; $t \in [0; 2,5]$

(t in h, s in km)

Die Abbildung zeigt das Schaubild von s.

a) Interpretieren Sie dieses Diagramm.

b) Bescheiben Sie den Verlauf der Geschwindigkeit in Abhängigkeit von der Zeit.

c) Berechnen Sie die maximale Geschwindigkeit des Zuges.

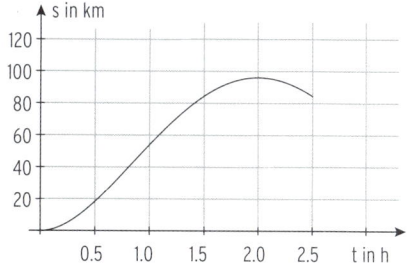

2.4 Aufgabenbeispiele zur Kurvenuntersuchung

Um den Kurvenverlauf beschreiben zu können, ist es zweckmäßig, **markante Kurvenpunkte** zu kennen.

Solche Kurvenpunkte sind **gemeinsame Punkte mit den Achsen, Extrempunkte und Wendepunkte.** Die Kenntnis des Symmetrieverhaltens erleichtert eine Kurvenuntersuchung.

Beispiel

⮞ K ist das Schaubild der Funktion f mit $f(x) = \frac{1}{4}x^4 - \frac{3}{2}x^2 - \frac{7}{4}$; $x \in \mathbb{R}$.

Zeigen Sie, eine Wendetangente schneidet die x-Achse in $x_1 = -\frac{1}{2}$.

Skizzieren Sie K in einem geeigneten Bereich.

Lösung

Ableitungen: $f'(x) = x^3 - 3x$; $f''(x) = 3x^2 - 3$; $f'''(x) = 6x$

Wendepunkte

Notw. Bedingung für Wendestellen: f''(x) = 0 $3x^2 - 3 = 0$

$x_{1|2} = \pm 1$

Nachweis durch Einsetzen der x-Werte in f'''(x):

$f'''(1) = 6 \neq 0$ K hat einen Wendepunkt an der Stelle $x_1 = 1$.

K ist symmetrisch zur y-Achse, K hat einen weiteren Wendepunkt an der Stelle $x_2 = -1$.

Mit $f(\pm 1) = -3$ erhält man die Wendepunkte: $W_{1|2}(\pm 1 | -3)$

Wendetangente in x = 1

Steigung in $W_1(1|-3)$: $f'(1) = -2$

Hauptform: $y = mx + b$

Einsetzen von $m = f'(1)$: $y = -2x + b$

Punktprobe mit $W_1(1|-3)$: $-3 = -2 \cdot 1 + b$

$b = -1$

Gleichung der Wendetangente in W_1: $y = -2x - 1$

Punktprobe mit $N\left(-\frac{1}{2} \middle| 0\right)$: $0 = -2 \cdot \left(-\frac{1}{2}\right) - 1$ wahre Aussage

Hinweis:

K ist **achsensymmetrisch** zur y-Achse, da

$f(-x) = \frac{1}{4}(-x)^4 - \frac{3}{2}(-x)^2 - \frac{7}{4}$

$= \frac{1}{4}x^4 - \frac{3}{2}x^2 - \frac{7}{4} = f(x)$

Im Funktionsterm $f(x)$ kommen nur gerade Exponenten von x vor.

Die Gleichung der Wendetangente in W_2 lautet: $y = 2x - 1$ (wegen Symmetrie zur y-Achse).

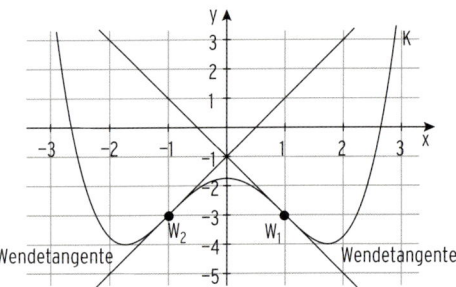

Beispiel

⮑ Gegeben ist die Funktion f mit $f(x) = x - 2\sin(x)$; $x \in [-2; 6]$, mit Schaubild K.
Die Hochpunkte von K liegen auf der Geraden g mit $y = x + \sqrt{3}$.
Überprüfen Sie diese Behauptung an einem Hochpunkt.

Lösung

Ableitungen: $f'(x) = 1 - 2\cos(x)$; $f''(x) = 2\sin(x)$; $f'''(x) = 2\cos(x)$

Extrempunkte

Notw. Bed. für Extremstellen: f'(x) = 0 $1 - 2\cos(x) = 0$

$\cos(x) = 0{,}5$

Stellen mit waagrechter Tangente auf D: $x_{1|2} = \pm\frac{\pi}{3}$; $x_3 = \frac{5\pi}{3}$

Nachweis durch Einsetzen in $f''(x)$:

$f''\left(\frac{\pi}{3}\right) = \sqrt{3} > 0$ bedeutet: in $x = \frac{\pi}{3}$ hat K einen Tiefpunkt $T\left(\frac{\pi}{3} \mid \frac{\pi}{3} - \sqrt{3}\right)$.

$f''\left(-\frac{\pi}{3}\right) = -\sqrt{3} < 0$ bedeutet: in $x = -\frac{\pi}{3}$ hat K einen **Hochpunkt** $H_1\left(-\frac{\pi}{3} \mid -\frac{\pi}{3} + \sqrt{3}\right)$.

Hinweis: Weiterer **Hochpunkt** $H_2\left(\frac{5\pi}{3} \mid \frac{5\pi}{3} + \sqrt{3}\right)$

Gleichung von g: $y = x + \sqrt{3}$

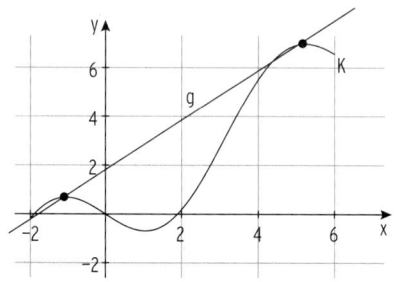

Punktprobe mit $H_1\left(-\frac{\pi}{3} \mid -\frac{\pi}{3} + \sqrt{3}\right)$:

$-\frac{\pi}{3} + \sqrt{3} = -\frac{\pi}{3} + \sqrt{3}$ wahre Aussage

Der Hochpunkt liegt auf der Geraden.

Beispiel

⮑ K ist das Schaubild der Funktion f mit $f(x) = 2 - e^{-2x}$; $x \in \mathbb{R}$.
Berührt K die Gerade g mit der Gleichung $y = 2x + 1$? Begründen Sie Ihre Antwort.

Lösung

Ableitung: $f'(x) = 2e^{-2x}$

Steigung $m = 2$

Berühren: $f'(x) = 2$ $2e^{-2x} = 2$

$e^{-2x} = 1$

$x = 0$

Punkt auf der Geraden: $B(0|1)$

Liegt B auch auf K?

Ansatz: $y = f(0) = 1$ $2 - e^0 = 1$ wahr

K berührt die Gerade g in B.

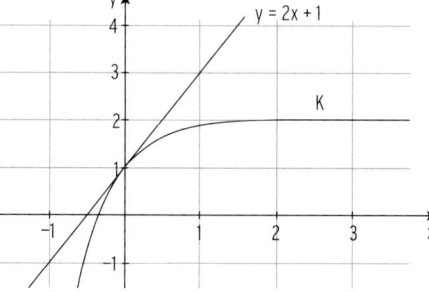

Beispiel

➲ Gegeben ist die folgende Abbildung mit dem Schaubild einer Funktion f.

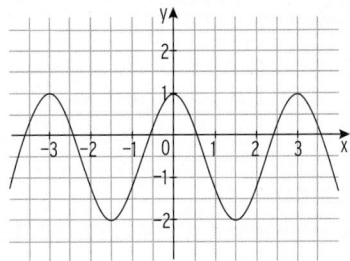

Untersuchen Sie, ob die folgenden Aussagen wahr oder falsch sind.

a) Der Wert der ersten Ableitung an der Stelle x = 0 ist negativ.

b) Der Funktionswert an der Stelle x = −2 ist positiv.

c) Der Wert der ersten Ableitung an der Stelle x = −3 ist null.

d) Der Wert der zweiten Ableitung an der Stelle x = 3 ist positiv.

e) $f'(1) < f'(2)$

Lösung

Die Aussage **a)** ist falsch,
da an der Stelle x = 0 ein Hochpunkt und damit $f'(0) = 0$ ist.

Die Aussage **b)** ist falsch,
da gilt, $f(−2) = −1 < 0$, das Schaubild verläuft bei x = −2 unterhalb der x-Achse.

Die Aussage **c)** ist wahr, da bei x = −3 ein Hochpunkt vorliegt $(f'(−3) = 0)$.

Die Aussage **d)** ist falsch,
da das Schaubild bei x = 3 rechtsgekrümmt ist und damit gilt: $f''(3) < 0$.

Die Aussage **e)** ist wahr, da $f'(1) < 0$ und $f'(2) > 0$.

Beispiel

➲ Gegeben ist die Funktion f mit $f(x) = x + 0{,}5\,e^{−x}$; $x \in \mathbb{R}$. K ist das Schaubild von f.

a) Untersuchen Sie das Krümmungsverhalten von K.

b) Zeichnen Sie K und ihre Asymptote in ein Koordinatensystem ein.

Lösung

a) **Ableitungen:**

$f'(x) = 1 − 0{,}5\,e^{−x}$; $f''(x) = 0{,}5\,e^{−x}$

$f''(x) = 0{,}5\,e^{−x} > 0$ für alle $x \in \mathbb{R}$.

K ist eine Linkskurve.

b) **Asymptote** von K

$e^{−x} \to 0$ für $x \to \infty$:

$f(x) = x + 0{,}5\,e^{−x} \approx x$ für $x \to \infty$

Gleichung der schiefen Asymptote: y = x

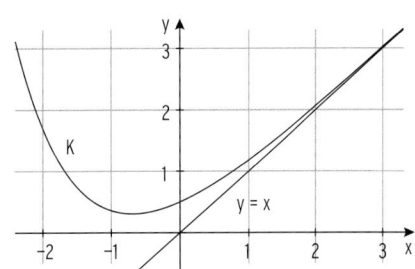

Was man wissen sollte – über eine Kurvenuntersuchung

Symmetrie

Das Schaubild K der Funktion f ist symmetrisch

    I. zur y-Achse, wenn $f(x) = f(-x)$ ist.

    II. zum Ursprung, wenn $f(x) = -f(-x)$ ist.

Gemeinsame Punkte des Schaubildes von f mit den Koordinatenachsen

a) Mit der x-Achse: $f(x) = 0$ liefert die Schnittstellen bzw. die Berührstellen.

    Hinweis: x_0 ist **doppelte** Nullstelle von f $\Rightarrow$ x_0 ist Extremstelle von f.

                  K von f berührt die x-Achse in x_0, der Extrempunkt liegt auf der x-Achse.

                  x_0 ist **dreifache** Nullstelle von f $\Rightarrow$ x_0 ist Wendestelle von f.

                  K von f hat einen Sattelpunkt auf der x-Achse.

b) Mit der y-Achse: $x = 0$ in $f(x)$ einsetzen liefert den y-Wert des Schnittpunkts.

Extrempunkte

Notwendige Bedingung für Extremstellen: $f'(x) = 0$

Nachweis: 1. Möglichkeit durch Vorzeichen-Untersuchung von $f'(x)$.

                  VZW von + nach − in x_0: K hat den Hochpunkt $H(x_0 | f(x_0))$.

                  VZW von − nach + in x_0: K hat den Tiefpunkt $T(x_0 | f(x_0))$.

                2. Möglichkeit durch Einsetzen von x_0 in $f''(x)$.

                  $f''(x_0) < 0$: f besitzt in x_0 ein relatives Maximum; $H(x_0 | f(x_0))$

                  $f''(x_0) > 0$: f besitzt in x_0 ein relatives Minimum; $T(x_0 | f(x_0))$

Wendepunkte

Notwendige Bedingung für Wendestellen: $f''(x) = 0$

Nachweis: 1. Möglichkeit durch Vorzeichenuntersuchung von $f''(x)$.

                  Wechselt $f''(x)$ das Vorzeichen an der Stelle x_1, so hat K von f den

                  Wendepunkt $W(x_1 | f(x_1))$.

                2. Möglichkeit durch Einsetzen von x_1 in $f'''(x)$.

                  Ist $f'''(x_1) \neq 0$, so hat K von f den Wendepunkt $W(x_1 | f(x_1))$.

Hinweis: Bedeutung der folgenden Bedingungen für das Schaubild von f.

- **$f(x) = 0$**   liefert die Schnittstellen bzw. die Berührstellen mit der x-Achse **(Nullstellen von f).**
- **$f'(x) = 0$** liefert die **Stellen mit waagrechter Tangente.**
- **$f''(x) = 0$** liefert die möglichen **Wendestellen.**
- **$f(x) > 0$:** Das Schaubild von f verläuft oberhalb der x-Achse.
- **$f'(x) > 0$:** Das Schaubild von f ist (streng) monoton wachsend.
- **$f''(x) > 0$:** Das Schaubild von f ist eine Linkskurve.

Aufgaben

1 Gegeben ist die Funktion f mit $f(x) = \frac{1}{16}x^2(x^2 - 24)$; $x \in \mathbb{R}$, mit Schaubild K.

K hat zwei Wendetangenten. Begründen Sie, dass sich die Wendetangenten auf der y-Achse schneiden. Bestimmen Sie die Koordinaten dieses Schnittpunktes.

Stehen die Wendetangenten senkrecht aufeinander?

Auf welcher Geraden liegen die zwei Wendepunkte?

2 Gegeben ist die Funktion f mit $f(x) = \frac{1}{4}e^{2x} - x + 2$; $x \in \mathbb{R}$, mit Schaubild K.

a) In welchem Quadranten liegt der Extrempunkt von K?

b) Untersuchen Sie das Krümmungsverhalten von K.

c) Zeichnen Sie einen geeigneten Ausschnitt von K und die Asymptote von K.

d) G ist eine Gerade mit $h(x) = -x + 2$. Begründen Sie, dass K stets oberhalb von G verläuft. Ermitteln Sie die Stelle, an der die Funktionswerte von f und h um 0,01 voneinander abweichen.

3 K ist das Schaubild der Funktion f mit

$f(x) = -8x^3 + 12x^2 + 2x - 3$; $x \in \mathbb{R}$.

Zeigen Sie: Die Wendetangente an K bildet mit den Koordinatenachsen ein Dreieck mit dem Inhalt $A = 1$.

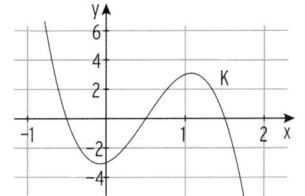

4 K ist das Schaubild der Funktion f mit $f(x) = \frac{1}{3}x^3 - x + 1$; $x \in \mathbb{R}$.

a) Der Hochpunkt von K liegt in $H\left(-1 \mid \frac{5}{3}\right)$.

Geben Sie Tief- und Wendepunkt von K ohne weitere Rechnung an. Begründen Sie.

b) n ist die Normale von K im Wendepunkt.

Berechnen Sie die Koordinaten der Schnittpunkte von n und K.

5 Das Schaubild einer Polynomfunktion 4. Grades ist nach oben geöffnet und hat mit der x-Achse nur den Punkt $P(3 \mid 0)$ gemeinsam.

Füllen Sie die Tabelle aus.

x	f(x)	f'(x)	f''(x)
3			

6 Machen Sie Aussagen über das Schaubild der Funktion f, wenn gilt: $f'(x) = x^2(x - 3)$.

7 Gegeben ist die folgende Abbildung mit dem Schaubild einer Funktion f. Untersuchen Sie, ob die folgenden Aussagen wahr oder falsch sind.

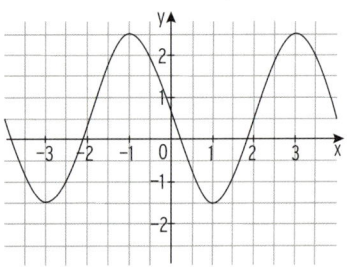

a) Der Wert der ersten Ableitung von f an der Stelle $x = 0$ ist negativ.

b) Der Funktionswert von f an der Stelle $x = -2$ ist positiv.

c) Der Wert der ersten Ableitung von f an der Stelle $x = -3$ ist null.

d) Der Wert der zweiten Ableitung von f an der Stelle $x = 3$ ist positiv.

8 Von einer Polynomfunktion g mit dem Schaubild K_g sind die folgenden Werte bekannt (siehe Tabelle): Entscheiden Sie für jede der folgenden Aussagen, ob sie wahr oder falsch ist und begründen Sie Ihre Antwort mit den Angaben aus der Tabelle.

x	-2	-1	0	1
g(x)	-1	0	2	
g'(x)		2	0	-2
g''(x)		0	-3	0

a) Das Schaubild von g geht durch den Punkt $P(-2\,|\,1)$.

b) g hat in $x = -1$ eine doppelte Nullstelle.

c) K_g hat eine Normale mit der Steigung 0,5.

d) K_g hat im Schnittpunkt mit der y-Achse einen Hochpunkt.

9 K ist das Schaubild der Funktion f mit $f(x) = -2\,e^{0,5x} + x + 2; \ x \in \mathbb{R}$.

a) Zeigen Sie: Der Extrempunkt liegt auf der x-Achse.
Begründen Sie, warum K keinen Wendepunkt besitzt.

b) Zeigen Sie: Es gibt keine Tangente an K, die parallel zur 1. Winkelhalbierenden verläuft.

c) Untersuchen Sie die gegenseitige Lage von K und der Geraden g mit $y = (1 - e)x + 2$.
Begründen Sie Ihr Ergebnis rechnerisch.

10 Gegeben ist die Funktion f mit $f(x) = \frac{\pi}{2} - \sin(x); \ x \in [-4;\, 4]$ mit Schaubild K.

a) Zeigen Sie: Das Schaubild K von f hat keine gemeinsamen Punkte mit der x-Achse.

b) Die Differenz der y-Werte von Hoch- und Tiefpunkt beträgt 2.
Überprüfen Sie diese Behauptung rechnerisch.

11 Die Funktion f ist gegeben durch $f(x) = e^{-x} + e \cdot x; \ x \in \mathbb{R}$. Das Schaubild von f ist K.
Zeigen Sie, dass das Schaubild von K die x-Achse berührt. Geben Sie den Berührpunkt an.

12 Eine Polynomfunktion h hat folgende Eigenschaften:

(1) $h(0) = 2$ (2) $h'(x) = 0$ für $x = -4$ und für $x = 2$

(3) $h'(x) \geq 0$ für $x \leq 2$ (4) $h''(x) > 0$ für $-4 < x < 0$

Welche Bedeutung hat jede einzelne Eigenschaft für das Schaubild von h?
Skizzieren Sie ein mögliches Schaubild von h.

13 Die Abbildung zeigt einen Ausschnitt aus dem Graphen einer trigonometrischen Funktion f. Bestimmen Sie mit Hilfe der Abbildung die Periode von f und damit die exakten Koordinaten der Extrempunkte.
Geben Sie einen möglichen Funktionsterm an?

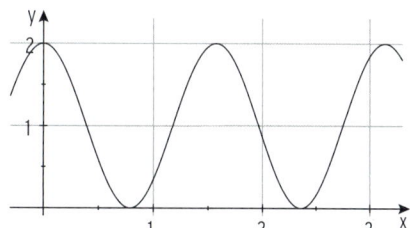

14 Komfortable Fahrradbeleuchtungen enthalten einen Kondensator. Die Entladung dieses Kondensators kann beschrieben werden durch die Funktion I mit $I(t) = 5 \cdot e^{-0,08t}; \ t \geq 0$.
Dabei bedeutet $I(t)$ die Stromstärke in Milliampere zur Zeit t in Minuten.
Ein Ingenieur behauptet, dass sich die Stromstärkenabnahme pro Minute in den ersten 5 Minuten halbiert. Überprüfen Sie.

2.5 Aufstellen von Kurvengleichungen aus gegebenen Bedingungen

Beispiel

➲ K ist das Schaubild der Funktion f mit $f(x) = a x (x - 1)(x - 3)$; $x \in \mathbb{R}$, $a \neq 0$.
Im Ursprung hat K die Steigung 6.
Bestimmen Sie a.

Lösung

$f(x) = a x (x - 1)(x - 3) = a(x^3 - 4x^2 + 3x)$

Ableitung von f: $f'(x) = a(3x^2 - 8x + 3)$

K hat in x = 0 die Steigung 6:

$f'(0) = 6$

$a \cdot 3 = 6$

$a = 2$

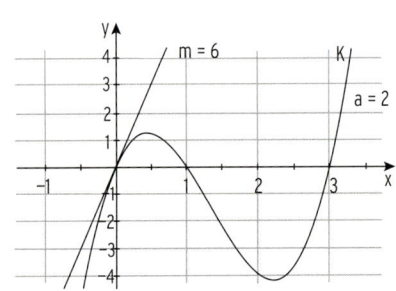

Beispiel

➲ Gegeben ist die Funktion f mit $f(x) = a x^3 + b x^2$; $x \in \mathbb{R}$.
Das Schaubild von f hat den Wendepunkt $W(1 | 8)$.
Bestimmen Sie den Funktionsterm $f(x)$.

Lösung

Ableitungen von f: $f'(x) = 3a x^2 + 2b x$; $f''(x) = 6a x^2 + 2b$

Eigenschaft	Bedingung	Gleichung
W ist ein Kurvenpunkt	$f(1) = 8$	$a + b = 8$
W ist ein Wendepunkt	$f''(1) = 0$	$6a + 2b = 0$

Die zwei Bedingungen führen auf ein lineares
Gleichungssystem (LGS) für a und b.

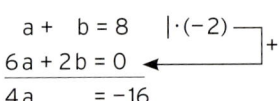

Das Additionsverfahren ergibt:

$4a \qquad = -16$

Ergebnis für a:

$a = -4$

Einsetzen von $a = -4$ in die Gleichung
$a + b = 8$ führt auf $b = 12$.

Ergebnis: $f(x) = -4x^3 + 12x^2$

Beispiel

⤷ Das Schaubild K einer Polynomfunktion 4. Grades ist symmetrisch zur y-Achse und hat in $x = 2$ eine waagrechte Tangente.
Die Gerade g mit $y = 6x + 7,5$ berührt K in $x = -1$.
Bestimmen Sie den Funktionsterm.

Lösung

Ansatz: Das Schaubild ist

symmetrisch zur y-Achse: $f(x) = ax^4 + cx^2 + e$

Die 3 Unbekannten a, c und e sind zu bestimmen.

Ableitung: $f'(x) = 4ax^3 + 2cx$

Der Berührpunkt $B(-1|\ \ )$ liegt auf g: $y = 6 \cdot (-1) + 7,5 = 1,5$

Berührpunkt: $B(-1|1,5)$

Die Tangente bzw. die Kurve hat in $x = -1$ die Steigung 6.

Eigenschaft	Bedingung	Gleichung	Vereinfachung
waagrechte Tangente in $x = 2$	$f'(2) = 0$	$32a + 4c = 0 \quad |:4$	$8a + c = 0$
Steigung in $x = -1$ ist 6	$f'(-1) = 6$	$-4a - 2c = 6 \quad |:2$	$-2a - c = 3$
Berührpunkt $B(-1|1,5)$	$f(-1) = 1,5$	$a + c + e = 1,5$	$a + c + e = 1,5$

Die 3 Bedingungen führen auf ein lineares Gleichungssystem (LGS) für a, c und e.

$$\begin{pmatrix} 8 & 1 & 0 & | & 0 \\ -2 & -1 & 0 & | & 3 \\ 1 & 1 & 1 & | & 1,5 \end{pmatrix} \sim \begin{pmatrix} 8 & 1 & 0 & | & 0 \\ 0 & -3 & 0 & | & 12 \\ 0 & -7 & -8 & | & -12 \end{pmatrix}$$

Lösung: $a = \dfrac{1}{2}, \ c = -4, \ e = 5$

Funktionsterm: $f(x) = \dfrac{1}{2}x^4 - 4x^2 + 5$

Schaubild:

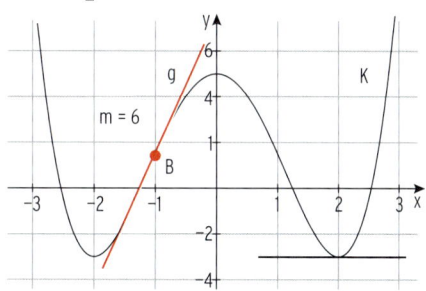

Hinweis: Das lineare Gleichungssystem (LGS) für a, c und e ist **eindeutig lösbar,** d.h., es gibt **nur eine** Polynomfunktion 4. Grades, die alle Bedingungen erfüllt.

Allgemeiner Ansatz	Vereinfachter Ansatz bei Symmetrie
$f(x) = ax^3 + bx^2 + cx + d$	$f(x) = ax^3 + cx$ \quad (zum Ursprung)
$f(x) = ax^4 + bx^3 + cx^2 + dx + e$	$f(x) = ax^4 + cx^2 + e$ \quad (zur y-Achse)

Beispiel

◗ K ist das Schaubild der Funktion f mit
  $f(x) = a e^x + b; \ x \in \mathbb{R}, \ a, b \in \mathbb{R}.$
  Bestimmen Sie a und b.

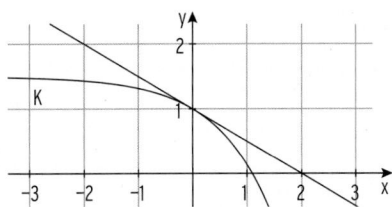

Lösung

Man kann ablesen: Die Tangente an K im Punkt $S_y(0\,|\,1)$ hat die Gleichung $y = -0,5x + 1$.

Ableitung von f: $f'(x) = a e^x$

Steigung der Kurve an der Stelle $x = 0$ ist gleich der **Tangentensteigung** $f'(0) = -0,5$,
damit ist $a = -0,5$.

Die Tangente berührt K im Schnittpunkt von K mit der y-Achse.

S_y liegt auf K, Punktprobe ergibt: $1 = a + b$

Einsetzen von $a = -0,5$ in $1 = a + b$ liefert b: $b = 1,5$

Ergebnis: $a = -0,5; \ b = 1,5$

Funktionsterm: $f(x) = -0,5 e^x + 1,5$

Beispiel

◗ K ist das Schaubild der Funktion f mit $f(x) = a \sin(bx); \ x \in \mathbb{R}, \ a, b \in \mathbb{R}^*$.
  Die Funktion f hat die Periode 2. K hat im Ursprung die Steigung 5.
  Bestimmen Sie den Funktionsterm.

Lösung

Periode $p = 2$: $b = \dfrac{2\pi}{2} = \pi$

Funktionsterm: $f(x) = a \sin(\pi x)$

Ableitung: $f'(x) = \pi \cdot a \cos(\pi x)$

Steigung im Ursprung ist 5: $f'(0) = 5$

$\qquad\qquad\qquad\qquad\qquad\quad \pi \cdot a = 5$

$\qquad\qquad\qquad\qquad\qquad\quad a = \dfrac{5}{\pi}$

Funktionsterm:
$f(x) = \dfrac{5}{\pi} \sin(\pi x)$

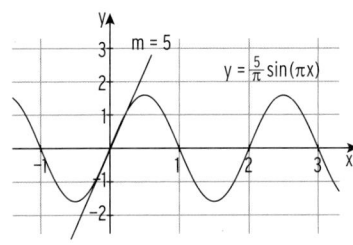

Beispiele mit Anwendungsbezug

Beispiel

➲ Ein Betrieb erzielt für seine Ware einen Verkaufserlös von 18 GE pro ME.
Die Gesamtkosten K sind durch eine Polynomfunktion 3. Grades bestimmt.
Die fixen Kosten betragen 20 GE.
Bei einer Ausbringung von 2 ME besteht Kostendeckung. Bei 4 ME betragen die Stückkosten 13 GE. Die Gewinngrenze liegt bei einer Produktionsmenge von 5 ME.
Geben Sie das LGS zur Bestimmung der Gesamtkostenfunktion an.

Lösung

Erlösfunktion E mit $p = 18$: $\qquad E(x) = 18\,x$

Ansatz für die **Kostenfunktion** K: $\qquad K(x) = a\,x^3 + b\,x^2 + c\,x + d$

Bedingungen und LGS für a, b, c, d:

1. **fixe Kosten** 20 GE: $\qquad d = 20$
2. **Kostendeckung** in $x = 2$ bedeutet:
   $x_{GS} = 2$ ist die Gewinnschwelle: $K(2) = E(2) = 36$ $\qquad 8\,a + 4\,b + 2\,c + d = 36$
3. **Stückkosten** $k(4) = 13 \Rightarrow K(4) = 4 \cdot 13 = 52$ $\qquad 64\,a + 16\,b + 4\,c + d = 52$
4. $x_{GG} = 5$ ist die Gewinngrenze: $E(5) = K(5) = 90$ $\qquad 125\,a + 25\,b + 5\,c + d = 90$

Hinweis: Lösung des LGS ergibt: $\qquad a = 2;\ b = -12;\ c = 24;\ d = 20$

Gesamtkostenfunktion K mit $K(x) = 2\,x^3 - 12\,x^2 + 24\,x + 20$

Beispiel

➲ Zwei Wege A und B sollen ohne Knick
(optimal) verbunden werden.
Bestimmen Sie den Term einer Funktion,
die den Wegverlauf beschreibt.

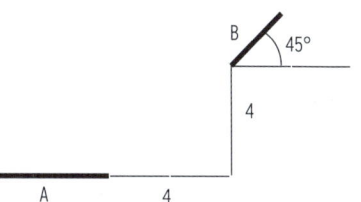

Lösung

Koordinatenursprung: Endpunkt der Strecke A
f ist z. B. eine Polynomfunktion 3. Grades.

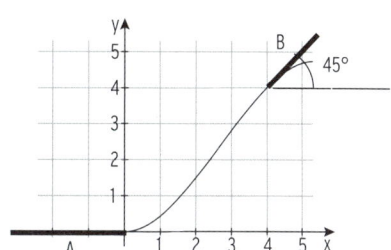

Ansatz: $f(x) = a\,x^3 + b\,x^2 + c\,x + d$

$f'(x) = 3\,a\,x^2 + 2\,b\,x + c$

Steigungswinkel $\alpha = 45°$ entspricht $m = 1$.

Die Bedingungen:

$f(0) = 0;\ f'(0) = 0;\ f(4) = 4;\ f'(4) = 1$

führen auf das LGS: $\qquad 64\,a + 16\,b = 4$

$\qquad\qquad 48\,a + 8\,b = 1 \quad$ und $\ c = 0;\ d = 0$

Lösung des LGS: $a = -\frac{1}{16};\ b = \frac{1}{2}$ und damit ergibt sich $f(x) = -\frac{1}{16}x^3 + \frac{1}{2}x^2$.

9 Bohner, Ott, Deusch - ISBN 978-3-8120-0303-2

Was man wissen sollte – über das Aufstellen von Kurvengleichungen aus gegebenen Bedingungen

Häufig auftretende **Formulierungen** und die entsprechenden **Bedingungen** beim Aufstellen von Kurvengleichungen. K ist das Schaubild von f; G ist das Schaubild von g.

Formulierung in der Aufgabe	Bedingungen
• K verläuft durch P(**u**|v).	f(**u**) = v
• K berührt die x-Achse in x = **u**.	f(**u**) = 0; f'(**u**) = 0
• K hat in x = **u** die **Steigung** 5.	f'(**u**) = 5
• K hat in P(**u**|v) eine Tangente mit Steigung −2.	f(**u**) = v; f'(**u**) = −2
• K hat den **Extrempunkt** T(**u**|v).	f(**u**) = v; f'(**u**) = 0
• K hat den **Wendepunkt** W(**u**|v).	f(**u**) = v; f''(**u**) = 0
• Die Tangente im Wendepunkt W(**u**|v) hat die Steigung 0,5.	f(**u**) = v; f''(**u**) = 0; f'(**u**) = 0,5
• W(**u**|v) ist **Sattelpunkt.** (W ist Wendepunkt mit waagrechter Tangente.)	f(**u**) = v; f''(**u**) = 0; f'(**u**) = 0
• K und G **berühren sich** in x = **u**.	f(**u**) = g(**u**); f'(**u**) = g'(**u**)
• K und G schneiden sich in P(**u**|v) **senkrecht.**	f(**u**) = g(**u**); f'(**u**)·g'(**u**) = −1

Aufgaben

1 Der Graph einer Polynomfunktion 3. Grades hat in W(1\|3) einen Wendepunkt und in T(3\|1) einen Tiefpunkt. Geben Sie die Bedingungen für f(x) an und stellen Sie das zugehörige lineare Gleichungssystem auf.

2 Bestimmen Sie einen geeigneten Funktionsterm.

a) Der Graph einer Polynomfunktion ist zum Ursprung symmetrisch und hat in H(2\|3) einen Hochpunkt.

b) Das Schaubild von f mit $f(x) = x^4 + b x^2 + c$ hat in P(1\|4) die Steigung 2.

c) Die Gerade mit der Gleichung $y = 2x + 3$ ist Tangente an das Schaubild von f mit $f(x) = a e^x + b$ im Schnittpunkt mit der y-Achse.

3 Die Wertetabelle gehört zu einer Polynomfunktion f 4. Grades.

x	−2	−1	0	1	2	3	4
f(x)	2,5	0	−1,5	−8	−13,5	0	62,5
f'(x)	−8	0	−4	−8	0	32	100
f''(x)	18	0	−6	0	18	48	90

a) Welche Aussagen können Sie mithilfe der Tabelle über Achsenschnittpunkte, Extrem- und Wendepunkte des Schaubildes von f machen? Begründen Sie Ihre Aussagen.

b) Geben Sie die Gleichung der Tangente an K in x = 1 an.

4 Das Schaubild K einer Polynomfunktion 3. Grades geht durch den Ursprung und durch A (2|1). Es hat an den Stellen $x = 1$ und $x = 3$ je eine waagrechte Tangente. Bestimmen Sie den zugehörigen Funktionsterm. Welche Bedeutung hat der Punkt A?

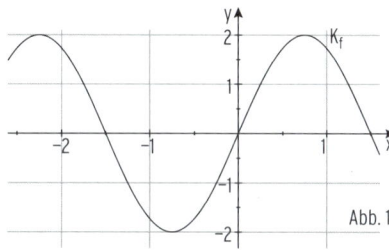

Abb. 1

5 K_f ist das Schaubild der Funktion f mit $f(x) = a \sin(k x) + c$ (vgl. Abb. 1). Bestimmen Sie a, c und k mithilfe der Zeichnung.

6 Eine Polynomfunktion 3. Grades hat die Nullstellen $x_1 = 0$, $x_2 = 2$ und $x_3 = -3$. Ihr Schaubild hat im Ursprung die Steigung 12. Bestimmen Sie den Funktionsterm $f(x)$.

7 Das Schaubild K einer ganzrationalen Funktion 4. Grades hat in E(−1|2) einen Extrempunkt. In $x = 1$ hat K eine waagrechte Tangente, in $x = 0$ eine Tangente mit der Gleichung $y = 3x + 5$. Geben Sie ein LGS zur Bestimmung des zugehörigen Funktionsterms an.

8 Die Abbildung 2 zeigt das Schaubild einer Exponentialfunktion. Diese kann durch einen der folgenden Funktionsterme beschrieben werden:
$g_1(x) = a - b e^{-0,5x}$
$g_2(x) = ax - b e^{-0,5x}$
$g_3(x) = a - b e^{0,5x}$
Begründen Sie, welche Terme zur Beschreibung ungeeignet sind. Ermitteln Sie für den geeigneten Funktionsterm Werte für a und b.

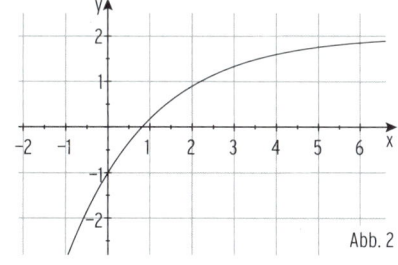

Abb. 2

9 Das Schaubild einer trigonometrischen Funktion mit der Periode $p = \pi$ hat den Hochpunkt H(3|5). Bestimmen Sie einen möglichen Funktionsterm.

10 Eine trigonometrische Funktion hat die Periode $p = 4$. Das zugehörige Schaubild hat im Schnittpunkt mit der y-Achse eine Wendetangente mit der Gleichung $y = 2x + 3$. Geben Sie einen Funktionsterm an.

11 K ist das Schaubild der Funktion f mit $f(x) = a - b \cdot \sin(2x)$; $x \in \mathbb{R}$. Die Tangente an K in $P\left(\frac{\pi}{2}\middle|2\right)$ ist parallel zur Geraden g mit der Gleichung $y = -x + 6$. Bestimmen Sie $f(x)$.

12 Das Schaubild einer Funktion ist symmetrisch zur y-Achse und verläuft durch den Punkt S$(0\,|\,3)$ und hat in T$(3\,|\,0)$ einen Tiefpunkt. Geben Sie jeweils die Gleichung
  - einer Polynomfunktion 4. Grades und
  - einer trigonometrischen Funktion

an, deren Schaubild die genannten Bedingungen erfüllt.

13 Der Graph einer Polynomfunktion f 3. Grades verläuft symmetrisch zum Ursprung. f erfüllt die Bedingungen $f(-1) = 1$, $f''(-1) = -2$ und $f'(-1) = -\frac{1}{3}$.
Was bedeuten diese Bedingungen? Bestimmen Sie den Funktionsterm $f(x)$.

14 Für $a, b \in \mathbb{R}^*$ ist die Funktion f gegeben durch $f(x) = a\,e^{-x} + b\,x;\ x \in \mathbb{R}$.
Bestimmen Sie a und b so, dass das Schaubild K von f das Schaubild H von h mit $h(x) = -x(x-3)$ an der Stelle $x = 1$ berührt.

15 Gegeben ist die Funktion f mit $f(x) = a\,x^4 + b\,x^2 + 2;\ a \neq 0$, und ihr Schaubild K.
a) Zeigen Sie: K ist symmetrisch zur y-Achse.
b) Die Tangente an K in P$(2\,|\,0)$ hat die Steigung 4.
   Bestimmen Sie a und b.

16 Die gezeichnete Kurve ist das Schaubild der Funktion f mit $f(x) = a\,x(x - x_1)(x - x_2);\ x \in \mathbb{R}$.
Bestimmen Sie a, x_1 und x_2 mithilfe der Zeichnung.

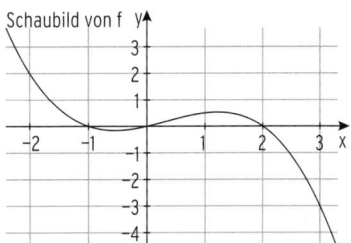

17 K ist das Schaubild einer Funktion f.
Bestimmen Sie einen möglichen Funktionsterm aus der Abbildung.

a)

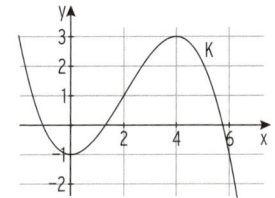

b)

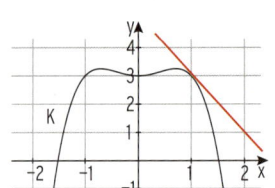

c)

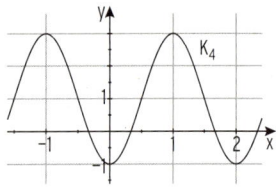

18 Der Graph einer Polynomfunktion f 3. Grades berührt die x-Achse in $x = -3$ und verläuft durch den Ursprung.
a) Geben Sie für drei verschiedene Funktionen, die die gegebenen Bedingungen erfüllen, den Funktionsterm an.
b) Weiterhin liegt der Punkt A$\left(1\,\middle|\,\frac{16}{3}\right)$ auf dem Schaubild der Funktion.
   Bestimmen Sie den Funktionsterm dieser Funktion.

19 K ist das Schaubild der Funktion f mit $f(x) = a \sin(bx); x \in \mathbb{R}$.

x = 3 ist eine Maximalstelle. K hat im Ursprung die Steigung $\frac{\pi}{4}$.

Bestimmen Sie einen Funktionsterm.

20 Die Gesamtkostenfunktion K des Unternehmens ist vom Typ $K(x) = ax^3 + bx^2 + cx + d$.

Der Fixkostenanteil an den Gesamtkosten beträgt 36 GE.

Bei einer Produktion von 6 ME entstehen Gesamtkosten von 96 GE, bei 4 ME fallen Grenz-kosten in Höhe von 4 GE an und die Stückkosten betragen 17 GE pro ME.

a) Stellen Sie das lineare Gleichugssystem für a, b, c und d auf.

b) Überprüfen Sie, ob $K(x) = x^3 - 9x^2 + 28x + 36$ die Bedingungen erfüllt.

c) Geben Sie die Erlösfunktion bei konstantem Stückpreis an, wenn die Gewinngrenze bei 9 ME liegt (Verwenden Sie K(x) aus Teilaufgabe b)).

21 In eine Tasse Tee wird 90 °C heißer Tee eingeschenkt.

Der Tee kühlt auf die Zimmertemperatur von 20°C ab.

Die Funktion h mit $h(t) = a + be^{-0,2t}$ beschreibt diesen Abkühlvorgang.

Dabei ist t die Zeit in Minuten und h(t) die Temperatur in °C.

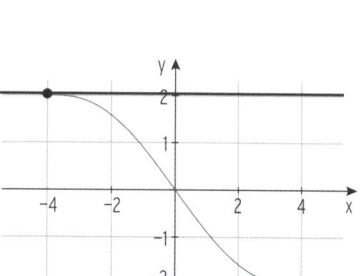

a) Bestimmen Sie a und b.

Skizzieren Sie das Schaubild von h.

b) Berechnen Sie die Zeit, die vergeht, bis der Tee auf Trink-temperatur (50 °C) abgekühlt ist.

c) Berechnen Sie die momentane Änderungsrate der Temperatur in t = 1 und in t = 10.

Interpretieren Sie Ihre Ergebnisse.

d) Die Temperatur nimmt höchstens um 14 °C pro Minute ab.

Überprüfen Sie diese Behauptung.

22 Zwei parallele Schienenstränge sollen so verbunden werden, dass es keine Stelle mit einem Knick gibt.

Der Vorschlag der Behörde lässt sich beschrei-ben durch den Funktionsterm $f(x) = \frac{1}{64}x^3 - \frac{3}{4}x$.

Zeigen Sie: Die zugehörige Funktion f erfüllt die gestellten Bedingungen.

23 Der Bestand an fester Holzmasse h(t) zum Zeitpunkt t in einem Wald wird durch die Funktion h mit $h(t) = a \cdot e^{kt}$ beschrieben.

Dabei wird die Zeit t in Jahren und der Bestand h(t) in m^3 gemessen.

Zu Beginn des Jahres 2016 (t = 0) beträgt der Bestand $10^5 \, m^3$, die momentane Änderungs-rate liegt bei 2500 m^3/Jahr.

Bestimmen Sie a und k.

Test zur Überprüfung Ihrer Grundkenntnisse

1 Untersuchen Sie das Schaubild der Funktion f auf Hoch- und Tiefpunkte.

a) $f(x) = x^3 - \frac{9}{2}x^2 + 6x + 3$

b) $f(x) = x - 3 + e^{-2x}$

c) $f(x) = \sin(\pi x) - 2; \ x \in [-1; 2]$

d) $f(x) = -\frac{1}{4}(x^4 - 12x^2)$

2 Gegeben ist die Funktion f mit $f(x) = e^{3x} - 2x + 1; \ x \in \mathbb{R}$.
Ermitteln Sie die Monotoniebereiche von f.

3 Die Funktion f mit $f(x) = -x^3 + 3x^2 - 1; \ x \in \mathbb{R}$, hat das Schaubld K.
Bestimmen Sie die Gleichung der Wendetangente von K.

4 Machen Sie eine Aussage über das Krümmungsverhalten des Graphen K von f.
Skizzieren Sie K.

a) $f(x) = \frac{3}{2}x - \frac{3}{8}x^3$

b) $f(x) = \cos(2x) + 1; \ x \in \ ]-2; 2[$

5 Die Abbildung zeigt das Schaubild K einer
Funktion f.
Begründen Sie, ob folgende Aussagen wahr
oder falsch sind.
(1) K hat zwei Wendepunkte.
(2) f′ ist wachsend auf [4; 8].
(3) $f''(2) < f''(8)$
(4) Die maximale momentane Änderungsrate von f liegt bei 8.

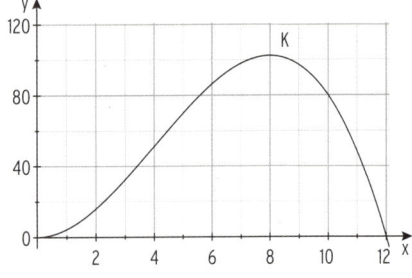

6 Das Schaubild einer Polynomfunktion 3. Grades ist symmetrisch zum Ursprung
und hat den Extrempunkt E(2|8).
Bestimmen Sie den zugehörigen Funktionsterm.

3 Modellierung realer Probleme

in der Natur: Wachstumsprozesse   **Zerfallsprozesse**

   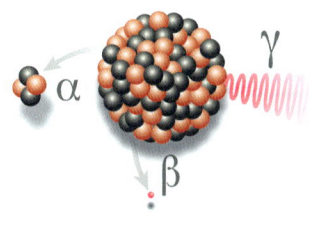

in der Technik   **in der Wirtschaft**

Funktionen im Anwendungszusammenhang sind von großer Bedeutung.
Lässt sich eine reale Situation mathematisch (z. B. durch eine Funktion) beschreiben, so
können mathematische Überlegungen zur Klärung der Fragen und Probleme, die sich aus der
Praxis ergeben, beitragen.
Diese Vorgehensweise nennt man **„mathematisches Modellieren".**

Modellierungskreislauf

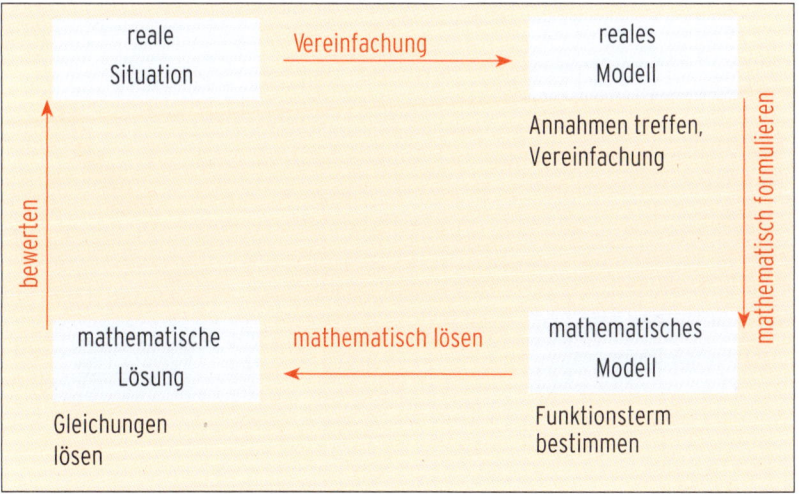

3.1 Modellierung von Optimierungsproblemen

Beispiel

➲ Aus einem Werkstück soll ein Dreieck heraus-
gefräst werden. Die Berandung des Werkstücks
wird beschrieben durch die Funktion f mit
$f(x) = -0,5x^2 + 2; -2 \leq x \leq 2$ (siehe Abbildung).
Das Dreieck mit der Spitze $O(0|0)$ hat seine
beiden Ecken auf dem Schaubild K von f.
Welches Dreieck hat den größtmöglichen Flächeninhalt?

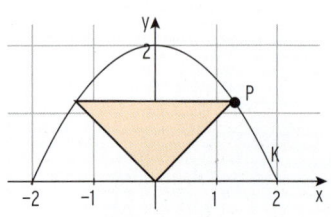

Lösung

Wir wählen den Eckpunkt $P(a|-0,5a^2 + 2)$ auf K für $0 \leq a \leq 2$.
Für jede Wahl von a erhält man ein Dreieck mit dem Flächeninhalt $A(a)$.
Jedem $a \in [0; 2]$ wird durch die Funktion $A: a \mapsto A(a)$ ein Flächeninhalt zugeordnet.

Zielfunktion:
$$A(a) = \frac{1}{2} \cdot 2a \cdot f(a) = a \cdot (-0,5a^2 + 2)$$
$$A(a) = -0,5a^3 + 2a; \quad D = [0; 2]$$

Untersuchung von A auf ein Maximum
Ableitungen: $A'(a) = -1,5a^2 + 2; \quad A''(a) = = -1,5a$

Notwendige Bedingung: $A'(a) = 0$ $-1,5a^2 + 2 = 0$
Mit $a > 0$: $a = 1,15$

Nachweis: $A''(1,15) < 0$
A hat ein relatives Maximum für $a = 1,15$.   Schaubild der Zielfunktion
Relatives Maximum: $A_{max} = A(1,15) = 1,54$

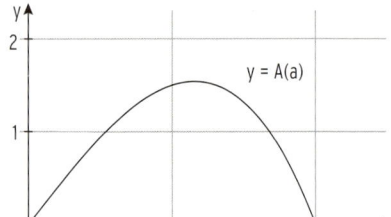

Randwerte
Für die Randstellen $a = 0$ und $a = 2$ gilt:
$A(0) = A(2) = 0 < A(1,15)$

Ergebnis: Das Dreieck mit den Punkten
$P(1,15|1,34)$, $Q(-1,15|1,34)$ und $O(0|0)$
hat den größten Flächeninhalt.

**Hinweis zum relativen und absoluten
Extremum auf [a; b]:**
$f(a)$ ist ein **absolutes Maximum.**
$f(x_1)$ ist ein **relatives Minimum.**
$f(x_2)$ ist ein **relatives Maximum.**
$f(b)$ ist ein **absolutes Minimum.**

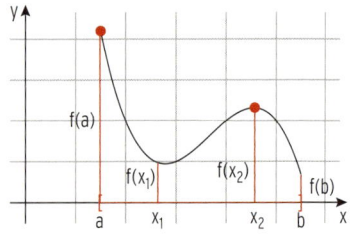

Beispiel

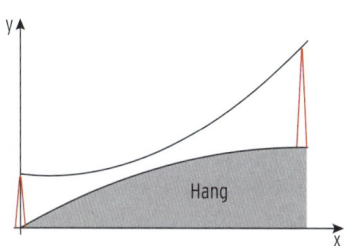

➲ Ein Energieunternehmen plant eine Stromleitung einen Hang hinauf (siehe Abbildung).
Der Verlauf der Stromleitung wird näherungsweise beschrieben durch die Funktion f mit
$f(x) = 0{,}006\,x^2 - 0{,}125\,x + 20$, das Profil des
Hangs durch g mit $g(x) = -0{,}003\,x^2 + 0{,}6\,x$;
$0 \le x \le 100$, $f(x)$ und $g(x)$ in Meter.
Aus Sicherheitsgründen muss der vertikale Abstand zwischen Leitung und Hang
mindestens 5 m betragen.
Prüfen Sie, ob diese Bedingung erfüllt ist.

Lösung

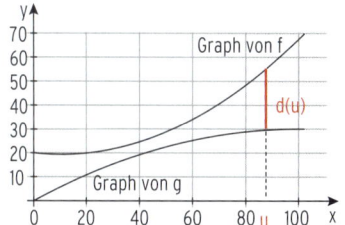

Aufstellen der Zielfunktion:

Vertikaler Abstand d:

$d(u) = f(u) - g(u)$

$d(u) = 0{,}006\,u^2 - 0{,}125\,u + 20 - (-0{,}003\,u^2 + 0{,}6\,u)$

$d(u) = 0{,}009\,u^2 - 0{,}725\,u + 20$

Zielfunktion: $d(u) = 0{,}009\,u^2 - 0{,}725\,u + 20; \ 0 \le u \le 100$

Untersuchung von d auf ein Minimum

Ableitung: $d'(u) = 0{,}018\,u - 0{,}725$

Notwendige Bedingung: $d'(u) = 0$ $0{,}018\,u - 0{,}725 = 0$

$u = 40{,}28$

Nachweis:

Das Schaubild von d ist eine nach oben geöffnete Parabel, somit ist $u = 40{,}28$ eine
Minimalstelle und $d(40{,}28) = 5{,}40$ das absolute Minimum.
Der absolut kleinste vertikale Abstand beträgt 5,40 m.
Die Bedingung ist erfüllt.

Hinweis: Lösung ohne Differenzialrechnung
Man verschiebt das Schaubild von f um 5 nach unten und untersucht, ob das
Schaubild von g und das verschobene Schaubild von f gemeinsame Punkte
haben.

Vorgehensweise beim Lösen von Optimierungsproblemen (Extremwertaufgaben)

a) **Aufstellen der Zielfunktion** (mit Definitionsmenge): z. B. A (u)

b) Berechnung der (inneren) **relativen Extremwerte** der Zielfunktion

c) Berechnung der **Randwerte**

d) Der **Vergleich** der Randwerte mit den relativen Extremwerten ergibt das
absolute Extremum.

Aufgaben

1 Gegeben ist die Funktion f mit $f(x) = \frac{1}{8}x^3 - 2x$; $x \in \mathbb{R}$, mit Schaubild K_f.
Die Punkte $P(u|f(u))$ und $Q(u|0)$ bilden zusammen mit dem Ursprung O ein Dreieck.

a) Zeichnen Sie für $u = 3$ das Dreieck in ein Koordinatensystem ein und bestimmen Sie den Flächeninhalt $A(3)$.

b) Bestimmen Sie für $0 \leq u \leq 4$ den Flächeninhalt A in Abhängigkeit von u. Welches Dreieck hat den absolut größten Flächeninhalt?

2 K_f ist das Schaubild von f mit $f(x) = -(x - 1)(x - 5)$; $x \in \mathbb{R}$. In die Fläche zwischen K_f und der x-Achse wird ein Dreieck einbeschrieben (siehe Abb.). Geben Sie eine Zielfunktion an, mit deren Hilfe das Dreieck mit maximalem Flächeninhalt bestimmt werden kann.

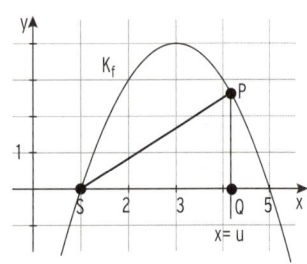

3 Die Berandung des Werkstücks (siehe Abb.) wird durch die Funktion f mit $f(x) = -0{,}25\,x^2 + 4$ beschrieben. Aus dem Werkstück soll eine möglichst große rechteckige Platte ausgeschnitten werden

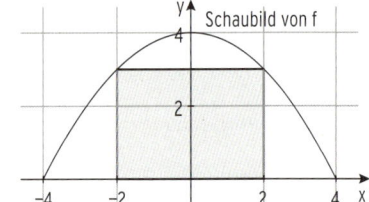

a) Welches Rechteck hat den größtmöglichen Flächeninhalt?

b) Hat dieses Rechteck auch den größtmöglichen Umfang? Begründen Sie.

4 Gegeben sind die Funktionen f und h durch $f(x) = -x + 1$ und $h(x) = e^{-2x} + x + 1$; $x \in \mathbb{R}$. Ihre Schaubilder sind K_f und K_h.
Die Gerade mit der Gleichung $x = u$ schneidet für $-1 \leq u \leq 1$ das Schaubild K_f im Punkt P und das Schaubild K_h im Punkt Q.
Für welchen Wert von u ist der Abstand der Punkte P und Q minimal?

5 Bei einer konstanten Geschwindigkeit v (in km/h) lässt sich der Benzinverbrauch eines Pkws pro 100 km näherungsweise modellieren durch die Funktion b mit $b(v) = 0{,}001\,v^2 - 0{,}06\,v + 8$; $v > 25$.
Bei welcher Geschwindigkeit ist der Verbrauch am geringsten?

6 Eine Stromleitung führt einen Hang hinauf. Aus Sicherheitsgründen muss der vertikale Abstand zwischen Stromleitung und Hang mindestens 5 m betragen. Werden in diesem Fall die Sicherheitsvorschriften eingehalten? Untersuchen Sie für $x \leq 70$.

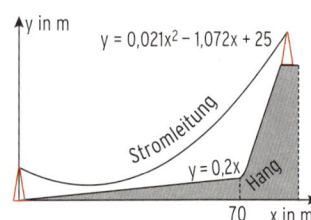

3.2 Modellierung von Wachstums- und Zerfallsprozessen

Beispiel

⮕ Die Anzahl der Individuen einer Population wurde im Laufe von 5 Wochen gemessen:

t (in Wochen)	0	1	2	3	4	5
Bestand f (t)	825	968	1135	1333	1564	1836

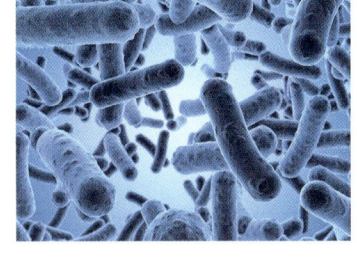

a) Begründen Sie die Annahme, dass der Bestand ungefähr exponentiell zunimmt.
   Bestimmen Sie das Wachstumsgesetz.

b) Nach welcher Zeit ist die Zunahme des Bestands pro Woche größer als 900?

Lösung

a) **Exponentielles Wachstum** liegt vor, wenn die Anzahl der Individuen in einer Woche stets mit dem **gleichen Faktor** wächst.

$\dfrac{f(1)}{f(0)} \approx 1{,}173$; $\dfrac{f(2)}{f(1)} \approx 1{,}172$ $\Rightarrow$ $f(t+1) = 1{,}17 \cdot f(t)$

Der **Wachstumsfaktor** beträgt also 1,17. Die Anzahl der Individuen nimmt in einer Woche um 17 % des letzten Bestandes zu (Bestand zu Wochenbeginn).

Wachstumsgesetz: $f(t) = 825 \cdot 1{,}17^t$

Mit $1{,}17 = e^{\ln(1{,}17)} = e^{0{,}16}$ erhält man f (t) **in e-Basis:** $f(t) = 825 \cdot e^{0{,}16\,t}$

Alternative: **Ansatz für exponentielles Wachstum $f(t) = a\,e^{kt}$**

Mit $f(0) = 825$: $a = 825$
$f(1) = 968$: $825\,e^{k \cdot 1} = 968$
                $e^k = 1{,}17$
                $k = \ln(1{,}17) = 0{,}16$

Wachstumsgesetz: $f(t) = 825 \cdot e^{0{,}16\,t}$

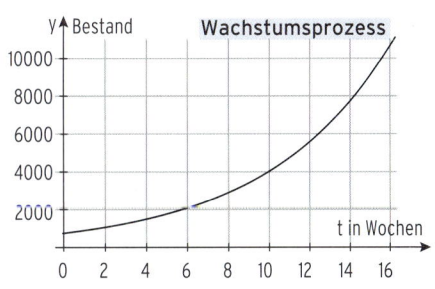

b) Die Ableitung von f gibt die Zunahme der Individuen pro Woche an.
   Ableitung:
   $f'(t) = 825 \cdot 0{,}16 \cdot e^{0{,}16\,t} = 132 \cdot e^{0{,}16\,t}$

Ansatz: $f'(t) = 900$ $132 \cdot e^{0{,}16\,t} = 900$
                                $e^{0{,}16\,t} = 6{,}82$
                                $0{,}16\,t = \ln(6{,}82)$
                                $t = \dfrac{\ln(6{,}82)}{0{,}16} = 11{,}99\ldots$

Nach 12 Wochen ist die Zunahme der Individuen pro Woche größer als 900.

Beispiel

⮞ Eine Funktion f mit $f(t) = 500 - 300\,e^{-0,036t}$; $t \geq 0$ beschreibt die Population von Mäusen in Abhängigkeit von der Zeit t (t = 0: Beginn der Messung; t in Jahren).

a) Wie viele Mäuse hat die Population zu Beginn der Messung?

Wie groß kann die Mäusepopulation werden?

Nach wie viel Jahren sind 90 % des Maximalbestandes erreicht?

b) Bestimmen Sie die momentane Änderungsrate von f in t = 2. Interpretieren Sie.

Wie groß ist die durchschnittliche Änderungsrate von f auf dem Intervall [2; 10]?

c) Bestimmen Sie die maximale Änderungsrate von f.

Lösung

a) Anfangsbestand: $\qquad\qquad\qquad\qquad\qquad$ f(0) = 200

Maximalbestand (Grenze G)

Für $t \to \infty$ gilt: $f(t) \to 500$. Die waagrechte Asymptote hat die Gleichung y = 500.

Die maximal mögliche Population beträgt G = 500.

90 % des Maximalbestandes entsprechen 450.

Bedingung: f(t) = 450 $\qquad\qquad$ $500 - 300\,e^{-0,036t} = 450$

Umformung: $\qquad\qquad\qquad\qquad$ $e^{-0,036t} = \frac{1}{6}$

Logarithmieren: $\qquad\qquad\qquad$ $-0,036t = \ln\left(\frac{1}{6}\right)$

$\qquad\qquad\qquad\qquad\qquad\qquad$ $t \approx 49,77$

Nach ca. 50 Jahren sind 90 % des Maximalbestandes erreicht.

b) Die Änderung der Anzahl der Mäuse pro Jahr wird beschrieben durch die 1. Ableitung: $\qquad$ $f'(t) = 10,8\,e^{-0,036t}$

$\qquad\qquad\qquad\qquad\qquad\qquad\qquad\qquad\qquad$ $f'(2) = 10,05$

Die **momentane Änderungsrate** von f in t = 2 ist 10,0.

In t = 2 beträgt die Zunahme 10 Mäuse pro Jahr.

Durchschnittliche Änderungsrate von f auf [2; 10]:

$\frac{\Delta y}{\Delta t} = \frac{f(10) - f(2)}{8} = \frac{290,7 - 220,8}{8} = 8,7$

Vom 2. bis zum 10. Jahr nimmt die Population um etwa 9 Mäuse pro Jahr zu.

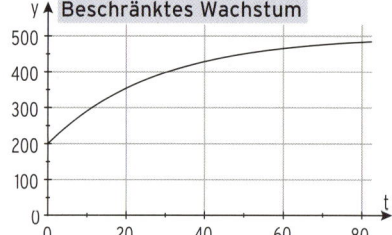

c) Zu Beginn der Messung ist die Änderungsrate von f (Steigung des Schaubildes von f) am größten: f'(0) = 10,8

Die maximale Änderungsrate von f beträgt ca. 11 Mäuse pro Jahr.

Aufgaben

1 Das Newton'sche Abkühlungsgesetz $T(t) = T_U + (T_0 - T_U) e^{kt}$
beschreibt den Temperaturverlauf eines auf die Temperatur T_0
erwärmten Körpers, der z.B. durch eine Umgebung mit
konstanter Temperatur T_U abgekühlt wird. $T(t)$ ist die momentane Temperatur (in °C) zur Zeit t (in min) mit $t \geq 0$.
Bei einer Umgebungstemperatur von 20°C hat sich der Körper
von anfangs 80°C in den ersten 30 Minuten auf 24,7°C
abgekühlt. Bestimmen Sie k auf drei Dezimalen gerundet.
Zeigen Sie, dass es sich um einen Abkühlungsvorgang handelt.
Welche Bedeutung haben die Werte $T'(0)$ und $\lim_{t \to \infty} T(t)$? Interpretieren Sie.
Nach welcher Zeit ist die Temperatur um 30°C abgesunken?
Ab welchem Zeitpunkt nimmt die Temperatur des Körpers für dieses k in einer Minute um
weniger als ein Grad ab?

2 Die Weltbevölkerung betrug 1975 etwa $4{,}1 \cdot 10^9$; 1993 lebten $5{,}5 \cdot 10^9$ Menschen auf der
Erde. Das Wachstum für diesen Zeitraum kann näherungsweise beschrieben werden durch
die Funktion f mit $f(t) = a e^{kt}$, t in Jahren, $t = 0 \, \hat{=} \, 1975$, $f(t)$ sei die Weltbevölkerung in
Milliarden.
a) Bestimmen Sie den Funktionsterm.
Verwenden Sie für die folgenden Aufgabenteile den Funktionsterm $f(t) = 4{,}1 e^{0{,}0163t}$.
b) Um wie viel Prozent weicht eine Vorhersage für das Jahr 2014 vom tatsächlichen Wert
$7{,}2 \cdot 10^9$ ab? Wie entwickelt sich die Weltbevölkerung nach diesem Modell?
c) Das Modell hat Schwächen. Erläutern Sie diese.
d) Berechnen Sie die momentane Änderungsrate von f für das Jahr 2015.
Interpretieren Sie Ihr Ergebnis.

3 Ein Behälter hat ein Fassungsvermögen von 1200 Liter. Die enthaltene Flüssigkeitsmenge
zum Zeitpunkt t wird beschrieben durch die Funktion f mit
$$f(t) = 1000 - 800 \, e^{-0{,}01t} \quad (\text{t in Minuten, } f(t) \text{ in Liter}).$$
Zu welchem Zeitpunkt ist der Behälter zur Hälfte gefüllt?
Zeigen Sie, dass die Flüssigkeitsmenge im Behälter stets zunimmt.
Ein Techniker behauptet, dass die Flüssigkeitmenge höchstens um 9 Liter pro Minute
zunimmt. Prüfen Sie die Behauptung.

4 Ein Supermarkt führt eine neue Zahnpasta ein. Die Funktion h mit
$$h(t) = 184 - 184 \, e^{-0{,}135t}$$
beschreibt modellhaft die Entwicklung der wöchentlichen Verkaufszahlen. Dabei ist t die
Zeit in Wochen nach der Einführung, $h(t)$ die verkaufte Stückzahl innerhalb der Woche t.
Mit welchen wöchentlichen Stückzahlen kann der Supermarkt langfristig rechnen?
Bestimmen Sie die momentane Änderungsrate in $t = 1$ und in $t = 20$.
Interpretieren Sie Ihre Ergebnisse.

3.3 Modellierung in der Physik

Beispiel

⮕ In einen Wasserspeicher wird Wasser gepumpt und wieder entnommen. Die Zuflussgeschwindigkeit (in Liter pro Minute) ist im nebenstehenden Diagramm abgebildet. Zur Zeit $t = 8$ (min) ist der Wasserspeicher leer.

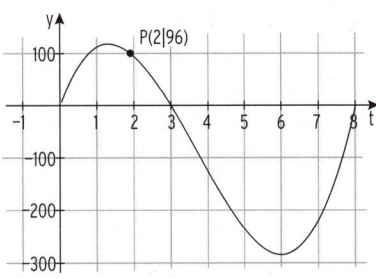

a) Interpretieren Sie das Diagramm.
   Zu welchem Zeitpunkt befindet sich am meisten Wasser im Speicher? Begründen Sie Ihre Aussage.

b) Geben Sie eine Funktion an, deren Schaubild das Diagramm wiedergibt.

c) Zu welchem Zeitpunkt wird am meisten Wasser entnommen? Wie viel?

d) Zu welchem Zeitpunkt nimmt die Zuflussgeschwindigkeit am stärksten ab?

Lösung

a) Der Füllvorgang dauert von $t = 0$ bis $t = 3$ (Nullstelle)
   Die Zuflussgeschwindigkeit ist positiv für $0 < t < 3$.
   Drei Minuten lang wird Wasser in den Speicher gepumpt.
   Die Zuflussgeschwindigkeit nimmt bis etwa $t = 1{,}4$ zu, dann nimmt sie ab, in $t = 3$ ist Stillstand.
   Danach beginnt der Auslassvorgang (Zuflussgeschwindigkeit negativ), am meisten Wasser pro min wird abgelassen in etwa $t = 6$ (Tiefpunkt).
   Nach Abschluss des Füllvorgangs, also in $t = 3\,\text{min}$ befindet sich am meisten Wasser im Speicher.

b) Das Schaubild hat 2 Extrempunkte, 1 Wendepunkt und 3 gemeinsame Punkte mit der x-Achse. Das Schaubild gehört zu einer Polynomfunktion 3. Grades.

Nullstellen:	$t_1 = 0;\ t_2 = 3;\ t_3 = 8$
Produktansatz:	$g(t) = a\,t\,(t-3)\,(t-8)$
Punktprobe mit $(2\,|\,96)$ ergibt:	$2a \cdot (-1) \cdot (-6) = 96 \Rightarrow a = 8$
Funktionsterm:	$g(t) = 8\,t\,(t-3)\,(t-8)$

c) $g(t) = 8\,t\,(t-3)\,(t-8) = 8t^3 - 88t^2 + 192\,t$; $\ g'(t) = 24t^2 - 176\,t + 192$; $\ g''(t) = 48\,t - 176$

   Entnahme pro Minute am größten:

   Bedingung für Extremstellen: $g'(t) = 0 \qquad 24t^2 - 176\,t + 192 = 0$
   Lösungen: $\qquad\qquad\qquad\qquad\qquad t_1 = 1{,}33;\ t_2 = 6$
   Einfache Lösungen, also Extremstellen
   Mit $g(1{,}33) = 118{,}52$ und $g(6) = -288$ erhält man:
   Nach 6 Minuten wird am meisten Wasser entnommen, $288\,\dfrac{\ell}{\min}$.

d) **Änderungsrate der Zuflussgeschwindigkeit am größten:**

   Bedingung für die Wendestelle: $g''(t) = 0 \qquad 48\,t - 176 = 0$
   Einfache Lösung, also Wendestelle $\qquad\quad t = 3{,}67$
   Nach etwa $3{,}67\,\text{min}$ nimmt die Zuflussgeschwindigkeit am stärksten ab.

Beispiel

⮑ Eine Kugel schwingt an einem Fadenpendel.
Bei kleinen Auslenkungen wird diese Schwingung
beschrieben durch $s(t) = 0,2 \sin(\pi t)$.
Dabei ist t die Zeit in s und $s(t)$ die Auslenkung (Länge
des Kreisbogens) in m.

a) Berechnen Sie die Amplitude und die Schwingungsdauer des Pendels.

b) Zeichnen Sie das zugehörige s-t-; v-t- und a-t-Dia-
gramm. Geben Sie die maximale Geschwindigkeit des
Pendelkörpers an.

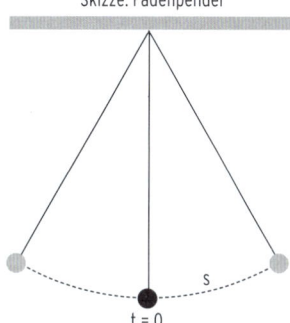

Skizze: Fadenpendel

Lösung

a) Amplitude 0,2 m

Schwingungsdauer T entspricht der Periodenlänge p

Mathematisch: $p = \frac{2\pi}{\pi} = 2; T = 2\,s$

Physikalisch: $\omega = \frac{2\pi}{T} = \pi$
$(\text{vgl. } \sin(\omega t) = \sin(\pi t))$
$T = 2\,s$

b) $s(t) = 0,2 \sin(\pi t)$
$v(t) = s'(t) = 0,2\pi \cos(\pi t)$
$a(t) = v'(t) = s''(t) = -0,2\pi^2 \sin(\pi t)$
$v(t)$ wird maximal für $\cos(\pi t) = 1$.

Maximale Geschwindigkeit: $v_{max} = 0,2\pi = 0,63 \left(\frac{m}{s}\right)$

Hinweis: Grafisches Differenzieren ist auch möglich.

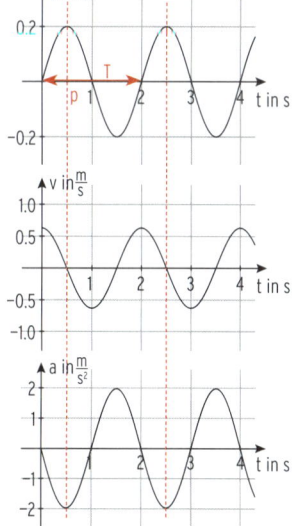

Beachten Sie:

Bedeutet $s(t)$ den in der Zeit t zurückgelegten Weg (Weg als Funktion der Zeit), so gilt:

für die **mittlere Geschwindigkeit** $v = \frac{\Delta s}{\Delta t}$

für die **Momentangeschwindigkeit** $v = \lim\limits_{\Delta t \to 0} \frac{\Delta s}{\Delta t} = \frac{ds}{dt} = s'(t)$

Aufgaben

1 Ein Zug bewegt sich nach folgendem Weg-Zeit-Gesetz:
$s(t) = 5t^4 - 40t^3 + 80t^2; \; t \in [0; 3,5]$ (t in h, s in km)

a) Zeichnen Sie das Schaubild der Funktion s.

b) Bestimmen Sie die maximale Entfernung des Zuges vom Ausgangspunkt.

c) Geben Sie das Geschwindigkeits-Zeit-Gesetz an.

d) Berechnen Sie die maximale Geschwindigkeit des Zuges.

2 Paul geht mit seinem Hund spazieren. Sein Hund rennt ihm weg. Das Diagramm zeigt den Weg s (in m) als direkte Entfernung von Hund und Herr.

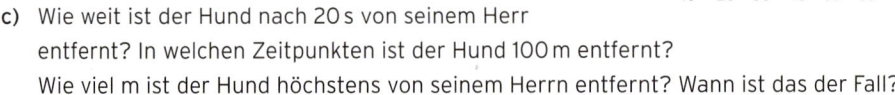

a) Interpretieren Sie das Diagramm.

b) Geben Sie den Funktionsterm der Weg-Zeit-Funktion s in Abhängigkeit von t an.

c) Wie weit ist der Hund nach 20 s von seinem Herr entfernt? In welchen Zeitpunkten ist der Hund 100 m entfernt?
Wie viel m ist der Hund höchstens von seinem Herrn entfernt? Wann ist das der Fall?

d) Geben Sie die zugehörige Geschwindigkeits-Zeit-Funktion mit Definitionsbereich an. Skizzieren Sie grob den Verlauf.

e) Zu welchem Zeitpunkt rennt der Hund am schnellsten?
Wie viel km würde er mit dieser Geschwindigkeit in einer Stunde zurücklegen?

3 Ein 100-m-Sprint lässt sich durch eine Polynomfunktion s 3. Grades beschreiben.
s (t) gibt die Strecke in m an, die nach t Sekunden zurückgelegt ist.
In t = 0 sind Weg und Geschwindigkeit gleich null, der Sprinter beschleunigt mit 3 m/s^2.
Bei t = 7,5 ist die Beschleunigung null.

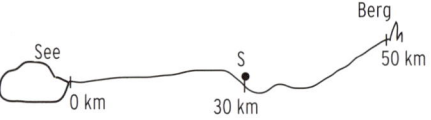

a) Bestimmen Sie einen möglichen Funktionsterm.

b) In welcher Phase nimmt die Geschwindigkeit zu?

c) Bestimmen Sie die Laufzeit für 100 m auf eine Zehntelsekunde genau.

d) Bestimmen Sie die mittlere und die größte Geschwindigkeit des Läufers.

4 Eine harmonische Schwingung (Beispiel Federpendel) lässt sich beschreiben durch das Elongations-Zeit-Gesetz: $s = s_0 \cdot \sin(\omega t)$.

a) Bestimmen Sie daraus das Geschwindigkeits-Zeit- und das Beschleunigungs-Zeit-Gesetz einer harmonischen Schwingung.

b) Nach welchen Zeiten $t \in [0; T]$ ist die Geschwindigkeit null? Interpretieren Sie.

c) Nach welcher Zeit ist die Beschleunigung zum ersten Mal am größten?
Erläutern Sie Ihr Ergebnis.

5 Eine 50 km lange Strecke führt von einem See zu einem Berg. Ein Radfahrer bricht 30 km vom See entfernt vom Punkt S aus zu einer Fahrt in Richtung des Berges auf. Das folgende Schaubild zeigt das Geschwindigkeits-Zeit-Diagramm der Fahrt.

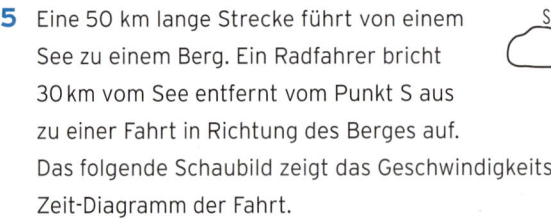

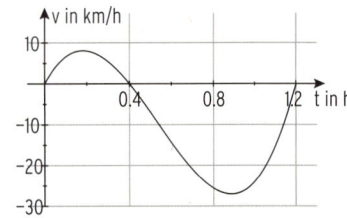

a) Interpretieren Sie das Diagramm.

b) Zeigen Sie, die Geschwindigkeit lässt sich näherungsweise beschreiben durch
$v(t) = 200t^3 - 320t^2 + 96t$

c) Bestimmen Sie die maximale Geschwindigkeit während der ersten halben Stunde.

3.4 Modellierung in der Kostentheorie

Beispiel

⮫ Die Gesamtkosten K eines Betriebes für die
Produktion von x Mengeneinheiten (ME)
werden beschrieben durch
$K(x) = 0,1x^3 - 6x^2 + 186x + 540; \quad 0 \le x \le 70$.
Jede ME wird für 190 € verkauft.

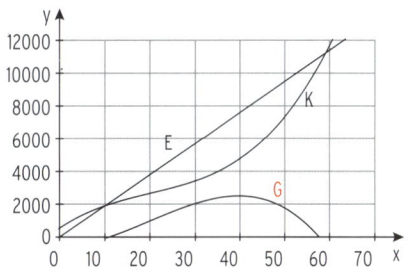

a) Geben Sie die Umsatzfunktion und die
Gewinnfunktion an.
Zeichnen Sie die Schaubilder in ein geeignetes Koordinatensystem ein.

b) Vergleichen Sie Kosten, Erlös und Gewinn für eine Ausbringungsmenge von 10 ME und
15 ME. Nehmen Sie Stellung.
Zeigen Sie, dass die Gewinngrenze zwischen 59 ME und 60 ME liegt.

c) Bestimmen Sie den maximalen Gewinn.

Lösung

a) Erlösfunktion (Umsatzfunktion) E mit $E(x) = 190x$
Gewinnfunktion G mit $G(x) = E(x) - K(x)$
$G(x) = 190x - (0,1x^3 - 6x^2 + 186x + 540)$
$G(x) = -0,1x^3 + 6x^2 + 4x - 540$

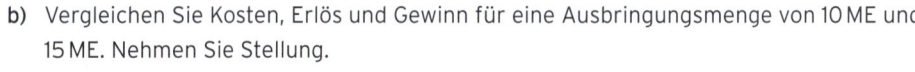

b) Für die Ausbringungsmenge von 10 ME:
$K(10) = E(10) = 1900$
Erlös und Gesamtkosten sind gleich hoch,
es wird **Kostendeckung** erzielt: $G(10) = 0$.
Bei Produktion und Verkauf von 15 ME wird
Gewinn erzielt: $K(15) < E(15)$
$x = 15$ liegt in der **Gewinnzone.**

Gewinngrenze
Vorzeichenwechsel von $G(x)$ untersuchen: $\quad G(59) = 44,1 > 0$
$\qquad\qquad\qquad\qquad\qquad\qquad\qquad\qquad\quad G(60) = -300 < 0$

$G(x)$ wechselt das Vorzeichen von + nach −.
Die Gewinngrenze liegt im Intervall [59; 60].

c) Ableitungen: $G'(x) = -0,3x^2 + 12x + 4; \quad G''(x) = -0,6x + 12$
Gewinnmaximum
Bedingung: $G'(x) = 0$ $\qquad\qquad\qquad\qquad -0,3x^2 + 12x + 4 = 0$
Lösung der quadratischen Gleichung $(x > 0)$: $\quad x = 40,33$
Nachweis: $\qquad\qquad\qquad\qquad\qquad\qquad G''(40,33) = -12,2 < 0$
Maximaler Gewinn: $\qquad\qquad\qquad\qquad\quad G_{max} = G(40,33) = 2821$
Der maximale Gewinn beträgt 2821 €.

10 Bohner, Ott, Deusch - ISBN 978-3-8120-0303-2

Was man wissen sollte – über die Kostentheorie

Gesamtkosten

Die **Gesamtkosten K(x)** setzen sich zusammen aus den **fixen Kosten K_{fix}** und den **variablen Kosten $K_v(x)$**: $K(x) = K_{fix} + K_v(x)$.

Die fixen Kosten $K_{fix} = K(0)$ sind unabhängig von der **Ausbringungsmenge** x, die variablen Kosten hängen von x ab.

Erlös

Erlös = Stückpreis · Menge   **E(x) = p·x**   Stückpreis p ist konstant.

E(x) = p(x)·x   Stückpreis p(x) ist abhängig von x.

Gewinn

Gewinn = Erlös minus Gesamtkosten: G(x) = E(x) − K(x)

Die Nullstellen von G sind die **Gewinnschwelle** x_{GS} und die **Gewinngrenze** x_{GG}.

$x_{GS} < x < x_{GG}$ ist die **Gewinnzone**. Ist $G(x) < 0$, so macht der Betrieb **Verlust**.

Gewinnmaximum in x_{max}, wenn **G′(x) = 0** ist.

Stückkosten

Stückkostenfunktion k mit $k(x) = \frac{K(x)}{x}$ Gesamtkosten pro Mengeneinheit

Variable Stückkostenfunktion k_v mit $k_v(x) = \frac{K_v(x)}{x}$

Grenzkostenfunktion

K′ (momentaner Kostenzuwachs, Ableitung der Kostenfunktion K)

Aufgaben

1   Die Gesamtkosten eines Unternehmens in Abhängigkeit von der Ausbringungsmenge x in Mengeneinheiten (ME) werden beschrieben durch die Funktion K mit

$K(x) = \frac{1}{4}x^3 - 6x^2 + 50x + 280$; K(x) in Geldeinheiten (GE).

Man geht davon aus, dass alle produzierte Ware auch verkauft wird.
Die Ware wird für 44 GE pro ME (Mengeneinheit) verkauft.

a) Zeichnen Sie das Schaubild von K und E (Erlösfunktion) in ein Koordinatensystem.

b) Prüfen Sie, ob das Unternehmen bei einer Produktion von 6 ME einen Gewinn erzielt. Zeigen Sie, dass das Unternehmen bei einer Produktionsmenge von x = 20 kostendeckend produziert. Welche Menge muss das Unternehmen produzieren, um maximalen Gewinn zu erzielen? Geben Sie diesen an.

c) Wie groß ist die durchschnittliche Zunahme der Kosten je ME, wenn die Produktion von 10 auf 15 ME erhöht wird?

d) Bei welcher Ausbringungsmenge ist der Kostenzuwachs am geringsten? Wie groß ist dieser? Interpretieren Sie Ihr Ergebnis.

2 Die Gesamtkosten K eines Betriebes für die
Produktion von x Mengeneinheiten (ME)
werden beschrieben durch
$K(x) = x^3 - 9x^2 + 40x + 94$; $0 \le x \le 8$.

a) Bei wie viel ME ist der Kostenzuwachs am
kleinsten?
Wie groß ist dieser? Interpretieren Sie.

b) Bestimmen Sie die Ausbringungsmenge, bei
der die variablen Stückkosten am niedrigsten sind. Interpretieren Sie Ihr Ergebnis.

3 In einem Betrieb ist die Abhängigkeit des Gesamtgewinns in GE (Geldeinheiten) von der
verkauften Menge x in ME (Mengeneinheiten) durch eine Polynomfunktion 3. Grades
bestimmt. Bei Produktion und Verkauf von 11 ME wird der maximale Gewinn von 797 GE
erzielt. Zu Beginn (x = 0) entsteht ein Verlust von 50 GE.
Die Gewinnkurve ändert ihr Krümmungsverhalten in x = 5.
Bestimmen Sie den Funktionsterm für die Gewinnfunktion.

4 Die Abbildung zeigt das Schaubild einer
Gesamtkostenfunktion K.

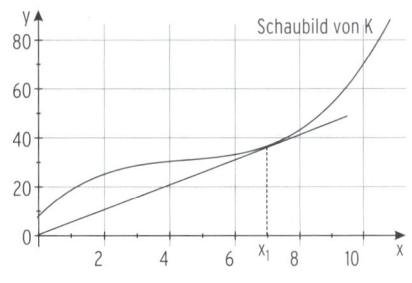

a) Übertragen Sie das Schaubild in Ihr Heft.
Zeichnen Sie den Graphen einer linearen
Erlösfunktion so, dass zwischen Gewinn-
schwelle und Gewinngrenze ungefähr 4 ME
liegen. Lesen Sie die Gewinnschwelle und die
Gewinngrenze aus dem Schaubild ab. Welcher
Preis wird dann je ME verlangt?

b) Welche Bedeutung hat die Steigung der Tangente an K in x_1?

5 Ein Industriebetrieb stellt elektronische Bauteile her.
Die Gesamtkostenfunktion des Industriebetriebs ist durch eine Polynomfunktion 3. Grades
bestimmt. Der Verkaufspreis je ME (Mengeneinheit) beträgt 60 GE (Geldeinheiten).
Die Fixkosten liegen bei 300 GE. Bei einer Produktionsmenge von 10 ME liegt das Minimum
der Grenzkosten. Bei dieser Produktionsmenge gilt außerdem: Die Kosten sind gerade
gedeckt und die Grenzkosten betragen 20 GE/ME.
Bestimmen Sie ein lineares Gleichungssystem, mit dessen Hilfe sich der Funktionsterm der
Gesamtkostenfunktion bestimmen lässt.

6 Ordnen Sie den Buchstaben a bis f die
zugehörigen Bezeichnungen der
Kostentheorie zu.

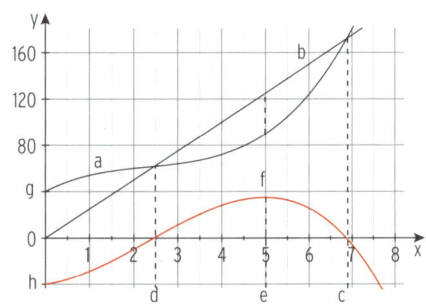

IV Integralrechnung

Modellierung einer Situation

Gegeben ist die Funktion f mit

$f(x) = \frac{1}{3}(2x^3 + 4x^2 - 10x - 12); \; x \in \mathbb{R}$

Der Graph dieser Funktion ist G.

Der Graph der Funktion f beschreibt modellhaft das Profil eines Kanals für $-1 \leq x \leq 2$ sowie die links angrenzende Uferböschung mit Erhebung, $1\,LE \triangleq 1\,m$. Die x-Achse befindet sich auf der Höhe der Kanalwasseroberfläche.

a) Wie breit ist der Kanal und wie breit ist die Böschung auf Wasserhöhe? Begründen Sie.

b) Berechnen Sie die größte Tiefe des Kanals und die maximale Höhe der linken Uferböschung relativ zur Wasseroberfläche.

c) Berechnen Sie die Querschnittsfläche des Kanals.

d) Aufgrund von Bauarbeiten ist die Trockenlegung eines 15 m langen Teilstücks des Kanals erforderlich. Dazu muss Wasser abgeleitet werden. Wie viel m³ Wasser müssen abgeleitet werden?

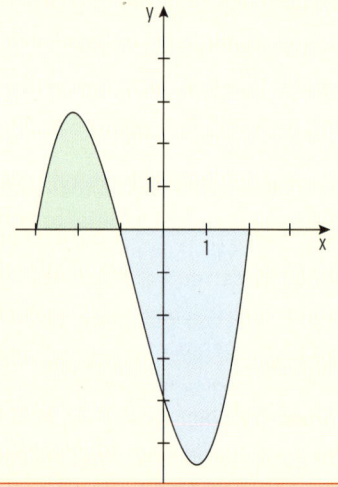

Bearbeiten Sie diese Situation, nachdem Sie die rechts aufgeführten **Qualifikationen und Kompetenzen** erworben haben.

Qualifikationen & Kompetenzen

- Stammfunktion bestimmen
- Flächeninhalte berechnen
- Integrale berechnen und interpretieren
- Realitätsbezogene Zusammenhänge mathematisch modellieren

1 Einführung

Beispiel 1

Ein Heißluftballon bewegt sich in einer Richtung fort. Die Geschwindigkeit wird in Abhängigkeit von der vergangenen Zeit in ein Koordinatensystem eingetragen.
Es ergibt sich vom Start bis zur Landung des Ballons dabei folgendes Schaubild.

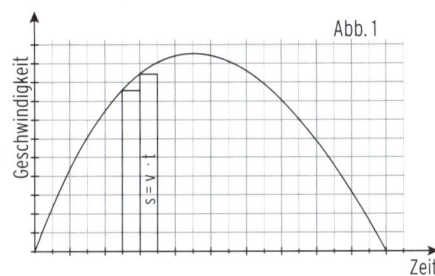

Abb. 1

Die Geschwindigkeit ist nicht konstant.
Bei konstanter Geschwindigkeit ergibt sich der zurückgelegte Weg aus dem Produkt
Zeit·Geschwindigkeit $(s = v \cdot t)$. Geometrisch ergibt sich daher eine (Rechtecks-) Fläche.
Die Summe der Inhalte aller Rechtecke ergibt näherungsweise den zurückgelegten Weg.
Der Inhalt des Flächenstücks zwischen der Kurve und der Zeit-Achse entspricht also dem zurückgelegten Weg.
$v(t)$ sei der Term des Graphen der Ballongeschwindigkeit.
Gesucht ist dann der Funktionsterm $s(t)$ der zugehörigen Weg-Zeit-Funktion
mit der Ableitung $s'(t) = v(t)$,
denn die Geschwindigkeit ist die Ableitung der Weg-Zeit-Funktion.

Beispiel 2

Aus Abb. 2 lassen sich die Stückkosten für eine beliebige Produktionsmenge x entnehmen.
Sie werden beschrieben durch den Graph von f mit $f(x) = 1{,}5$ (GE/ME).
Für 3 ME betragen die variablen Kosten also insgesamt $1{,}5$ GE/ME·3 ME $= 4{,}5$ GE.
Für x ME betragen die variablen Kosten in GE: $1{,}5 \cdot x$

Der **Inhalt der Fläche** zwischen dem Graph
von f und der x-Achse auf [0; 3] entspricht
- den variablen Kosten für 3 ME
- dem **Funktionswert** $F(x) = 1{,}5\,x$ an der
  Stelle 3: $F(3) = 4{,}5$.

Die Funktion F mit $F(x) = 1{,}5\,x$ heißt **Stammfunktion** von f und es gilt: $F'(x) = f(x)$.

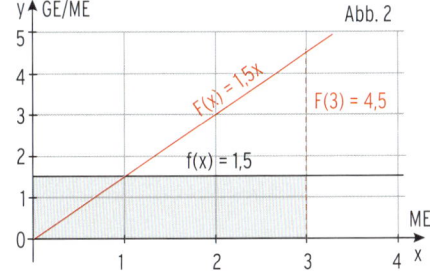

Abb. 2

Beispiel 3

Aus der Argen, einem Fluss im Allgäu,
werden $2\,m^3$ Wasser pro Sekunde in einen
Kanal abgeleitet.

Die gesamte Abflussmenge nach 3,5 Sekunden
beträgt $2\,\frac{m^3}{s} \cdot 3,5\,s = 7\,m^3$.
Die gesamte Abflussmenge in m^3 nach
x_1 Sekunden beträgt $F(x_1) = 2\,x_1$.

Der **Funktionswert** $F(x_1) = 2\,x_1$ entspricht
dem Inhalt der markierten Fläche.

Die Funktion F mit $F(x) = 2\,x$ heißt **Stammfunktion** von f und es gilt: $F'(x) = f(x)$.

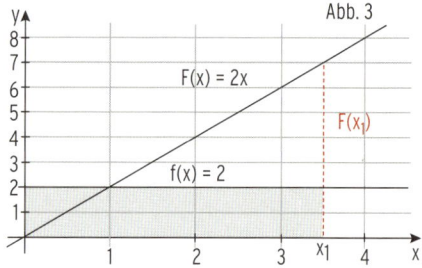

Abb. 3

Beispiel 4

Abb. 4 zeigt den Graph von f mit
$f(x) = 1,5\,x + 1$.
Maßzahl der Fläche zwischen dem Graph von
f und der x-Achse für $0 \leq x \leq a$:
$F(a) = \frac{f(a) + 1}{2} \cdot a = \frac{3}{4}a^2 + a$
Für $x = a$ erhält man $F(x) = 0,75\,x^2 + x$.
Die Funktion F ist eine **Stammfunktion** von f
mit $f(x) = 1,5\,x + 1$.
Probe: $F'(x) = 1,5\,x + 1 = f(x)$

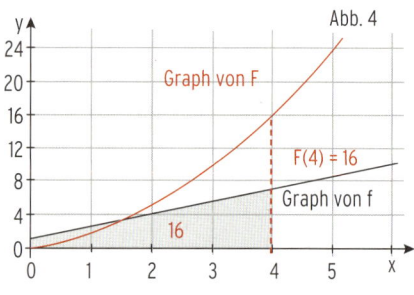

Abb. 4

Der **Inhalt einer Fläche** lässt sich mithilfe einer **Stammfunktion** berechnen.

2 Stammfunktion und unbestimmtes Integral

Stammfunktion

> **Beispiel**
>
> ⮕ Gegeben ist eine Funktion f mit $f(x) = x^2$. Bestimmen Sie den Funktionsterm einer Funktion F, für die gilt: $F'(x) = f(x)$.
>
> **Lösung**
>
> $F'(x) = f(x)$ entsteht durch **Ableiten** von F, F entsteht durch **Aufleiten** von f.
>
> Aufleiten ergibt $\qquad F(x) = \frac{1}{3}x^3$
>
> oder $\qquad\qquad\qquad F(x) = \frac{1}{3}x^3 + 1 \qquad\qquad$ oder $\qquad\qquad F(x) = \frac{1}{3}x^3 - 5$

Für beliebig viele Funktionen F, die sich nur um eine additive Konstante unterscheiden, gilt: $F'(x) = x^2$.

Festlegung: Eine ableitbare (differenzierbare) **Funktion F** heißt **Stammfunktion der Funktion f**, wenn gilt: $F'(x) = f(x)$

Bestimmung von Stammfunktionen

Beispiele

f(x)	F(x)	Probe durch Ableiten: F'(x)
x	$\frac{1}{2}x^2 - 3$	x
x^3	$\frac{1}{4}x^4 + 1$	x^3
x^n	$\frac{1}{n+1}x^{n+1} + c$	$x^n; \; n \neq -1$
3x	$3 \cdot \frac{1}{2}x^2$	3x
$a \cdot x^n$	$a \cdot \frac{1}{n+1}x^{n+1} + c$	$a \cdot x^n; \; n \neq -1$
$2x^2 - 5$	$\frac{2}{3}x^3 - 5x - 4$	$2x^2 - 5$
$-\frac{5}{4}x^4 + \frac{3}{8}x^3$	$-\frac{1}{4}x^5 + \frac{3}{32}x^4 + c$	$-\frac{5}{4}x^4 + \frac{3}{8}x^3$

Bemerkung: Ist F Stammfunktion von f, so ist auch F* mit $F^*(x) = F(x) + c$ für jedes $c \in \mathbb{R}$ Stammfunktion von f.

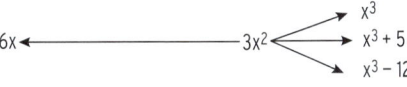

eine Ableitung   **viele Stammfunktionen**

Stammfunktion bilden (aufleiten)

$$f(x) \qquad F(x)$$

differenzieren (ableiten)

Beispiele

$f(x)$	$F(x)$	Probe durch Ableiten: $F'(x)$
$-5\,e^x$	$-5\,e^x$	$-5\,e^x$
$a\,e^x$	$a\,e^x$	$a\,e^x$
$2\sin(x)$	$-2\cos(x)$	$2\sin(x)$
$-3\cos(x)$	$-3\sin(x)$	$-3\cos(x)$
$a\sin(x)$	$-a\cos(x)$	$a\sin(x)$
$a\cos(x)$	$a\sin(x)$	$a\cos(x)$
$x - 2\,e^x - 0{,}5\sin(x)$	$\frac{1}{2}x^2 - 2\,e^x + 0{,}5\cos(x)$	$x - 2\,e^x - 0{,}5\sin(x)$

Aufgaben

1 Bestimmen Sie eine Stammfunktion von f. Machen Sie die Probe.

a) $f(x) = 6$

b) $f(x) = 7x + 8$

c) $f(x) = 4 - 3x + \frac{5}{2}x^2$

d) $f(x) = -2x^3 + 5x$

e) $f(x) = 3x^4 - x^2 - 1$

f) $f(x) = \frac{1}{3}x^3 - 2x^2$

2 F ist eine Stammfunktion von f. Bestimmen Sie F(x).

a) $f(x) = \frac{1}{8}x^3 - \frac{2}{5}x^2$

b) $f(x) = \frac{1}{32}x^4 + \frac{4}{5}x^3 - 3$

c) $f(x) = -7x^3 + \frac{3}{8}x^2$

d) $f(x) = (x - 2)(x + 3)$

e) $f(x) = x^2(4x - 3)$

f) $f(x) = 1 - 4x + \frac{3}{2}x^2 + x^3$

g) $f(x) = -\frac{2}{3}(x^4 + 6x^2 - 3)$

h) $f(x) = ax^4 + bx^3 + cx$

i) $f(x) = \frac{1}{2}(x^4 - 3x^2)$

3 Ermitteln Sie F(x).

a) $f(x) = 1 - \frac{5}{2}\sin(x)$

b) $f(x) = -2\cos(x) - x^2$

c) $f(x) = 2 - 3\sin(x)$

d) $f(x) = \frac{1}{3}x - \frac{3}{2}e^x$

e) $f(x) = \frac{e^x - 1}{2}$

f) $f(x) = -\frac{1}{18}x^3 - \cos(x)$

g) $f(x) = 4 \cdot (\sin(x) - x)$

h) $f(x) = -4\,e^x - \frac{1}{2}x + 4$

i) $f(x) = -\left(\frac{2}{3}e^x - 3\right)$

j) $f(x) = e \cdot e^x + e \cdot x$

k) $f(x) = e^x(1 - e)$

l) $f(x) = a\,e^x + b$

4 Bestimmen Sie a, b und c, so dass F mit $F(x) = \frac{1}{5}x^2 + 5 - 4\,e^x$ eine Stammfunktion von f mit $f(x) = ax + b + c\,e^x$ ist.

5 F mit $F(x) = x^2(x - 1)(x - 5)$; $x \in \mathbb{R}$, ist eine Stammfunktion von f mit $f(x) = ax^3 + bx^2 + cx + d$. Bestimmen Sie a, b, c und d.

Stammfunktion der Funktion f mit $f(x) = e^{kx}$

Beispiel

➲ Bestimmen Sie eine Stammfunktion von f mit $f(x) = e^{3x}$; $x \in \mathbb{R}$.

Lösung

Die „Aufleitung" der Funktion f mit $f(x) = e^{3x}$; $x \in \mathbb{R}$ ist zunächst nicht bekannt.
Wir können diese Funktion jedoch mit der Kettenregel ableiten: $(e^{3x})' = 3e^{3x}$.

Somit gilt für eine Stammfunktion F: $F(x) = \frac{1}{3}e^{3x} + c$

Probe durch Ableiten von f': $\left(\frac{1}{3}e^{3x} + c\right)' = \frac{1}{3} \cdot 3e^{3x} = e^{3x}$

$F'(x) = e^{3x} = f(x)$

Beachten Sie:

$f(x) = e^{kx} \Rightarrow F(x) = \frac{1}{k}e^{kx} + c$; $k \neq 0$

Beispiel

➲ Bestimmen Sie eine Stammfunktion von f mit $f(x) = e^{-2x+5}$; $x \in \mathbb{R}$.

Lösung

Aufleitung ergibt die Stammfunktion F mit $F(x) = -\frac{1}{2}e^{-2x+5} + c$

Probe: $\left(-\frac{1}{2}e^{-2x+5} + c\right)' = -\frac{1}{2} \cdot (-2)\,e^{-2x+5} = e^{-2x+5}$

$F'(x) = e^{-2x+5} = f(x)$

Hinweis: $f(x) = e^{kx+b} \Rightarrow F(x) = \frac{1}{k}e^{kx+b} + c$; $k \neq 0$

Stammfunktion der Funktion f mit $f(x) = \sin(kx)$ bzw. $f(x) = \cos(kx)$

Beispiel

➲ Bestimmen Sie eine Stammfunktion von f.

a) $f(x) = \sin(4x)$; $x \in \mathbb{R}$ b) $f(x) = \cos(\pi x)$; $x \in \mathbb{R}$

Lösung

a) Aufleitung ergibt die Stammfunktion F mit $F(x) = -\frac{1}{4}\cos(4x)$

Probe ergibt: $\left(-\frac{1}{4}\cos(4x)\right)' = -\frac{1}{4} \cdot (-4)\sin(4x) = \sin(4x)$

b) Aufleitung ergibt die Stammfunktion F mit $F(x) = \frac{1}{\pi}\sin(\pi x)$

Probe ergibt: $F'(x) = \cos(\pi x) = f(x)$

Beachten Sie:

$f(x) = \sin(kx) \Rightarrow F(x) = -\frac{1}{k} \cdot \cos(kx) + c; \; k \neq 0$

$f(x) = \cos(kx) \Rightarrow F(x) = \frac{1}{k} \cdot \sin(kx) + c; \; k \neq 0$

Beispiel

➲ Bestimmen Sie eine Stammfunktion von f mit $f(x) = \frac{1}{3}e^{3x} - 5\sin(2x); \; x \in \mathbb{R}$.

Lösung

Aufleitung ergibt die Stammfunktion F mit $F(x) = \frac{1}{9}e^{3x} + \frac{5}{2}\cos(2x)$

Probe durch Ableiten von F: $\left(\frac{1}{9}e^{3x}\right)' = \frac{1}{9} \cdot 3e^{3x} = \frac{1}{3}e^{3x}$

und $\left(\frac{5}{2}\cos(2x)\right)' = \frac{5}{2} \cdot (-2)\sin(2x) = -5\sin(2x)$

$$F'(x) = \frac{1}{3}e^{3x} - 5\sin(2x) = f(x)$$

Aufgaben

1 F ist eine Stammfunktion von f. Bestimmen Sie F(x).

a) $f(x) = 4e^{2x} + 1$
b) $f(x) = -2e^{4x} - 2$
c) $f(x) = -\frac{1}{5}e^{-3x} - 1$

d) $f(x) = -2e^{0,2x}$
e) $f(x) = \frac{4}{5}e^{-5x}$
f) $f(x) = \frac{3}{4}e^{-\frac{1}{2}x}$

g) $f(x) = -\sin(5x)$
h) $f(x) = 4\cos\left(\frac{\pi}{2}x\right)$
i) $f(x) = \frac{3}{2}\sin\left(\frac{1}{2}x\right)$

2 Bestimmen Sie eine Stammfunktion von f.

a) $f(x) = \frac{3}{5}e^{0,5x} + 1$
b) $f(x) = -\frac{1}{2}e^{4x} - 2$

c) $f(x) = -\frac{2}{3}e^{5-x} - x$
d) $f(x) = \frac{1}{2}x - 4\sin(3x) + 1$

e) $f(x) = 2x^2 - 4x + \cos(x)$
f) $f(x) = 1 + e \cdot x - 2e^{1+x}$

g) $f(x) = \frac{5}{2}\cos(2x) + 3x - 5$
h) $f(x) = \frac{1}{4}x - 1,5\cos\left(\frac{x}{2}\right)$

i) $f(x) = 1 - \frac{4}{3}x^2 - 3\sin(\pi x)$
j) $f(x) = 1,5(1 - \sin(2x))$

k) $f(x) = 4(\cos(\pi x) - e^{2x} + 1)$
l) $f(x) = \frac{2}{3}x - \sqrt{3}\sin\left(\frac{2}{3}x\right)$

m) $f(x) = \frac{1}{2}x^3 + \frac{3}{2}x^2 + 2 - (e^{2x} + 1)$
n) $f(x) = 1 - \sin\left(\frac{\pi}{2}x\right) - (2x + 1)$

3 Gegeben ist die Funktion f mit
$f(x) = \frac{1}{5}x^3 - 2x; \; x \in \mathbb{R}$.
Bestimmen Sie alle Stammfunktionen von f.
Welche dieser Stammfunktionen gehört zu K_F?

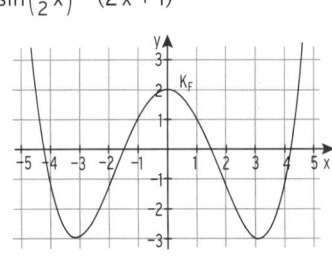

Weitere Fragestellungen zu Stammfunktionen

Beispiel

⮩ Gegeben ist die Funktion f durch $f(x) = 4x^3 + \frac{3}{2}x + 3;\ x \in \mathbb{R}$. Das Schaubild einer Stammfunktion F von f verläuft durch den Punkt $P(-2|7)$. Bestimmen Sie $F(x)$.

Lösung

Eine Stammfunktion F von f:	$F(x) = x^4 + \frac{3}{4}x^2 + 3x + c;\ c \in \mathbb{R}$
Punktprobe mit $P(-2|7)$:	$7 = (-2)^4 + \frac{3}{4}(-2)^2 + 3(-2) + c$
	$c = -6$
Gesuchte **Stammfunktion** F mit	$F(x) = x^4 + \frac{3}{4}x^2 + 3x - 6$

Beispiel

⮩ Für die erste Ableitung der Funktion f gilt $f'(x) = \frac{1}{2}x^3 + 3x^2 - e^x$.
Das Schaubild von f schneidet die x-Achse in $x = 2$. Bestimmen Sie $f(x)$.

Lösung

Aufleiten ergibt:	$f(x) = \frac{1}{8}x^4 + x^3 - e^x + c;\ c \in \mathbb{R}$
Punktprobe mit $S(2|0)$:	$0 = \frac{1}{8} \cdot 2^4 + 2^3 - e^2 + c = 2 + 8 - e^2 + c$
	$c = e^2 - 10$
Funktionsterm	$f(x) = \frac{1}{8}x^4 + x^3 - e^x + e^2 - 10$

Beispiel

⮩ Zeigen Sie, F mit $F(x) = 2x^2 - 3x + 1 - 4e^{2x};\ x \in \mathbb{R}$, ist eine Stammfunktion von f mit $f(x) = 4x - 3 - 8e^{2x};\ x \in \mathbb{R}$.

Lösung

Ableitung von F: $F'(x) = 4x - 3 - 8e^{2x} = f(x)$
F ist also eine Stammfunktion von f.

Beispiel

⮩ Für eine Funktion f gilt: $f(x) = 3x^2 + bx$.
Das Schaubild einer Stammfunktion F von f verläuft durch $A(0|3)$ und $B(-1|2)$.
Bestimmen Sie $F(x)$.

Lösung

Aufleiten von $f(x)$ ergibt:		$F(x) = x^3 + \frac{b}{2}x^2 + c$
Bedingungen für b und c:	$F(0) = 3$	$c = 3$
$c = 3$ eingesetzt:		$F(x) = x^3 + \frac{b}{2}x^2 + 3$
	$F(-1) = 2$	$(-1)^3 + \frac{b}{2}(-1)^2 + 3 = 2$
		$b = 0$

F mit $F(x) = x^3 + 3$ ist die gesuchte Stammfunktion von f.

Aufgaben

1 Geben Sie eine Stammfunktion F von f mit $F(0) = -1$ an.

a) $f(x) = 4x - 3$ b) $f(x) = x^3 - x^4 + 2$ c) $f(x) = 4e^{-x} + x$

2 Bestimmen Sie eine Stammfunktion, deren Schaubild die x-Achse in 1 schneidet.

a) $f(x) = 3e^{-0,25x} + x$ b) $f(x) = 2x^3 - 3x + 2$

3 Welche Stammfunktion F von f erfüllt die gegebene Eigenschaft?

a) $f(x) = \cos(3x)$; der Graph von F verläuft durch $A(\pi\,|\,0)$.

b) $f(x) = 3x^2 - 6x$; der Graph von F schneidet die y-Achse in -1.

c) $f(x) = 0{,}25\,e^{-2x} + x^2 + 3$; $F(-1) = 2$

d) $f(x) = 1 - 2x^2$; $F(2) = \frac{2}{3}$

e) $f(x) = 6x - 4\sin\!\left(\frac{\pi}{2}x\right)$; F hat eine Nullstelle in $x_0 = -1$.

4 Gegeben ist die Funktion f mit $f(x) = \frac{1}{6}x^2(x - 6)$; $x \in \mathbb{R}$.

a) Weisen Sie nach: F mit $F(x) = \frac{1}{24}(x^4 - 8x^3)$ ist eine Stammfunktion von f.

b) Begründen Sie, dass F genau eine Extremstelle hat.

5 Das Schaubild einer Stammfunktion F von f mit $f(x) = -8x^3 + x^2 - 3$ verläuft durch den Punkt $A(-1\,|\,2)$. Bestimmen Sie $F(x)$.

6 Die erste Ableitung einer Funktion f lässt sich durch $f'(x) = \frac{1}{3}x^2 + 4\sin(2x)$ beschreiben. Das Schaubild der zugehörigen Funktion verläuft durch den Punkt $P(\pi\,|\,0)$. Bestimmen Sie den Funktionsterm $f(x)$.

7 Die Abbildung zeigt das Schaubild einer Stammfunktion F von f mit $f(x) = 4 - x$; $x \in \mathbb{R}$. Bestimmen Sie $F(x)$.

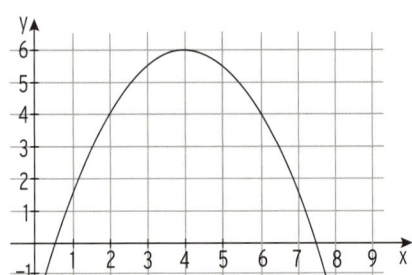

8 Für die zweite Ableitung der Funktion f gilt $f''(x) = 1 - 2x$. Das Schaubild von f verläuft durch den Ursprung mit Steigung 2. Bestimmen Sie $f(x)$.

9 Die Funktion f ist gegeben durch $f(x) = -\frac{4}{3}x^3 + bx + 4$; $x \in \mathbb{R}$, $b \in \mathbb{R}$. Das Schaubild einer Stammfunktion F von f verläuft durch die Punkte $P(3\,|\,-7)$ und $Q\!\left(1\,\big|\,\frac{11}{3}\right)$. Bestimmen Sie $F(x)$.

Grafisches Ableiten und grafisches Aufleiten

Beispiel

⮫ Die Funktion F ist eine Stammfunktion der Polynomfunktion f. Die Abbildung zeigt das Schaubild von F. Leiten Sie hieraus Aussagen über Nullstellen und Extremstellen von f ab.

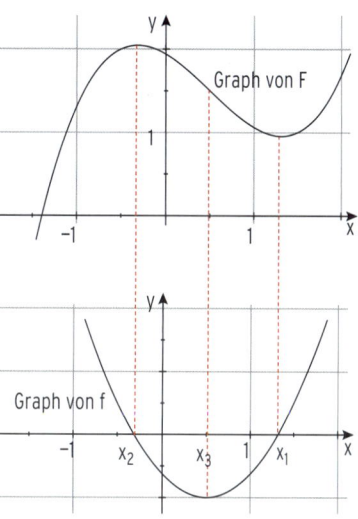

Lösung

Es gilt: $F'(x) = f(x)$. Der Graph von F hat waagrechte Tangenten bei $x_1 \approx 1,3$ bzw. bei $x_2 \approx -0,3$; d.h., an diesen Stellen gilt: $F'(x) = 0$, d.h., x_1 und x_2 sind Nullstellen von f.

Der Graph von F hat einen **Wendepunkt** bei $x_3 \approx 0,5$, d.h., x_3 ist **Extremstelle** von f.

x_3 ist Minimalstelle von f, da der Graph von F in x_3 von einer Rechtskurve in eine Linkskurve wechselt.

Beachten Sie den Zusammenhang von F und f:

Eine **Extremstelle x_1 von F** ist eine **Nullstelle von f:** $F'(x_1) = f(x_1) = 0$.
Eine **Wendestelle x_2 von F** ist eine **Extremstelle von f:** $F''(x_2) = f'(x_2) = 0$.

Beispiel

⮫ Die Funktion F ist eine Stammfunktion der Funktion f. Die Abbildung zeigt das Schaubild von F. Skizzieren Sie ein mögliches Schaubild von f. Welche Aussagen lassen sich über die Funktion f machen?

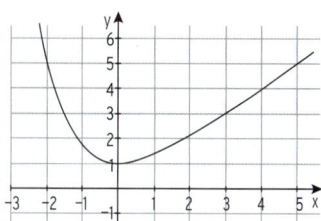

Lösung

Es gilt: $F'(x) = f(x)$
Grafisches Differenzieren von F ergibt das Schaubild von f.

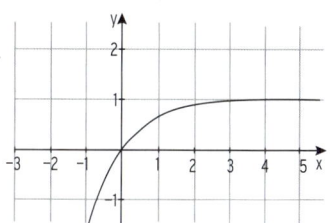

	Graph von F	Graph von f
	F ist monoton wachsend für $x \geq 0$	nicht unterhalb der x-Achse $(f(x) \geq 0)$
$x = 0$	Extremstelle von F	Nullstelle von f (mit Vorzeichenwechsel)
$x \to \infty$	schiefe Asymptote	waagrechte Asymptote

Wenn der Graph der Funktion f gegeben ist, so kann der Graph von F skizziert werden, indem man charakteristische Punkte nutzt und bedenkt, dass $F'(x) = f(x)$ gilt.

Beispiel

⮕ Die Abbildung zeigt den Graphen einer Funktion f. Skizzieren Sie das Schaubild einer Stammfunktion von f.

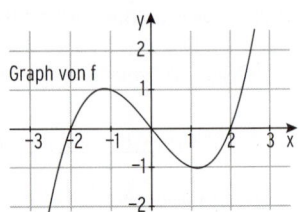

Lösung

Es gilt: $F'(x) = f(x)$.

$f(x)$ ist der **Steigungswert** des Graphen von F an der Stelle x.

- Der Graph von f hat Nullstellen in $x_1 = -2$; $x_2 = 0$; $x_3 = 2$ d.h., der Graph von F hat waagrechte Tangenten in x_1, x_2 und x_3. In $x_1 = -2$ wechselt $f(x)$ das Vorzeichen von $-$ nach $+$ d.h., der Graph von F hat in $x_1 = -2$ eine Minimalstelle.
  Entsprechend gilt:
  Der Graph von F hat in $x_2 = 0$ eine Maximalstelle und in $x_3 = 2$ eine Minimalstelle

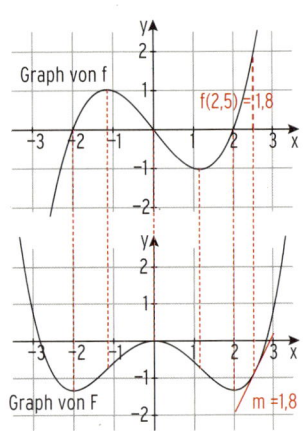

- Der Graph von f hat Extremstellen in $x_4 \approx -1{,}2$ und $x_5 \approx 1{,}2$ (x_4 und x_5 sind Nullstellen von f' mit VZW). An diesen Stellen gilt: $f'(x) = F''(x) = 0$, d.h., der Graph von F hat **Wendepunkte** in x_4 und x_5.

Hinweis: Verschiebt man den Graph von F in y-Richtung, so ergibt sich der Graph einer weiteren Stammfunktion F* von f.

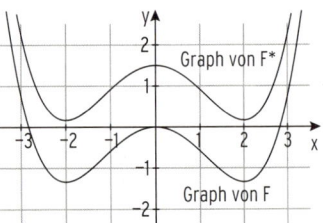

Zusammenhang von F und f (F ist eine Stammfunktion von f)

F bzw. Schaubild von F		f	
waagrechte Tangente in x_0		Nullstelle x_0	
Extremstelle x_0	Maximalstelle x_0 Minimalstelle x_0	Nullstelle x_0 mit VZW	von $+$ nach $-$ von $-$ nach $+$
Wendestelle x_0		Extremstelle x_0	

Merkregel:

ableiten

← N E W →

aufleiten

N steht für Nullstelle mit Vorzeichenwechsel (einfache, dreifache, ... Nullstelle).

Aufgaben

1 Die Abbildung zeigt das Schaubild einer Stammfunktion F von f.
Skizzieren Sie das Schaubild von f.

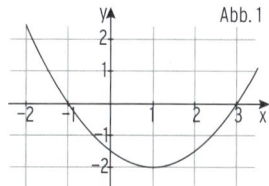

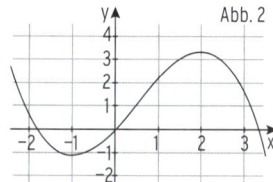

2 Die Abbildung zeigt das Schaubild einer Funktion von f.
Skizzieren Sie das Schaubild einer Stammfunktion F von f.

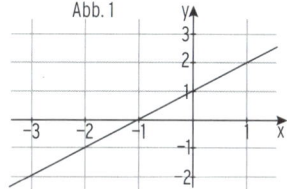

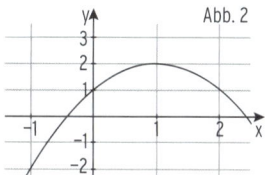

3 In der Abbildung sind die Schaubilder von f und einer Stammfunktion F von f gezeichnet.
Ordnen Sie zu. Begründen Sie Ihre Wahl.

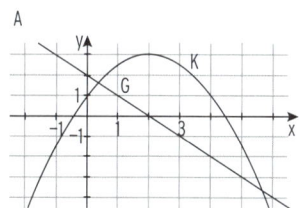

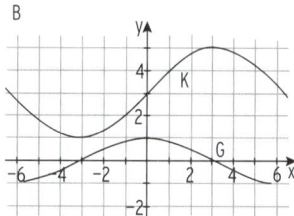

4 Die Abbildung zeigt das Schaubild einer Stammfunktion F von f.
Machen Sie Aussagen über Extremstellen und Nullstellen von f.
Skizzieren Sie das Schaubild von f. Ist das Schaubild von f symmetrisch?

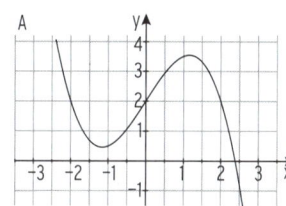

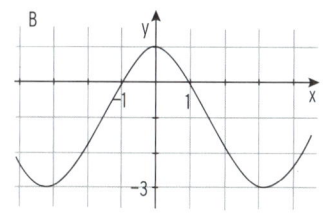

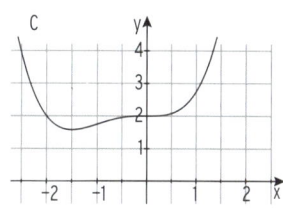

5 Hat f eine Stammfunktion F, so hat f auch eine Stammfunktion, deren Schaubild durch den Ursprung verläuft. Nehmen Sie Stellung zu dieser Behauptung.
Nennen Sie Beispiele oder gegebenenfalls ein Gegenbeispiel.

6 Bestimmen Sie zur Funktion f mit $f(x) = 4x^3 - 4x$; $x \in \mathbb{R}$, zwei verschiedene Stammfunktionen F und H. Bilden Sie $F(2) - F(1)$ bzw. $H(2) - H(1)$ und vergleichen Sie. Interpretieren Sie das Ergebnis.

7 Die Abbildung zeigt das Schaubild K einer Funktion f.
Leiten Sie hieraus Aussagen über Extrem- und Wendestellen einer möglichen Stammfunktion F von f ab. Skizzieren Sie das Schaubild einer Funktion F.

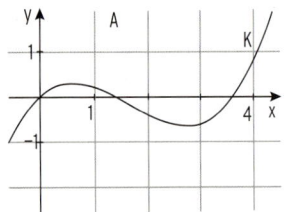 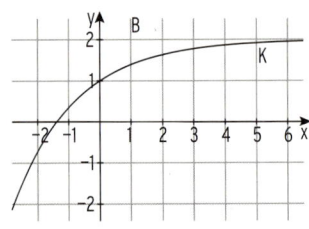 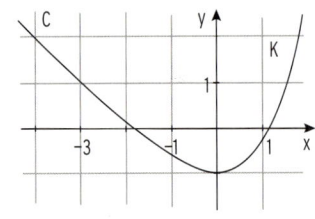

8 Eine Funktion f hat eine Nullstelle $x_0 = 3$. Welche Aussage können Sie über das Schaubild einer zugehörigen Stammfunktion F im Punkt $P(x_0 | \blacksquare)$ machen?

9 Die Abbildung zeigt das Schaubild K einer Funktion f.
Skizzieren Sie das Schaubild einer Stammfunktion von f, die durch $A(1|4)$ verläuft.

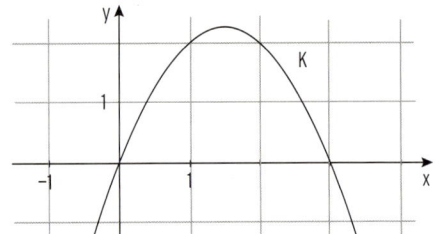

10 Die Abbildung zeigt einen Ausschnitt aus dem Schaubild einer Funktion f. Entscheiden Sie, ob folgende Aussagen über das Schaubild K_F einer Stammfunktion F von f wahr oder falsch sind. Begründen Sie Ihre Entscheidungen.

A:
- $x = 3$ ist Wendestelle von K_F.
- An der Stelle $x = -1$ hat K_F einen Tiefpunkt.
- K_F ist monoton steigend für $x > 0$.

B:
- K_F hat einen Hochpunkt, einen Tiefpunkt und einen Wendepunkt.
- An der Stelle $x = 1$ hat K_F eine Tangente parallel zu $g: y = -\frac{1}{2}x$.
- K_F ist rechtsgekrümmt für $x > 0$.

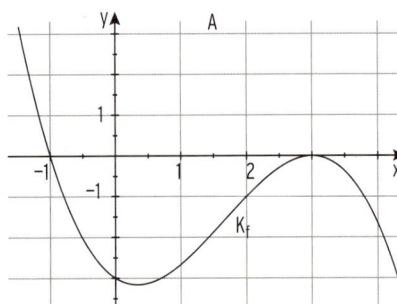

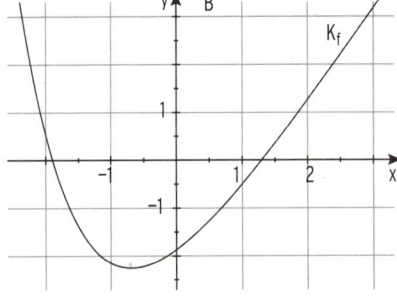

11 Die Abbildung 1 zeigt das Schaubild K einer
Funktion f.
Welche der unten stehenden Abbildungen
zeigt eine mögliche Stammfunktion von f?
Begründen Sie, indem Sie jeweils zwei
Argumente angeben, die zum Ausschluss
einer Kurve führen.

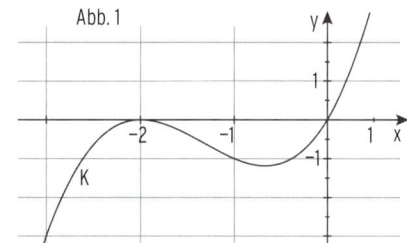

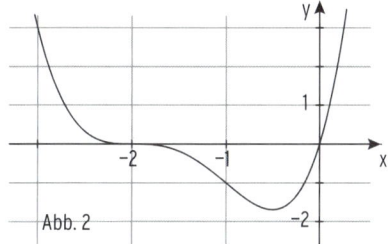

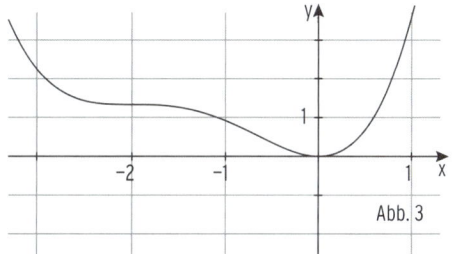

12 Gegeben sind die Schaubilder der Funktion f mit $f(x) = 1 - 2\cos(x)$, ihrer Ableitungsfunktion f', einer Stammfunktion F von f und einer Funktion g.

a) Begründen Sie, dass nur Bild 1 das Schaubild der Funktion f sein kann.

b) Ordnen Sie die Funktionen f', F und g den übrigen Schaubildern zu und begründen Sie Ihre
Entscheidung.

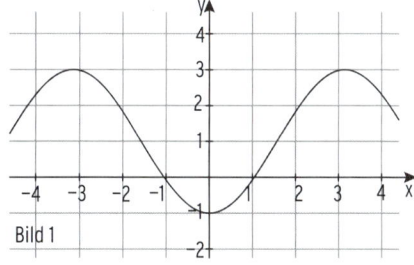

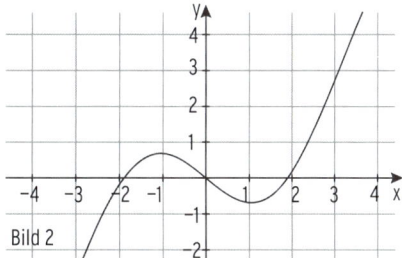

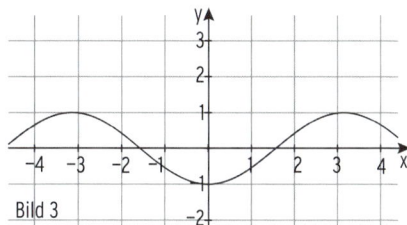

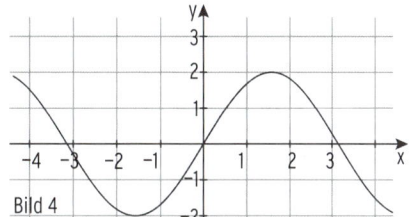

11 Bohner, Ott, Deusch - ISBN 978-3-8120-0303-2

Das unbestimmte Integral

Den Übergang von einer Funktion zu einer Stammfunktion nennt man Integration („Aufleitung").

Beispiel

$f(x) = x^2 + 2x$ $\qquad$ $F(x) = \frac{1}{3}x^3 + x^2 + c = \underbrace{\int (x^2 + 2x)\,dx}$

$\qquad\qquad\qquad\qquad\qquad\qquad\qquad$ neue Schreibweise

---

Beachten Sie:

Die Menge aller Stammfunktionen von f heißt **unbestimmtes Integral** von f.

Neue Schreibweise: $\mathbf{F(x) = \int f(x)\,dx}$ (gelesen: Integral über f von x dx)

Die **Integration** (Aufleitung) ist die **Umkehrung** der **Differenziation** (Ableitung)

---

integrieren (aufleiten)

$F'(x) = f(x)$ $\qquad\qquad$ $F(x) = \int f(x)\,dx$

differenzieren (ableiten)

Beispiele

1) $\int (3x + 4 - 2e^{3x})\,dx = \frac{3}{2}x^2 + 4x - \frac{2}{3}e^{3x} + c$

2) $\int \left(-\frac{x^3}{4} + \frac{2}{3}x^2 - 5x + 2\right)dx = -\frac{1}{16}x^4 + \frac{2}{9}x^3 - \frac{5}{2}x^2 + 2x + c$

3) $\int (5t + \pi \sin(2t))\,dt = \frac{5}{2}t^2 - \frac{\pi}{2}\cos(2t) + c$ (t ist die Integrationsvariable.)

4) $\int x^2\,dx = \frac{1}{3}x^3 + c; \int t^2\,dt = \frac{1}{3}t^3 + c$

Beachten Sie:

$\int a\,x^n\,dx = \frac{a}{n+1}x^{n+1} + c; \; n \neq -1$

$\int e^{kx}\,dx = \frac{1}{k}e^{kx} + c; \; k \neq 0$ $\qquad\qquad$ $\int e^{kx+b}\,dx = \frac{1}{k}e^{kx+b} + c; \; k \neq 0$

$\int \sin(kx)\,dx = -\frac{1}{k}\cos(kx) + c; \; k \neq 0$ $\qquad$ $\int \cos(kx)\,dx = \frac{1}{k}\sin(kx) + c; \; k \neq 0$

Aufgaben

1 Bestimmen Sie $\int f(x)\,dx$.

a) $\int 7\,dx$ $\qquad\qquad$ b) $\int \left(\frac{1}{3}x^2 + 5x - 3\right)dx$ $\qquad\qquad$ c) $\int dx$

d) $\int (2\sin(2x) - \cos(x))\,dx$ $\qquad$ e) $\int (ax^3 + bx + c)\,dx$ $\qquad$ f) $\int \left(x^4 - \frac{3}{5}x^2 + x - 1\right)dx$

g) $\int (0{,}5x^2 - 0{,}25\,e^{3x})\,dx$ $\qquad$ h) $\int (x + 5\cos(2x))\,dx$ $\qquad$ i) $\int (e^{-2} + 4e^{0{,}25t})\,dt$

j) $\int \frac{4}{3}e^{-t}\,dt$ $\qquad\qquad$ k) $\int \left(\frac{1}{8}t^2 + \frac{5}{3}t\right)dt$ $\qquad\qquad$ l) $\int \left(\frac{1}{2}x + 1 - \sin(\pi x)\right)dx$

3 Das bestimmte Integral

Beispiel

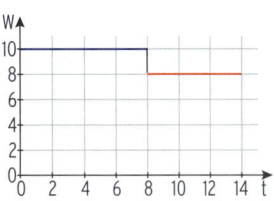

➲ Herr Bohn lässt Wasser in die Badewanne einlaufen.
Das Diagramm zeigt die momentane Durchflussmenge
w in ℓ pro min in Abhängigkeit von der Zeit t in min.
Interpretieren Sie das Diagramm.

Lösung

Die momentane Durchflussmenge beträgt in den ersten 8 Minuten 10 ℓ pro Minute.
In weiteren 6 Minuten laufen 8 ℓ pro Minute ein.
Die Badewanne hat ein Fassungsvermögen von 128 ℓ ($8 \cdot 10 + 6 \cdot 8 = 128$).
Dieses **Fassungsvermögen** entspricht dem **Inhalt der Fläche** zwischen den Geraden mit
$y = 10$ bzw. $y = 8$ und der t-Achse.

Beispiel

➲ Gegeben ist die Funktion f mit $f(x) = 0{,}5\,x$; $x > 0$.
Die zugehörige Gerade G schließt mit der x-Achse eine Fläche ein.
Berechnen Sie den Inhalt A der Fläche über dem Intervall [0; 2], [0; 3,5], [0; x].
Wie lässt sich der Inhalt A über [2; 3,5] bzw. über [a; b] $(b > a > 0)$ bestimmen?

Lösung

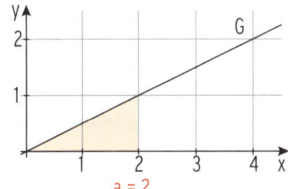 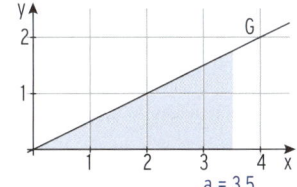 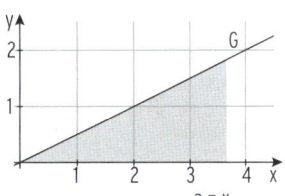

Inhalt der Fläche zwischen der Geraden G und der x-Achse

für **a = 2:** für **a = 3,5:** für **a = x (x > 0):**

$A_1 = \frac{1}{2} \cdot 2 \cdot 1 = 1$ $A_2 = \frac{1}{2} \cdot 3{,}5 \cdot 1{,}75 = 3{,}0625$ $A_3 = \frac{1}{2} \cdot x \cdot \frac{1}{2} x = \frac{1}{4} x^2$

Wir stellen fest: $F(x) = \frac{1}{4} x^2$ ist der Funktionsterm einer Stammfunktion F von f.

Der Inhalt der Fläche zwischen G und der x-Achse über [0; x] lässt sich mit einer Stammfunktion F von f bestimmen, indem man die Grenze x einsetzt: $A_1 = F(2)$; $A_2 = F(3{,}5)$

Inhalt der Fläche zwischen Gerade und x-Achse

über [2; 3,5]: $A = F(3{,}5) - F(2) = 2{,}0625$

über [a; b]: $A = F(b) - F(a) = \frac{1}{4} b^2 - \frac{1}{4} a^2$

Wie lässt sich der Inhalt der Fläche zwischen einer krummlinigen Kurve und der x-Achse berechnen?

Beispiel

⮕ Gegeben ist die Parabel P der Funktion f mit $f(x) = x^2$. Bestimmen Sie den Inhalt der Fläche zwischen Parabel P, x-Achse und der Geraden mit $x = 2$ im 1. Feld.

Lösung

Man bildet eine **Stammfunktion** von f: $F(x) = \frac{1}{3}x^3$

Setzt man für x den Wert 2 ein, so erhält man

$F(2) = \frac{8}{3}$ als Maßzahl des Flächeninhaltes

zwischen Parabel, x-Achse und der Geraden mit

$x = 2$.

Vermutung: $A = F(2) = \frac{8}{3}$

Beweis:

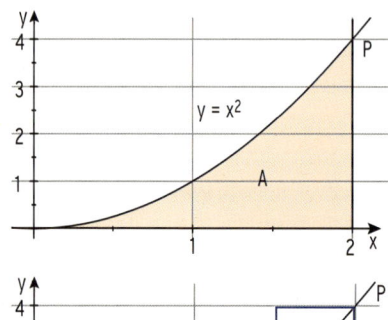

Näherungsweise Bestimmung des Flächeninhaltes durch 4 Rechtecke der Breite $\Delta x = 0{,}5$.

Von unten: $U_4 = \Delta x \cdot (f(0) + f(0{,}5) + f(1) + f(1{,}5))$

Untersumme $U_4 = \frac{1}{2} \cdot \left(\frac{1}{4} + 1 + \frac{9}{4}\right) = 1{,}75$

Von oben: $O_4 = \Delta x \cdot (f(0{,}5) + f(1) + f(1{,}5) + f(2))$

Obersumme $O_4 = 3{,}75$

Der gesuchte Flächeninhalt liegt zwischen 1,75 und 3,75.

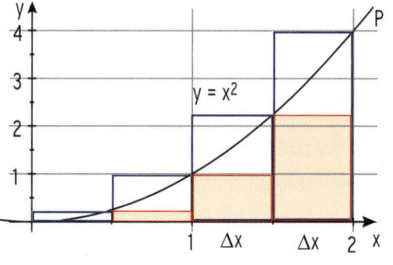

Je größer die Anzahl der Rechtecke ist, umso genauer wird die Näherung.

Näherung durch n Rechtecke mit Breite $\Delta x = \frac{2}{n}$:

Von unten: $U_n = \frac{2}{n} \cdot \left(\frac{2}{n}\right)^2 \cdot (1^2 + 2^2 + 3^2 + \ldots + (n-1)^2)$

Mit $1^2 + 2^2 + 3^2 + \ldots + (n-1)^2 = \frac{1}{6}n(n-1)(2n-1)$ erhält man die

Untersumme $U_n = \left(\frac{2}{n}\right)^3 \cdot \frac{1}{6}n(n-1)(2n-1) = \frac{4}{3} \cdot \left(2 - \frac{3}{n} + \frac{1}{n^2}\right)$.

Für $n \to \infty$ strebt der Term $\left(2 - \frac{3}{n} + \frac{1}{n^2}\right)$ gegen den Wert 2, also $U_n \to \frac{8}{3}$.

Von oben erhält man die Obersumme $O_n = \frac{4}{3} \cdot \left(2 + \frac{3}{n} + \frac{1}{n^2}\right)$.

Für $n \to \infty$ strebt der Term $\left(2 + \frac{3}{n} + \frac{1}{n^2}\right)$ gegen den Wert 2, also $O_n \to \frac{8}{3}$.

Strebt die Anzahl der Rechtecke gegen unendlich, so strebt der Flächeninhalt der

Rechtecke gegen $\frac{8}{3}$. Die Vermutung $A = \frac{8}{3}$ ist bestätigt.

Beachten Sie: $\lim\limits_{n \to \infty} \sum\limits_{i=1}^{n} f(x_i) \Delta x = \int\limits_{0}^{2} f(x)\,dx = \frac{8}{3}$

Diesen Grenzwert nennt man **bestimmtes Integral von f** mit $f(x) = x^2$ von 0 bis 2.

Hinweis: Für $n \to \infty$ wird aus dem Summenzeichen das Integralzeichen und aus Δx wird dx. Das Symbol dx soll an die Breite der Rechtecke erinnern.

Beispiel

⮑ a) Berechnen Sie $\int_0^b x^2\,dx$; $\int_a^b x^2\,dx$.

b) Bestimmen Sie $\int_1^4 x^2\,dx$ und interpretieren Sie den Integralwert.

Lösung

a) Wir unterteilen das Intervall $[0;\,b]$ in n gleiche Teile mit $\Delta x = \frac{b}{n}$ und erhalten die

Obersumme $O_n = \frac{b}{n} \cdot \left(\frac{b}{n}\right)^2 \cdot (1^2 + 2^2 + 3^2 + \dots + n^2)$

$$= \left(\frac{b}{n}\right)^3 \cdot \frac{1}{6} n(n+1)(2n+1) = \frac{b^3}{6} \cdot \left(2 + \frac{3}{n} + \frac{1}{n^2}\right) \to \frac{b^3}{3} \text{ für } n \to \infty$$

Ergebnis: Für das gesuchte Integral gilt: $\displaystyle\lim_{n \to \infty} O_n = \int_0^b x^2\,dx = \frac{b^3}{3}$ (*)

Es gilt: $\int_0^a x^2\,dx = \frac{a^3}{3}$ (vgl. *) und daraus $\int_a^b x^2\,dx = \frac{b^3}{3} - \frac{a^3}{3}$

Für die Funktion f mit $f(x) = x^2$ erhält man: $\int_a^b f(x)\,dx = F(b) - F(a)$

Dabei ist F mit $F(x) = \frac{x^3}{3}$ eine Stammfunktion von f.

b) $\int_1^4 x^2\,dx = F(4) - F(1) = \frac{1}{3} \cdot 4^3 - \frac{1}{3} \cdot 1^3 = 21$

Der Inhalt A der Fläche zwischen dem Graph von f und der x-Achse auf $[1;\,4]$ beträgt 21.

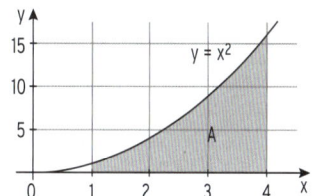

Man kann **vermuten**, dass **allgemein gilt:**

Beachten Sie:

Ist **F eine Stammfunktion** einer beliebigen Funktion f, so lässt sich das bestimmte Integral

von f über $[a;\,b]$ bestimmen durch $\int_a^b f(x)\,dx = F(b) - F(a)$.

Zum Beweis der Vermutung definieren wie eine Funktion mit der oberen Grenze als Variable.

Beachten Sie:

Die Funktion I_a mit $I_a(x) = \int_a^x f(t)\,dt$ heißt **Integralfunktion von f zur unteren Grenze a.** Sie

ordnet jeder Zahl x genau die Zahl $\int_a^x f(t)\,dt$ zu.

Geometrische Deutung: $\int_{0,5}^x t^2\,dt$ gibt den Inhalt der Fläche

zwischen dem Schaubild von f mit $f(t) = t^2$ und der t-Achse von 0,5 bis x ($x \geq 0{,}5$) an. Wenn die Vermutung zutrifft, muss die Integralfunktion I_a eine Stammfunktion von f sein,

es muss gelten $\left(\int_a^x f(t)\,dt\right)' = f(x)$.

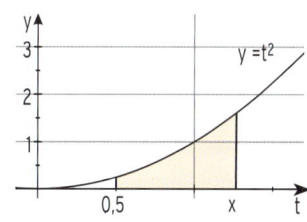

Diesen Zusammenhang beschreibt der **1. Hauptsatz der Differenzial- und Integralrechnung.**

1. Hauptsatz der Differenzial- und Integralrechnung

Jede Integralfunktion I_a einer Funktion f ist eine Stammfunktion von f.

$$I_a(x) = \int_a^x f(t)\,dt \;\Rightarrow\; I_a'(x) = f(x)$$

Beweis:

Für alle $x \in [a; b]$ ist f eine (stetige) Funktion, also gilt: $I_a'(x) = \lim_{h \to 0} \dfrac{I_a(x+h) - I_a(x)}{h}$

Es ist zu zeigen, dass der Grenzwert existiert und gleich f(x) ist.

f nimmt auf [a; b] einen größten (f_{max}) und einen kleinsten (f_{min}) Funktionswert an.

Also gilt:

$$h \cdot f_{min} \quad \le \quad I_a(x+h) - I_a(x) \quad \le \quad h \cdot f_{max}$$

kleines Rechteck   rote Fläche   großes Rechteck

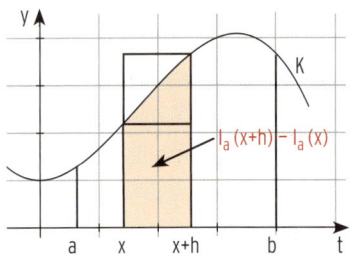

Daraus folgt: $f_{min} \le \dfrac{I_a(x+h) - I_a(x)}{h} \le f_{max}$

Für $h \to 0$ streben f_{min} und f_{max} gegen f(x), also ist

$$f(x) \le \lim_{h \to 0} \frac{I_a(x+h) - I_a(x)}{h} \le f(x)$$

und somit $\lim\limits_{h \to 0} \dfrac{I_a(x+h) - I_a(x)}{h} = f(x) \;\Rightarrow\; I_a'(x) = f(x).$

Die Ableitungsfunktion der Integralfunktion von f ist gleich der Funktion f.

Zusammenhang von bestimmtem Integral $\int_a^b f(x)\,dx$ und Stammfunktion:

Eine Integralfunktion ist eine Stammfunktion von f.

Es gilt: $\int_a^x f(t)\,dt = F(x) + c;$ für $x = b$: $\int_a^b f(t)\,dt = F(b) + c;$

für $x = a$: $\int_a^a f(t)\,dt = F(a) + c = 0 \;\Leftrightarrow\; c = -F(a);$ einsetzen ergibt $\int_a^b f(t)\,dt = F(b) - F(a).$

Das bestimmte Integral über f kann mithilfe einer beliebigen Stammfunktion von f in der folgenden Weise berechnet werden:

2. Hauptsatz der Differenzial- und Integralrechnung

Ist F eine beliebige Stammfunktion einer Funktion f, so gilt: $\int_a^b f(x)\,dx = F(b) - F(a)$

Hinweis: Für $F(b) - F(a)$ schreibt man $[F(x)]_a^b$, also $\int_a^b f(x)\,dx = [F(x)]_a^b = F(b) - F(a).$

Unterscheiden Sie: Das unbestimmte Integral ist eine Menge von Funktionen (Stammfunktionen): $\int f(x)\,dx = F(x) + c$

Das bestimmte Integral ist eine reelle Zahl: $\int_a^b f(x)\,dx = F(b) - F(a)$

Berechnung von bestimmten Integralen

Beispiel

➲ Berechnen Sie.

a) $\int\limits_{-1}^{3} (x^2 - 1)\,dx$
b) $\int\limits_{0}^{\frac{\pi}{4}} (\sin(4x) + 1)\,dx$
c) $\int\limits_{0}^{3} (2\cos(0,5x) - 3)\,dx$

Lösung

a) $\int\limits_{-1}^{3} (x^2 - 1)\,dx = \left[\frac{1}{3}x^3 - x\right]_{-1}^{3} = \frac{1}{3}(3)^3 - 3 - \left(\frac{1}{3}(-1)^3 - (-1)\right) = 6 - \frac{2}{3} = \frac{16}{3}$

b) $\int\limits_{0}^{\frac{\pi}{4}} (\sin(4x) + 1)\,dx = \left[-\frac{1}{4}\cos(4x) + x\right]_{0}^{\frac{\pi}{4}} = -\frac{1}{4}\cos\left(4 \cdot \frac{\pi}{4}\right) + \frac{\pi}{4} - \left(-\frac{1}{4}\cos(4 \cdot 0)\right)$

$\int\limits_{0}^{\frac{\pi}{4}} (\sin(4x) + 1)\,dx = \frac{\pi}{4} + \frac{1}{2}$

c) $\int\limits_{0}^{3} (2\cos(0,5x) - 3)\,dx = [4\sin(0,5x) - 3x]_{0}^{3} = 4\sin(1,5) - 9 = -5,01$

Beispiel

➲ Zeigen Sie: $\int\limits_{-1}^{0} (1 - e^{-x} - e \cdot x)\,dx = 2 - \frac{e}{2}$

$\int\limits_{-1}^{0} (1 - e^{-x} - e \cdot x)\,dx = \left[x + e^{-x} - e \cdot \frac{x^2}{2}\right]_{-1}^{0}$

$\qquad\qquad = 1 - \left(-1 + e - \frac{e}{2}\right) = 2 - \frac{e}{2},$ was zu zeigen war.

Beispiel

➲ Bestätigen Sie: $\int\limits_{0}^{\pi} (\sin(2x) - 2)\,dx = -2\pi$.

Lösung

$\int\limits_{0}^{\pi} (\sin(2x) - 2)\,dx = [-0,5\cos(2x) - 2x]_{0}^{\pi} = -0,5 - 2\pi - (-0,5) = -2\pi$

$\int\limits_{0}^{\pi} (\sin(2x) - 2)\,dx = -2\pi$

Hinweis: Für die Berechnung eines bestimmten Integrals ist die Konstante c ohne Einfluss.

$\int\limits_{1}^{3} x^2\,dx = \left[\frac{1}{3}x^3 + c\right]_{1}^{3} = F(3) - F(1) = 9 + c - \left(\frac{1}{3} + c\right) = \frac{26}{3}$ **unabhängig von c**

> **Berechnung des Integrals $\int_a^b f(x)\,dx$ in folgenden Schritten:**
>
> 1) Eine **Stammfunktion F von f** bilden (ohne die Konstante c).
> 2) Obere Grenze $x = b$ in $F(x)$ einsetzen, untere Grenze $x = a$ in $F(x)$ einsetzen.
> 3) Differenz bilden: $F(b) - F(a)$
>
> **Schreibweise:** $\int_a^b f(x)\,dx = [F(x)]_a^b = F(b) - F(a)$
>
> Gelesen: **Integral von a bis b über f von x dx.**
>
> **Hinweis:** Die **Bestimmung einer Stammfunktion** heißt **Integration.**
>
> In $\int f(x)\,dx$ heißt **x Integrationsvariable** und **f(x) Integrand.**

Aufgaben

1 Berechnen Sie den Integralwert.

a) $\displaystyle\int_0^2 (2x + 1)\,dx$

b) $\displaystyle\int_{-1}^3 0{,}5\,x^3\,dx$

c) $\displaystyle\int_0^{-1} \frac{1}{2}e^{3x}\,dx$

d) $\displaystyle\int_{-\pi}^0 4\sin(2x)\,dx$

e) $\displaystyle\int_{-2}^2 (-0{,}5\,x^4 + 2)\,dx$

f) $\displaystyle\int_0^{\frac{1}{3}\pi} -2\cos(3x)\,dx$

g) $\displaystyle\int_{-1}^0 (1 - e^{-x})\,dx$

h) $\displaystyle\int_{-2}^1 \frac{1}{4}e^{2+x}\,dx$

i) $\displaystyle\int_0^4 \left(x^2 - \frac{x}{3}\right)\,dx$

2 Bestimmen Sie die folgenden Integrale.

a) $\displaystyle\int_{-1}^2 (0{,}5\,x^2 + 6x - 1)\,dx$

b) $\displaystyle\int_0^4 (-2x^3 + \sin(2x))\,dx$

c) $\displaystyle\int_0^{-1} \left(3x + \frac{5}{2}e^{-x}\right)\,dx$

d) $\displaystyle\int_1^6 \left(x - 3\cos\left(\frac{\pi}{4}x\right)\right)\,dx$

e) $\displaystyle\int_{-2}^2 (0{,}25\,x^3 + x)\,dx$

f) $\displaystyle\int_0^{\frac{2}{3}\pi} \sin(3x)\,dx$

g) $\displaystyle\int_{-1}^4 (ax + x^3)\,dx$

h) $\displaystyle\int_{-2}^u \left(x^4 - \frac{1}{4}x^2\right)\,dx$

i) $\displaystyle\int_{-1}^2 \left(\frac{1}{12}(x^4 - x)\right)\,dx$

3 Maria hat berechnet: $\displaystyle\int_0^2 (e^x - e\cdot x)\,dx = e^2 - 2e - 1$. Nehmen Sie Stellung.

4 Bestimmen Sie.

a) $\displaystyle\int_{-2}^a (-x^2 - 2x)\,dx$

b) $\displaystyle\int_0^u \left(\frac{1}{3}x^3 + 1\right)\,dx$

5 Zeigen Sie.

a) $\displaystyle\int_{-1}^0 \cos\left(\frac{\pi}{6}x\right)\,dx = \frac{3}{\pi}$

b) $\displaystyle\int_0^2 \left(2 - e^{\frac{1}{2}x}\right)\,dx = 6 - 2e$

Integrationsregeln

Die folgenden Regeln sollen die Integration vereinfachen.

Beispiel

➔ Bestimmen Sie: $\int_0^2 x^2\,dx$ und $\int_0^2 0{,}5\,x^2\,dx$. Gibt es einen Zusammenhang?

Lösung

$\int_0^2 x^2\,dx = \dfrac{8}{3}$

$\int_0^2 0{,}5\,x^2\,dx = \dfrac{4}{3}$

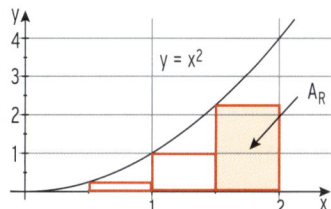 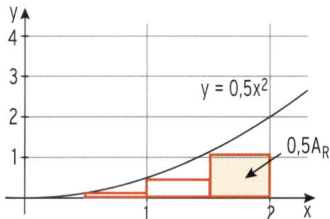

Das rot markierte Rechteck in der rechten Abbildung ist halb so groß wie das rot markierte Rechteck in der linken Abbildung. Dies gilt für alle entsprechenden Rechtecksinhalte.

Zusammenhang: $\int_0^2 0{,}5\,x^2\,dx = 0{,}5\int_0^2 x^2\,dx$

Faktorregel: $\int_a^b c\cdot f(x)\,dx = c\cdot\int_a^b f(x)\,dx$

Konstante Faktoren können vor das Integral gezogen werden.

Beispiel

➔ Bestimmen Sie: $\int_0^2 x^2\,dx$, $\int_0^2 1\,dx$ und $\int_0^2 (x^2 + 1)\,dx$. Gibt es einen Zusammenhang?

Lösung

$\int_0^2 x^2\,dx = \left[\dfrac{1}{3}x^3\right]_0^2 = \dfrac{8}{3}$

$\int_0^2 1\,dx = [x]_0^2 = 2$

$\int_0^2 (x^2 + 1)\,dx = \dfrac{14}{3}$

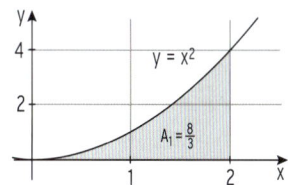 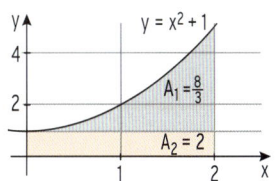

Zusammenhang: $\int_0^2 x^2\,dx + \int_0^2 1\,dx = \int_0^2 (x^2 + 1)\,dx$

Summenregel: $\int_a^b f(x)\,dx \pm \int_a^b g(x)\,dx = \int_a^b \big(f(x) \pm g(x)\big)\,dx$

Beispiel

➲ Bestimmen Sie: $\int_0^1 x^2\,dx$, $\int_1^3 x^2\,dx$ und $\int_0^3 x^2\,dx$. Gibt es einen Zusammenhang?

Lösung

$\int_0^1 x^2\,dx = \frac{1}{3}$; $\int_1^3 x^2\,dx = \frac{26}{3}$; $\int_0^3 x^2\,dx = 9$

Zusammenhang: $\int_0^1 x^2\,dx + \int_1^3 x^2\,dx = \int_0^3 x^2\,dx$

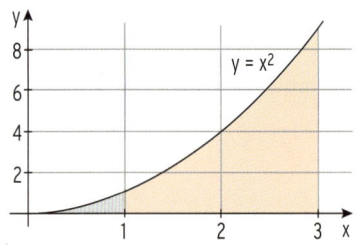

Intervalladditivität: $\int_a^b f(x)\,dx + \int_b^c f(x)\,dx = \int_a^c f(x)\,dx$

Beispiel

➲ Bestimmen Sie: $\int_a^b f(x)\,dx$ und $\int_b^a f(x)\,dx$. Gibt es einen Zusammenhang?

Lösung

$\int_a^b f(x)\,dx = F(b) - F(a)$; $\int_b^a f(x)\,dx = F(a) - F(b) = -(F(b) - F(a))$; $\int_a^b f(x)\,dx = -\int_b^a f(x)\,dx$

Vertauschen der Intervallgrenzen: $\int_a^b f(x)\,dx = -\int_b^a f(x)\,dx$

Beispiel

➲ Das Integral $\int_0^4 f(x)\,dx = -6$ ist bekannt. Machen Sie Aussagen über $\int_0^4 0{,}25\,f(x)\,dx$ und $\int_4^0 f(x)\,dx$.

Lösung

$\int_0^4 0{,}25\,f(x)\,dx = 0{,}25 \cdot \int_0^4 f(x)\,dx = 0{,}25 \cdot (-6) = -1{,}5$ Anwendung der Faktorregel

$\int_4^0 f(x)\,dx = -\int_0^4 f(x)\,dx = -(-6) = 6$

$\int_4^0 f(x)\,dx = 6$ Vertauschen der Integralgrenzen

Aufgaben

1 Das Integral $\int_{-2}^{2} f(x)\,dx = 3$ ist bekannt. Machen Sie Aussagen über $\int_{-2}^{2} (2\,f(x))\,dx$;

$\int_{-2}^{2} (f(x) + 1)\,dx$; $\int_{-2}^{2} (-f(x))\,dx$ und $\int_{2}^{-2} (-f(x))\,dx$.

2 Berechnen Sie $\int_{0}^{3} \left(e^{\frac{1}{3}x} - 2\right) dx$ und $\int_{3}^{0} \left(e^{\frac{1}{3}x} - 2\right) dx$. Vergleichen Sie die Ergebnisse.

3 Formulieren Sie einen möglichen Zusammenhang zwischen folgenden Integralen:

a) $\int_{-1}^{1} (x^3 + 1)\,dx$; $\int_{-1}^{1} (-1 - 4x)\,dx$; $\int_{-1}^{1} (x^3 - 4x)\,dx$ \qquad b) $\int_{0}^{\pi} \sin(x)\,dx$; $\int_{0}^{1} \sin(x)\,dx$; $\int_{1}^{\pi} \sin(x)\,dx$

4 Für eine Funktion f sind folgende Integrale bekannt: $\int_{-1}^{1} f(x)\,dx = 4$; $\int_{-1}^{4} f(x)\,dx = 25$.

Bestimmen Sie $\int_{1}^{4} f(x)\,dx$ und $\int_{4}^{-1} f(x)\,dx$. Was gilt für $\int_{2}^{2} f(x)\,dx$?

5 Welche der Behauptungen für die Funktion f mit $f(x) = \frac{1}{5}x^4 + x^2 + 1$ sind richtig

bzw. falsch? Begründen Sie.

a) $\int_{1}^{4} f(x)\,dx = \int_{4}^{1} f(x)\,dx$ \qquad\qquad\qquad b) $\int_{-3}^{0} f(x)\,dx + \int_{0}^{1} f(x)\,dx = \int_{-3}^{1} f(x)\,dx$

c) $\int_{0}^{5} (-f(x))\,dx = \int_{5}^{0} f(x)\,dx$ \qquad\qquad\qquad d) $\int_{-a}^{a} f(x)\,dx = 0$ für $a \neq 0$.

6 Das Schaubild der Funktion f begrenzt mit der x-Achse eine Fläche (siehe Abbildung). Bestimmen Sie die folgenden Integral- werte und erläutern Sie Ihre Ergebnisse:

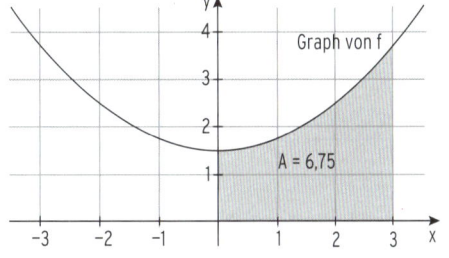

a) $\int_{0}^{3} f(x)\,dx$ \qquad\qquad b) $\int_{3}^{0} f(x)\,dx$

c) $\int_{0}^{3} (-f(x))\,dx$ \qquad\qquad d) $\int_{-3}^{0} f(x)\,dx$

e) $\int_{0}^{3} (f(x) - 1)\,dx$ \qquad\qquad f) $\int_{-3}^{3} f(x)\,dx$

7 Zeigen Sie am Beispiel der Funktion f mit $f(x) = x - 2e^{-x}$, dass gilt:

$\int_{-1}^{0} f(x)\,dx + \int_{0}^{1} f(x)\,dx = \int_{-1}^{1} f(x)\,dx$.

4 Flächeninhaltsberechnung mithilfe der Integralrechnung

4.1 Fläche zwischen Kurve und x-Achse

Beispiele

K: $f(x) = -\frac{1}{3}x^2 + \frac{1}{3}x + 2$

$$\int_{-2}^{2} f(x)\,dx = \left[-\frac{1}{9}x^3 + \frac{1}{6}x^2 + 2x\right]_{-2}^{2}$$

$$\int_{-2}^{2} f(x)\,dx = \frac{56}{9}$$

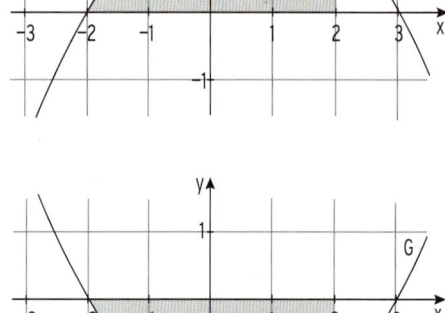

Die Fläche zwischen Kurve und x-Achse liegt **oberhalb** der x-Achse.

Die Fläche hat den Inhalt $\frac{56}{9}$.

G: $g(x) = \frac{1}{3}x^2 - \frac{1}{3}x - 2$

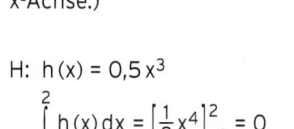

$$\int_{-2}^{2} g(x)\,dx = -\frac{56}{9} < 0$$

Das Integral liefert **nicht** den Inhalt der Fläche.

Die Fläche zwischen Kurve und x-Achse liegt **unterhalb** der x-Achse.

Die Fläche hat den Inhalt $\frac{56}{9}$.

(G entsteht aus K durch Spiegelung an der x-Achse.)

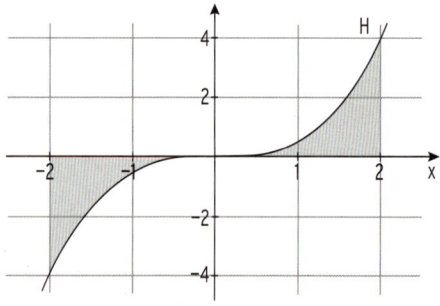

H: $h(x) = 0{,}5\,x^3$

$$\int_{-2}^{2} h(x)\,dx = \left[\frac{1}{8}x^4\right]_{-2}^{2} = 0$$

Das Integral liefert **nicht** den Inhalt der Fläche.

Die Fläche zwischen Kurve und x-Achse liegt **unterhalb** und **oberhalb** der x-Achse.

Wegen $\int_{0}^{2} h(x)\,dx = 2$ und der Symmetrie von H zu O hat die Fläche den Inhalt $2 \cdot 2 = 4$.

Man stellt fest:

Nur wenn die Fläche zwischen einer Kurve K und der x-Achse **oberhalb der x-Achse liegt**, liefert das zugehörige **Integral** den **Flächeninhalt**.

Die Fläche liegt oberhalb der x-Achse

Beispiel

⮕ Gegeben ist die Funktion f mit $f(x) = \sin(2x) + 2;\ x \in \mathbb{R}$ mit Schaubild K.

K schließt mit der x-Achse auf $\left[0; \frac{3}{2}\pi\right]$ eine Fläche ein. Berechnen Sie den Inhalt.

Lösung

K von f verläuft wegen $\sin(2x) \geq -1$
oberhalb der x-Achse: $f(x) > 0$

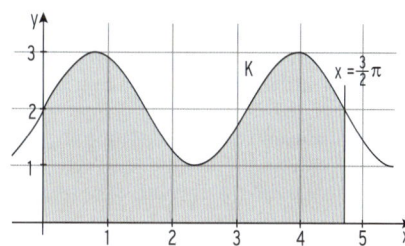

$$\int_{0}^{1,5\pi} (\sin(2x) + 2)\,dx = \left[-\frac{1}{2}\cos(2x) + 2x\right]_{0}^{1,5\pi}$$

$$= -\frac{1}{2} \cdot (-1) + 3\pi - \left(-\frac{1}{2} \cdot 1\right) = 3\pi + 1$$

Inhalt der Fläche: $A = 3\pi + 1$

> **Beachten Sie:** Verläuft K von f für alle $x \in [a; b]$ **oberhalb der x-Achse**, so liefert das
> Integral $\int_{a}^{b} f(x)\,dx$ die Maßzahl für den **Flächeninhalt zwischen K, der x-Achse und den**
> **Geraden mit den Gleichungen x = a und x = b:** $A = \int_{a}^{b} f(x)\,dx$

Die Fläche liegt unterhalb der x-Achse

Beispiel

⮕ Der Graph der Funktion f mit $f(x) = \frac{1}{2}x^2 - 2;\ x \in \mathbb{R}$, die Koordinatenachsen und die

Gerade mit x = 1 begrenzen eine Fläche. Berechnen Sie den Inhalt dieser Fläche.

Lösung

Nullstellen von f: $f(x) = 0$ $\frac{1}{2}x^2 - 2 = 0 \Leftrightarrow x^2 = 4$

Wurzelziehen ergibt $x_1 = -2;\ x_2 = 2 > 1$

f hat keine Nullstelle auf [0; 1].

Berechnung des Flächeninhalts:

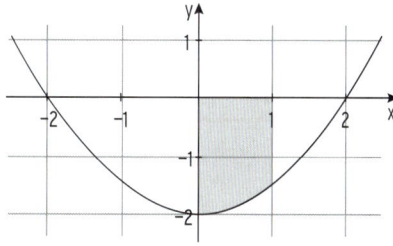

$$\int_{0}^{1} f(x)\,dx = \left[\frac{1}{6}x^3 - 2x\right]_{0}^{1}$$

$$= \frac{1}{6} - 2 = -\frac{11}{6}$$

Die Fläche hat den Inhalt $A = \frac{11}{6}$.

Hinweis: $A = \left|-\frac{11}{6}\right| = \frac{11}{6}$

> **Beachten Sie:** Verläuft K von f für alle $x \in [a; b]$ **unterhalb der x-Achse,** liefert $\int_{a}^{b} f(x)\,dx$
> **eine negative Zahl.** Für den **Inhalt der Fläche** zwischen Kurve, x-Achse und den Geraden
> mit den Gleichungen x = a und x = b gilt: $A = -\int_{a}^{b} f(x)\,dx$.
> Schreibweise mit **Betrag:** $A = \left|\int_{a}^{b} f(x)\,dx\right|$

Die Funktion f hat eine Nullstelle im Integrationsintervall

Beispiel

⮕ K ist das Schaubild der Funktion f mit $f(x) = -\frac{1}{2}x^2 + \frac{1}{2}x + 3$.

Wie groß ist die Fläche, die von K und der x-Achse auf $[-2; 4]$ begrenzt wird?

Lösung

Nullstelle von f: $f(x) = 0$ ergibt $x_1 = -2$; $x_2 = 3$

f hat 2 einfache Nullstellen auf dem Integrationsintervall $[-2; 4]$.

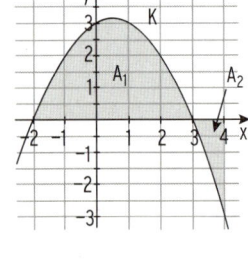

Das Integral $\int_{-2}^{4} f(x)\,dx = 9$ liefert nicht den Inhalt der Fläche.

Der gesuchte Inhalt muss also **in zwei Schritten** berechnet werden:

$$\int_{-2}^{3} f(x)\,dx = \left[-\frac{1}{6}x^3 + \frac{1}{4}x^2 + 3x\right]_{-2}^{3} = 10,42$$

$A_1 = 10,42$; die zugehörige Fläche liegt **oberhalb der x-Achse.**

$\int_{3}^{4} f(x)\,dx = -1,42 < 0$; $A_2 = 1,42$; die zugehörige Fläche liegt **unterhalb der x-Achse.**

$A_{ges} = A_1 + A_2 = 10,42 + 1,42 = 11,84$

Beispiel

⮕ Der Graph von f mit $f(x) = 0,25\,e^{-x} - 1$ begrenzt mit der x-Achse und den Geraden mit $x = -3$ und $x = 0$ eine Fläche. Bestimmen Sie den Inhalt dieser Fläche.

Lösung

Nullstelle von f: $f(x) = 0$ $0,25\,e^{-x} - 1 = 0$

$x = -\ln(4)$

Stammfunktion von f: $F(x) = -0,25\,e^{-x} - x$

Da f auf $[-3; 0]$, in $x = -\ln(4)$, das **Vorzeichen wechselt,**

muss der Inhalt in zwei Schritten berechnet werden:

• 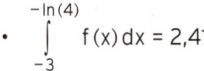 $\int_{-3}^{-\ln(4)} f(x)\,dx = 2,41$

• $\int_{-\ln(4)}^{0} f(x)\,dx = -0,64$

$A_{ges} = 2,41 + 0,64 = 3,05$. Der Inhalt der **Gesamtfläche** beträgt etwa 3,05.

Hinweis: 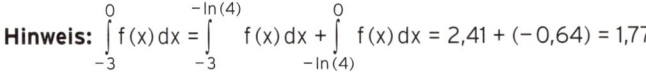 $\int_{-3}^{0} f(x)\,dx = \int_{-3}^{-\ln(4)} f(x)\,dx + \int_{-\ln(4)}^{0} f(x)\,dx = 2,41 + (-0,64) = 1,77$

Das Integral $\int_{-3}^{0} f(x)\,dx = 1,77$ liefert **nicht den gesuchten Inhalt,** sondern den

Wert der **Flächenbilanz.** Der Inhalt der Fläche oberhalb der x-Achse ist 1,77 größer als der Inhalt der Fläche unterhalb der x-Achse.

Beispiel

➲ K ist das Schaubild der Funktion f mit $f(x) = \frac{1}{8}x^3 - \frac{1}{2}x^2; \; x \in \mathbb{R}$.

Wie groß ist die Fläche, die von K und der x-Achse auf $[-1; 5]$ begrenzt wird?

Lösung

Nullstelle von f: $f(x) = 0 \qquad x_{1/2} = 0; \; x_3 = 4$

f hat auf dem Integrationsintervall $[-1; 5]$ eine Nullstelle ohne VZW $(x_{1|2} = 0)$ und eine Nullstelle mit VZW $(x_3 = 4)$.

Das Integral $\int_{-1}^{5} f(x)\,dx = -1{,}5$ liefert **nicht den Inhalt der Fläche.**

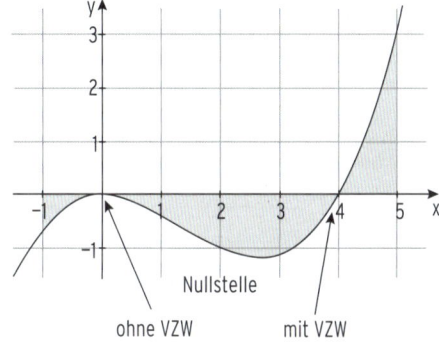

Flächeninhaltsberechnung:

- $\int_{-1}^{4} f(x)\,dx = -2{,}86$

- $\int_{4}^{5} f(x)\,dx = 1{,}36$

Nullstelle
ohne VZW

Nullstelle
mit VZW

Gesamtinhalt: $A_{ges} = 2{,}86 + 1{,}36 = 4{,}22$

Bemerkung: Bei der Flächeninhaltsberechnung darf man **über eine doppelte Nullstelle (Nullstelle ohne Vorzeichenwechsel) hinweg** integrieren.

Hinweis: $\int_{-1}^{5} f(x)\,dx = \int_{-1}^{4} f(x)\,dx + \int_{4}^{5} f(x)\,dx = -2{,}86 + 1{,}36 = -1{,}50$ (Wert der Flächenbilanz)

Der Inhalt der Fläche unterhalb der x-Achse ist um 1,5 größer als der Inhalt der Fläche oberhalb der x-Achse.

Berechnung des Inhalts der Fläche zwischen dem Graph von f und der x-Achse auf [a; b]

1) Berechnung der Nullstellen von f auf $[a; b]$: $f(x) = 0$ liefert $x_1, x_2, ...$

2) Berechnung der Integrale
- $\int_{a}^{x_1} f(x)\,dx$

- $\int_{x_1}^{x_2} f(x)\,dx$

- $\int_{x_2}^{b} f(x)\,dx$

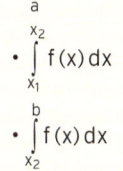

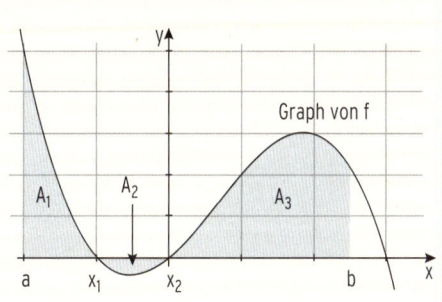

Graph von f

3) **Addition der Beträge der Integralwerte** ergibt den **gesamten Flächeninhalt:**

$A = A_1 + A_2 + A_3$

Beispiel

⭢ Gegeben ist die Funktion f mit $f(x) = 2e^{-0,5x}$; $x \in \mathbb{R}$ mit Schaubild K.
K, die Koordinatenachsen und die Gerade mit $x = u$, $u > 0$, schließen eine Fläche mit
Inhalt $A(u)$ ein. Für welchen Wert von u gilt: $A(u) = 2$?
Zeigen Sie: $A(u)$ wird nicht größer als 4.

Lösung

Veranschaulichung der Fläche:

Rechte Integrationsgrenze: u
Fläche zwischen K und der x-Achse auf [0; u]:

$$\int_0^u f(x)\,dx = \left[-4e^{-0,5x}\right]_0^u = -4e^{-0,5u} + 4$$

Inhalt der Fläche in Abhängigkeit von u: $\qquad A(u) = -4e^{-0,5u} + 4$

Bedingung: $A(u) = 2$
$$-4e^{-0,5u} + 4 = 2$$
$$e^{-0,5u} = \frac{1}{2}$$
$$u = -2\ln\left(\frac{1}{2}\right) \approx 1,39$$

Die Fläche zwischen K, den Koordinatenachsen und der Geraden mit $x = -2\ln\left(\frac{1}{2}\right)$
hat den Inhalt 2. Für $u \to \infty$ gilt: $A(u) \to 4$, da $-4e^{-0,5u} \to 0$
Schreibweise: $\lim\limits_{u \to \infty} A(u) = 4$
Die Fläche hat einen endlichen Inhalt $A = 4$. $A(u)$ wird nicht größer als 4.

Aufgaben

1 Bestimmen Sie den Inhalt der gefärbten Fläche.

K_1: $f(x) = -\frac{1}{2}x^2 - x$ $\qquad$ K_2: $f(x) = e^{0,5x} + 1$ $\qquad$ K_3: $f(x) = 3\sin(x)$

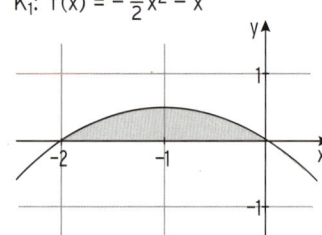 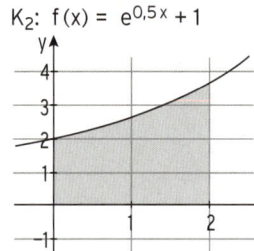 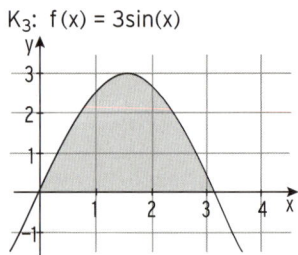

2 Gegeben ist die Funktion f. Berechnen Sie den Inhalt der Fläche zwischen dem Graph von f
und der x-Achse über dem Intervall [a; b]. f hat keine Nullstelle in [a; b].

a) $f(x) = \cos(x) + 2$; $[-\pi; 1]$ $\qquad$ **b)** $f(x) = \frac{1}{4}x^3 - \frac{3}{4}x^2 + 5$; $[-1; 0]$

3 Gegeben ist die Funktion f mit $x \in \mathbb{R}$. Skizzieren Sie das Schaubild von f. Bestimmen Sie
eine Stammfunktion von f und damit den Inhalt der Fläche, die vom Graph von f und der
x-Achse eingeschlossen wird.

a) $f(x) = (x - 2)(x + 1)$ $\qquad$ **b)** $f(x) = -\frac{2}{3}x^3 + 4x^2$ $\qquad$ **c)** $f(x) = -\frac{1}{3}x^4 + 2x^3 - 3x^2$

4 K ist das Schaubild der Funktion f mit
$f(x) = \frac{1}{8}x^3 - \frac{3}{4}x^2 + 5; \ x \in \mathbb{R}.$

Berechnen Sie den Inhalt der Fläche, die von K,
den Koordinatenachsen und der Parallelen zur y-Achse
durch den Tiefpunkt eingeschlossen wird.

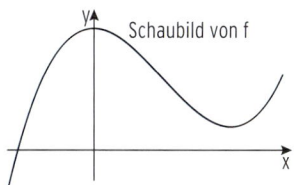
Schaubild von f

5 Die Funktion f mit $f(x) = 3 - 0,5e^{-x}; \ x \in \mathbb{R}$ hat das
Schaubild K.

K und die Koordinatenachsen begrenzen eine Fläche. Berechnen Sie den Inhalt exakt.

6 Bestimmen Sie den Inhalt der gefärbten Fläche.

$K_1: f(x) = x^3 + 2x^2 + x + 2;$ $\quad K_2: f(x) = -x + e^{0,5x} - 1;$ $\quad K_3: f(x) = 2\cos(2x)$

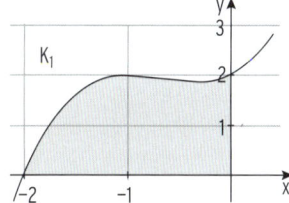 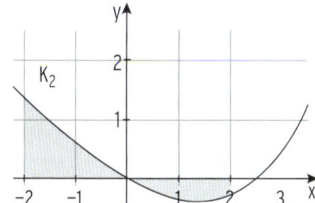 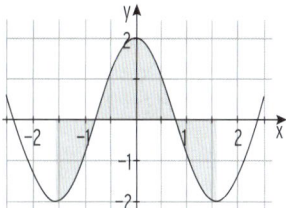

7 Das Schaubild der Funktion f mit $f(x) = \frac{1}{4}x(x^2 - 6x + 8); \ x \in \mathbb{R},$ schließt mit der x-Achse
zwei Flächenstücke ein. Zeigen Sie: Die Flächenstücke sind inhaltsgleich.

8 Interpretieren Sie das Ergebnis von $\int\limits_{-1}^{3}(-x + 1)\,dx.$

9 Die Abbildung zeigt den Graph der Funktion f.
Wählen Sie aus {0,73; −1; 2,53; −1,067; 6,62; 1,27} für
jedes Integral einen geeigneten Integralwert aus:

$\int\limits_{0}^{1}f(x)\,dx, \ \int\limits_{2}^{1}f(x)\,dx, \ \int\limits_{2}^{-2}f(x)\,dx$

Begründen Sie Ihre Wahl.

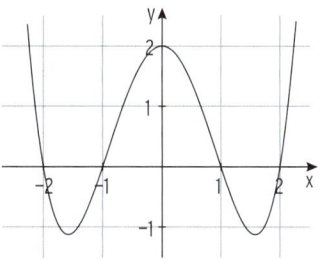

10 Nehmen Sie Stellung: $\int\limits_{-3}^{3}f(x)\,dx = 0.$ Welche Aussagen lassen sich über den Graphen von f
machen?

11 K_f ist das Schaubild der Funktion f mit
$f(x) = 1 - 2\sin(x); \ x \in [0; 2\pi].$
Berechnen Sie den Inhalt A der markierten
Fläche (siehe Abb.).

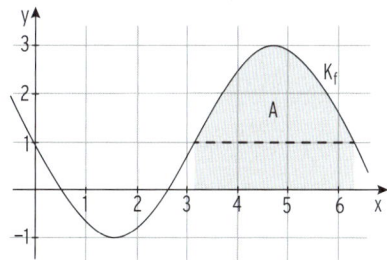

12 Bohner, Ott, Deusch - ISBN 978-3-8120-0303-2

12 Der Graph von f ist zum Ursprung symmetrisch und verläuft für x > 0 unterhalb der x-Achse. Er schließt mit der x-Achse im Intervall [0; 4] eine Fläche mit Inhalt A = 10 ein. Geben Sie den Wert der folgenden Integrale an.

a) $\displaystyle\int_{0}^{4} f(x)\,dx$ b) $\displaystyle\int_{0}^{-4} f(x)\,dx$ c) $\displaystyle\int_{4}^{-4} f(x)\,dx$ d) $\displaystyle\int_{4}^{-4} (-f(x))\,dx$

13 Gegeben ist die Funktion f mit $f(x) = a \cdot \sin(x)$, $x \in \mathbb{R}$, a > 0. Das Schaubild von f schließt mit der x-Achse auf dem Intervall [0; 4] eine Fläche ein. Bestimmen Sie a so, dass die Fläche den Inhalt 10 hat.

14 K ist der Graph von f mit $f(x) = 3\cos\left(\frac{2}{3}x\right)$; $x \in \mathbb{R}$.

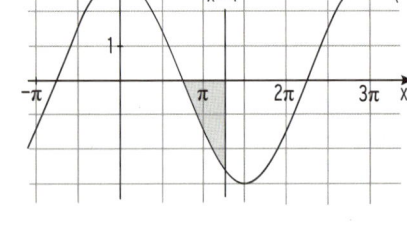

a) K und die x-Achse begrenzen auf [0; 3π] drei Flächenstücke.
   Bestimmen Sie den Inhalt der Gesamtfläche.

b) Berechnen Sie den Inhalt der gefärbten Fläche.
   Formulieren Sie einen geeigneten Aufgabentext.

c) Bestimmen Sie ohne Rechnung: $\displaystyle\int_{-\pi}^{2\pi} f(x)\,dx$.

15 K ist der Graph von f mit $f(x) = 3\,e^{-x}$; $x \in \mathbb{R}$.
   Berechnen Sie den Inhalt der markierten Fläche für u = 2,5.
   Gegen welchen Wert strebt der Flächeninhalt, wenn u gegen unendlich strebt?

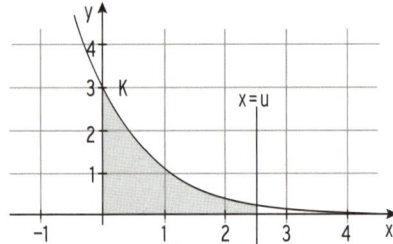

16 F ist eine Stammfunktion von f mit $f(x) = 2\sin\left(\frac{\pi}{4}x\right) + 3$; $x \in \mathbb{R}$.
   Berechnen Sie F(6) − F(0). Interpretieren Sie.

17 Gegeben ist die Funktion f mit $f(x) = 3 - x^2$; $x \in \mathbb{R}$.
   Der Graph von f und die x-Achse schließen im I. und II. Quadranten eine Fläche vollständig ein (1 LE ≙ 1m). Diese Fläche A beschreibt modellhaft die Querschnittsfläche eines Lärmschutzwalls. Zum Aufschütten des Lärmschutzwalls stehen 1870 m³ Material zur Verfügung. Berechnen Sie, wie viel Meter des Walls damit aufgeschüttet werden können.

18 Der symmetrische, acht Meter breite und vier Meter hohe Giebel eines Berliner Altbaus muss instandgesetzt werden. Auf dem Foto sehen Sie ein derartiges Haus.
   Der Giebelrand wird beschreiben durch die Funktion f mit

$f(x) = \frac{1}{64}x^4 - \frac{1}{2}x^2 + 4$; $x \in [-4; 4]$.

Für die Fassadenfarbe gibt der Hersteller eine Ergiebigkeit von 350 cm³ Farbe pro m² an. Berechnen Sie, wie viele Dosen Farbe für einen zweimaligen Anstrich des Giebels mindestens geliefert werden müssen, wenn es 2-, 4- und 5-Liter-Dosen gibt.

4.2 Fläche zwischen zwei Kurven

Beispiel

⮫ K ist der Graph von f mit

$f(x) = -x^2 + 2x + 6$

und G ist der Graph von g mit $g(x) = x^2$.
K und G umschließen die markierte
Fläche.
Berechnen Sie den Inhalt dieser Fläche.

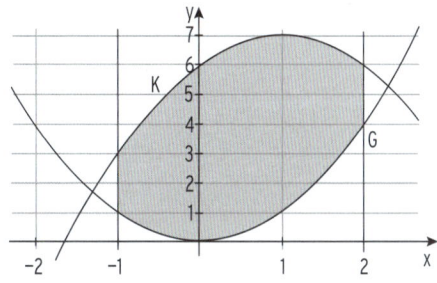

Lösung

K verläuft oberhalb der x-Achse.
Inhalt der Fläche zwischen der Kurve K und der x-Achse in den Grenzen

$x = -1$ und $x = 2$: $\int\limits_{-1}^{2} f(x)\,dx = \left[-\frac{1}{3}x^3 + x^2 + 6x\right]_{-1}^{2} = 18$

$A_1 = 18$

G verläuft oberhalb der x-Achse.
Inhalt der Fläche zwischen der Kurve G, der x-Achse und den Geraden mit $x = -1$ und

$x = 2$: $\int\limits_{-1}^{2} g(x)\,dx = \left[\frac{1}{3}x^3\right]_{-1}^{2} = 3$

$A_2 = 3$

$f(x) \geq g(x)$ für $-1 \leq x \leq 2$; K verläuft oberhalb von G für $-1 \leq x \leq 2$.
Inhalt der Fläche zwischen K und G: $A = A_1 - A_2 = 18 - 3 = 15$
Berechnung mit einem Integral:

$$\int\limits_{-1}^{2} f(x)\,dx - \int\limits_{-1}^{2} g(x)\,dx = \int\limits_{-1}^{2} \left(f(x) - g(x)\right)dx$$

$$= \int\limits_{-1}^{2} (-x^2 + 2x + 6 - x^2)\,dx = \int\limits_{-1}^{2} (-2x^2 + 2x + 6)\,dx$$

$$= \left[-\frac{2}{3}x^3 + x^2 + 6x\right]_{-1}^{2} = 15$$

Hinweis: Mit dem Integral $\int\limits_{-1}^{2} \left(f(x) - g(x)\right)dx$

wird der Inhalt der Fläche
zwischen dem Schaubild der
Differenzfunktion $f - g$ und der
x-Achse bestimmt.

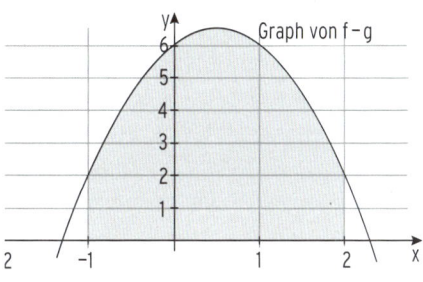

Graph von f − g

Beispiel

➔ Gegeben sind die Funktionen f und g mit
$f(x) = -\frac{1}{2}x^2 + x + 2$ und $g(x) = x$; $x \in \mathbb{R}$.

Die Schaubilder K von f und G von g begrenzen eine Fläche (siehe Abbildung)
Berechnen Sie den Inhalt dieser Fläche.

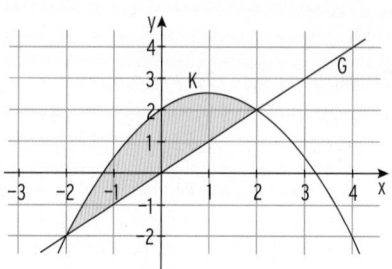

Lösung

K und G schneiden sich in $x = -2$ und $x = 2$.
Nach Verschiebung um c in y-Richtung ($c > 2$)
liegt die eingeschlossene inhaltsgleiche
Fläche oberhalb der x-Achse.
Der Inhalt lässt sich mithilfe der Integration
über die Differenzfunktion mit
$f(x) + c - \big(g(x) + c\big)$ bestimmen.

$$\int_{-2}^{2} \big(f(x) + c - \big(g(x) + c\big)\big)\,dx = \int_{-2}^{2} \big(f(x) - g(x)\big)\,dx$$

Flächeninhaltsberechnung:

Inhalt der Fläche zwischen den Kurven K und G:　$\int_{-2}^{2} \big(f(x) - g(x)\big)\,dx = \int_{-2}^{2} \Big(-\frac{1}{2}x^2 + x + 2 - x\Big)\,dx$

$$= \int_{-2}^{2} \Big(-\frac{1}{2}x^2 + 2\Big)\,dx = \Big[-\frac{1}{6}x^3 + 2x\Big]_{-2}^{2} = \frac{16}{3}$$

Der Inhalt der Fläche zwischen K und G beträgt $\frac{16}{3}$.

Hinweis: $\int_{-2}^{2} \big(g(x) - f(x)\big)\,dx = -\frac{16}{3}$

Beispiel

➔ Gegeben sind die Funktionen f und g mit $f(x) = x^2 + 3$ und $g(x) = e^x - 2$; $x \in \mathbb{R}$.
Die Schaubilder K von f und G von g haben auf [0; 1] keinen gemeinsamen Punkt und
begrenzen auf [0; 1] eine Fläche. Berechnen Sie den Inhalt dieser Fläche.

Lösung

Fläche zwischen K und G:　$\int_{0}^{1} (f(x) - g(x))\,dx$

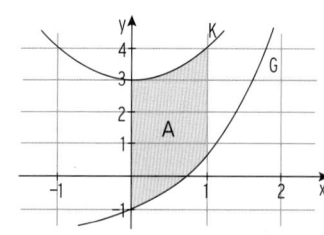

$$= \int_{0}^{1} (x^2 + 3 - (e^x - 2))\,dx = \int_{0}^{1} (x^2 + 5 - e^x)\,dx$$

$$= \Big[\frac{1}{3}x^3 + 5x - e^x\Big]_{0}^{1} = 3{,}62 \qquad A = 3{,}62$$

Beispiel

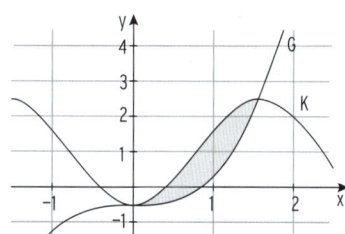

➲ Gegeben sind die Funktionen

f mit $f(x) = -1{,}5\cos(2x) + 1$; $x \in [-1; 3]$

und g mit $g(x) = \frac{24}{\pi^3}x^3 - \frac{1}{2}$; $x \in \mathbb{R}$.

K ist das Schaubild von f, G ist das Schaubild

von g.

a) Geben Sie die exakten Koordinaten des Hoch-

punktes H von K an.

b) K und G schneiden sich in H. Überprüfen Sie.

K und G begrenzen eine Fläche mit Inhalt A. Zeigen Sie: $A = \frac{3}{8}\pi$.

Lösung

a) Hochpunkt von K: $\qquad\qquad\qquad\qquad$ $H\left(\frac{\pi}{2} \mid \frac{5}{2}\right)$

Hinweis: Die Kurve mit $y = -\cos(2x)$ hat einen Tiefpunkt in 0 und einen Hochpunkt

nach einer halben Periode, also in $\frac{\pi}{2}$.

b) Überprüfung durch Punktprobe in g(x): $\qquad g\left(\frac{\pi}{2}\right) = \frac{24}{\pi^3}\left(\frac{\pi}{2}\right)^3 - \frac{1}{2} = 3 - \frac{1}{2} = \frac{5}{2}$

Flächeninhaltsberechnung

Integrationsgrenzen: $\qquad\qquad\qquad\qquad$ $a = 0$; $b = \frac{\pi}{2}$

Integration über $f(x) - g(x)$: $\qquad\qquad\qquad \int\limits_{0}^{\frac{\pi}{2}} (f(x) - g(x))\,dx$

$$= \int\limits_{0}^{\frac{\pi}{2}} \left(-1{,}5\cos(2x) + 1 - \left(\frac{24}{\pi^3}x^3 - \frac{1}{2}\right)\right)dx = \int\limits_{0}^{\frac{\pi}{2}} \left(-1{,}5\cos(2x) - \frac{24}{\pi^3}x^3 + \frac{3}{2}\right)dx$$

$$= \left[-0{,}75\sin(2x) - \frac{6}{\pi^3}x^4 + \frac{3}{2}x\right]_{0}^{\frac{\pi}{2}} = \left(-\frac{3}{8}\pi + \frac{3}{4}\pi\right) - 0 = \frac{3}{8}\pi$$

Flächeninhalt $A = \frac{3}{8}\pi$

Hinweis: $\int\limits_{0}^{\frac{\pi}{2}} (g(x) - f(x))\,dx = -\frac{3}{8}\pi < 0$

Beachten Sie:

Für $f(x) \geq g(x)$ auf [a; b] gilt:

Der Inhalt der Fläche zwischen K von f und G von g auf dem Intervall [a; b] ist

$A = \int\limits_{a}^{b} (f(x) - g(x))\,dx$,

unabhängig von der Lage der Kurven

K von f und G von g **im Koordinatensystem.**

Für $f(x) \leq g(x)$ auf [a; b] gilt:

$A = -\int\limits_{a}^{b} (f(x) - g(x))\,dx$.

Hinweis: Die Nullstellen von f und g sind

ohne Belang.

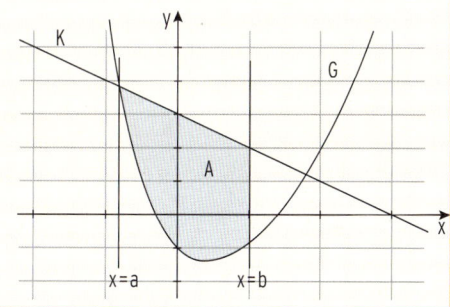

Aufgaben

1 Die Schaubilder K von f und G von g begrenzen eine Fläche.
Ermitteln Sie den Inhalt A dieser Fläche.

a) $f(x) = 2x - x^2$, $g(x) = x - 2$

b) $f(x) = e^{-x}$, $g(x) = e^{-x} + x^2 - 1$

2 Gegeben ist das Schaubild K von f mit $f(x) = -\frac{1}{3}x^3 + 3x$; $x \in \mathbb{R}$ und die Tangente t an K in $x = -\frac{3}{2}$.

a) K und t schneiden sich auf der x-Achse. Überpüfen Sie.

b) Berechnen Sie die Maßzahl der von K und t begrenzten Fläche.

3 K ist der Graph von f mit
$f(x) = \frac{1}{8}(x^3 - 3x^2 - 9x + 27)$; $x \in \mathbb{R}$.

a) K und die Gerade g umschließen eine Fläche vollständig. Beschreiben Sie, wie Sie den Inhalt A_1 dieser Fläche berechnen können.
Bestimmen Sie die Maßzahl dieser Fläche.

b) K und die x-Achse begrenzen eine Fläche mit dem Inhalt A_2. Zeigen Sie: $A_1 = A_2$.

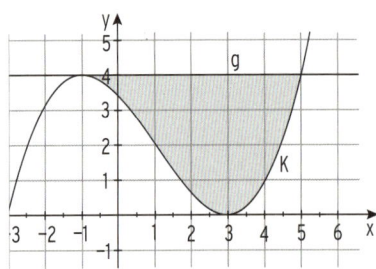

4 Berechnen Sie den Inhalt der markierten Fläche.

a)

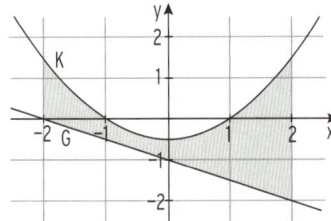

b)

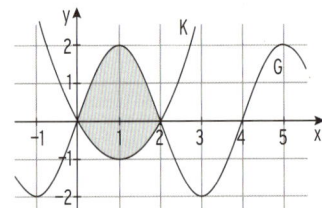

5 Für den Inhalt der grau markierten Fläche gilt $A = \frac{16}{3}$.
Bestimmen Sie mithilfe von A die Inhalte der rot markierten Flächen. K ist das Schaubild von f.
Begründen Sie Ihre Lösungen.

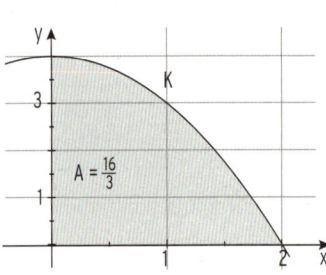

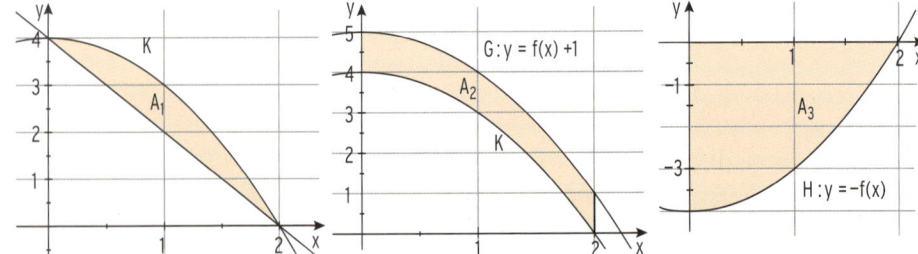

Schnittstellen im Integrationsintervall

Beispiel

⮡ Gegeben sind die Funktionen f und g
durch $f(x) = 1{,}75x + 0{,}75$; $x \in \mathbb{R}$ und
$g(x) = x^3 - 2x^2 + 2$; $x \in \mathbb{R}$. Die zugehörigen Graphen K und G schließen zwei
Flächenstücke ein. Gibt $\int\limits_{-1}^{2,5} (f(x) - g(x))\,dx$
den Gesamtinhalt dieser Fläche an?
Begründen Sie Ihre Antwort.

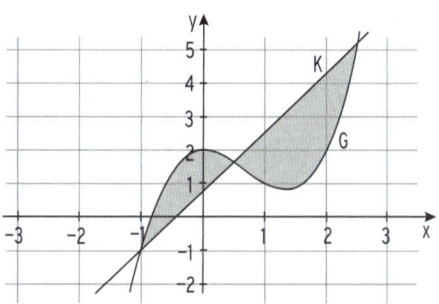

Lösung

Schnittstellen von K und G aus der Abbildung: $x_1 = -1$; $x_2 = 0{,}5$; $x_3 = 2{,}5$

Integration:

$$\int\limits_{-1}^{2,5} (f(x) - g(x))\,dx$$

$$= \int\limits_{-1}^{2,5} (-x^3 + 2x^2 + 1{,}75x - 1{,}25)\,dx$$

$$= \left[-\frac{1}{4}x^4 + \frac{2}{3}x^3 + 0{,}875x^2 - 1{,}25x\right]_{-1}^{2,5}$$

$$= 1{,}79$$

Der **Vergleich mit der Abbildung** zeigt, dass der Inhalt der Gesamtfläche **größer als** 1,79
ist. Das Integral $\int\limits_{-1}^{2,5} (f(x) - g(x))\,dx$ gibt **nicht** den Gesamtinhalt dieser Fläche an.

Abschätzung des Inhaltes mit Kästchen:
Wenn ein Kästchen den Inhalt 1 hat, ist der
Gesamtinhalt größer als 2.

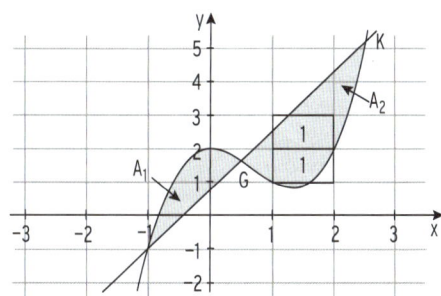

Da die Graphen von f und g eine Schnittstelle auf [−1; 2,5] haben, müssen die **Inhalte
der Teilflächen getrennt berechnet** werden **(Integration von Schnittstelle zu Schnittstelle).**

• $\int\limits_{-1}^{0,5} (f(x) - g(x))\,dx = -1{,}54$ $A_1 = 1{,}54$

• $\int\limits_{0,5}^{2,5} (f(x) - g(x))\,dx = 3{,}33$ $A_2 = 3{,}33$

Inhalt der **Gesamtfläche:** $A_{ges} = A_1 + A_2 = 1{,}54 + 3{,}33 = 4{,}87$

Beispiel

➲ K ist der Graph von f mit $f(x) = e^x$, G ist der Graph von g mit $g(x) = e^x - 2x + 1$; $x \in \mathbb{R}$.
K und G schließen für $-1 \le x \le 1$ eine Fläche ein. Berechnen Sie deren Inhalt.

Lösung

Schnittstellen von K und G: $f(x) = g(x)$ für $2x - 1 = 0$
Schnittstelle mit VZW: $x = 0{,}5$

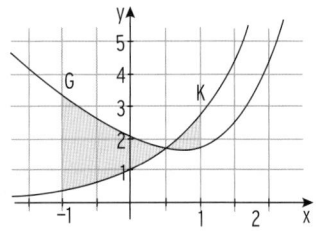

$$\bullet \int_{-1}^{0,5} (f(x) - g(x))\,dx = \int_{-1}^{0,5} (2x - 1)\,dx = [x^2 - x]_{-1}^{0,5} = -2{,}25$$

$$\bullet \int_{0,5}^{1} (f(x) - g(x))\,dx = \int_{0,5}^{1} (2x - 1)\,dx = 0{,}25$$

Inhalt der Fläche: $A = 2{,}25 + 0{,}25 = 2{,}5$

Beispiel

➲ Der Graph K von f mit $f(x) = \sin(2x)$; $x \in \mathbb{R}$, begrenzt mit der Parallelen zur x-Achse
durch $S(0\,|\,1)$ auf $[0;\pi]$ eine Fläche mit Inhalt A. Wie groß ist diese Fläche?

Lösung

Die Gerade mit $y = 1$ verläuft durch die Hochpunkte
von K, sie berührt K auf dem Intervall $[0;\pi]$ nur in $x = \frac{\pi}{4}$.
Integration von 0 bis π:

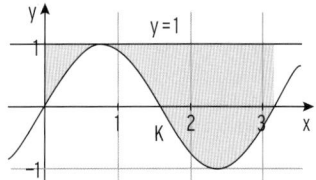

$$\int_{0}^{\pi} (1 - \sin(2x))\,dx = \left[x + \tfrac{1}{2}\cos(2x)\right]_{0}^{\pi} = \pi \qquad A = \pi$$

Beispiel

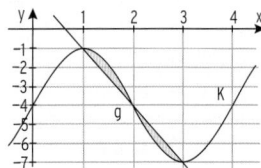

➲ K ist der Graph von f mit $f(x) = 3\sin\left(\frac{\pi}{2}x\right) - 4$; $x \in \mathbb{R}$.
Die Abbildung zeigt zwei Flächenstücke. Berechnen Sie
den Flächeninhalt eines der beiden Flächenstücke.

Lösung

Schnittstellen durch Ablesen: $x_1 = 1$; $x_2 = 2$; $x_3 = 3$
Wegen der Symmetrie von K und g zu $W(2\,|-4)$ sind die Flächen gleich groß.

Fläche zwischen K und x-Achse:

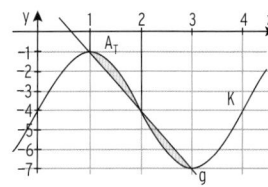

$$\int_{1}^{2} \left(3\sin\left(\tfrac{\pi}{2}x\right) - 4\right)dx = \left[\tfrac{-6}{\pi}\cos\left(\tfrac{\pi}{2}x\right) - 4x\right]_{1}^{2} = \tfrac{6}{\pi} - 4 < 0$$

Flächeninhalt: $A_x = 4 - \frac{6}{\pi}$

Trapezinhalt: $A_T = \frac{1+4}{2} \cdot 1 = \frac{5}{2}$ oder $A_\triangle + A_\square = \frac{3}{2} + 1 = \frac{5}{2}$

Gesuchte Fläche: $A = \frac{5}{2} - \left(4 - \frac{6}{\pi}\right) = \frac{6}{\pi} - \frac{3}{2}$

Alternative mit $\int (f(x) - g(x))\,dx$ • Geradengleichung von g aufstellen ($y = -3x + 2$)

$$\bullet \; A = \int_{1}^{2} (f(x) - g(x))\,dx = \frac{6}{\pi} - \frac{3}{2}$$

Beachten Sie:

Inhalt der Fläche, die von den Kurven K von f und G von g auf dem Intervall [a; b] umschlossen wird.

a) **Berechnung der Schnittstellen**

Bed.: $f(x) = g(x) \Rightarrow f(x) - g(x) = 0$ liefert die Schnittstellen x_1, x_2, ...

b) **Integration der Differenzfunktion mit** $f(x) - g(x)$

• $\int_a^{x_1} (f(x) - g(x))\,dx$

• $\int_{x_1}^b (f(x) - g(x))\,dx$

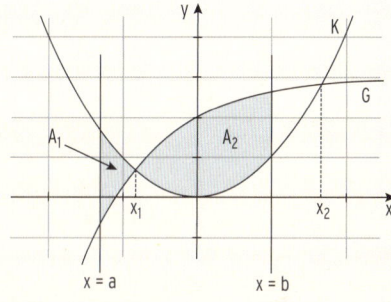

c) **Addition der Beträge der Integralwerte** ergibt den Inhalt der **Gesamtfläche.**

$A_{ges} = \quad A_1 \quad + \quad A_2$

Hinweis: Nicht über eine **Schnittstelle mit Vorzeichenwechsel** hinweg integrieren.

Vergleichen Sie die Vorgehensweise:

Fläche zwischen der Kurve K von f und der x-Achse auf dem Intervall [a; b]

a) **Berechnung der Nullstellen:**

Bed.: $f(x) = 0$ liefert die Nullstellen x_1, x_2, ...

b) **Integration über f(x)dx**

• $\int_a^{x_1} f(x)\,dx$

• $\int_{x_1}^b f(x)\,dx$

c) **Addition der Beträge der Integralwerte** ergibt den Inhalt der **Gesamtfläche.**

$A_{ges} = \quad A_1 \quad + \quad A_2$

Hinweis: Nicht über eine **Nullstelle mit Vorzeichenwechsel** hinweg integrieren.

Aufgaben

1 Berechnen Sie den Inhalt der markierten Fläche.

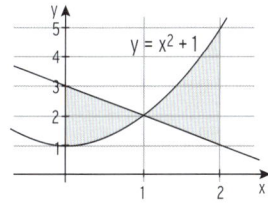

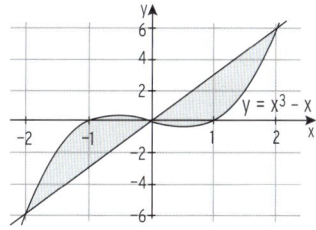

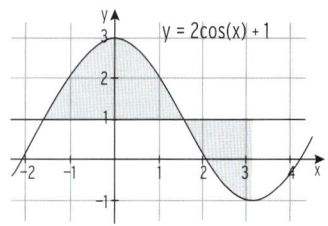

2 K ist der Graph der Funktion f mit $f(x) = \frac{1}{2}x^3 - 3x^2 + 4x$; $x \in \mathbb{R}$.

a) Geben Sie eine Stammfunktion von f an und berechnen Sie den Inhalt der Fläche, die von K und der x-Achse im 1. Feld eingeschlossen wird.

b) K schließt mit der Parabel P von g mit $g(x) = \frac{1}{4}x^2 - \frac{1}{2}x$; $x \in \mathbb{R}$, zwei Flächenstücke ein. Wie groß ist die Fläche, die den Punkt D(1|0) enthält?

3 Die Funktionen f und g sind durch $f(x) = \sin(x)$ und $g(x) = \cos(x)$ gegeben.
Jan behauptet: $f\left(\frac{\pi}{4}\right) = g\left(\frac{\pi}{4}\right)$. Stimmt das?
Wie groß ist die markierte Fläche?

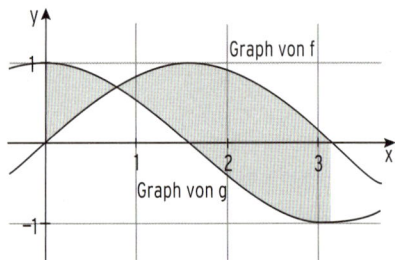

4 K und G sind die Schaubilder der Funktionen f mit $f(x) = -4e^{-x} + 3$ und g mit $g(x) = x - 1$.
Berechnen Sie den Inhalt der markierten Fläche.

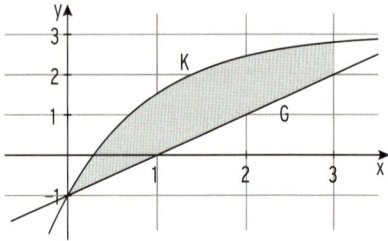

5 K ist das Schaubild der Funktion f mit $f(x) = 2x(x-2)(x-1)$; $x \in \mathbb{R}$.

a) Skizzieren Sie K.

b) Die Tangente an K im Ursprung begrenzt mit K eine Fläche.
Berechnen Sie den Inhalt.
Markieren Sie die Fläche in Ihrer Skizze.

6 Für $x \in \mathbb{R}$ sind zwei Funktionen f und g gegeben mit $f(x) = 2(x^3 - 4x^2 + 4x)$ und $g(x) = \frac{2}{3}x^2$. Die zugehörigen Graphen begrenzen eine Fläche.
Berechnen Sie den Inhalt A dieser Fläche.

7 K und G sind die Graphen der Funktionen f und g mit $f(x) = \frac{1}{3}x^3 - 2x^2 + 3x + \frac{2}{3}$; $x \in \mathbb{R}$ und $g(x) = 2$; $x \in \mathbb{R}$.

a) Zeigen Sie: G berührt K in $x = 1$ und schneidet K in $x = 4$.

b) K und G begrenzen im 1. Quadranten eine Fläche.
Berechnen Sie den Inhalt dieser Fläche.

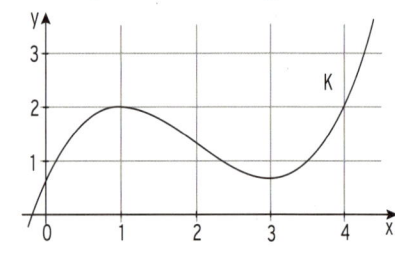

8 K ist das Schaubild der Funktion f mit $f(x) = -x^2(3-x); \; x \in \mathbb{R}$.
Die Gerade g schneidet die Kurve K in $x_1 = 1$ und $x_2 = 3$. K, g und die x-Achse schließen im 4. Feld eine Fläche ein. Berechnen Sie deren Inhalt.

9 Gegeben ist f mit $f(x) = e^{2-x} + 0{,}5x + 1; \; x \in \mathbb{R}$
mit Graph K. Wie lässt sich der Inhalt A der markierten Fläche bestimmen?
Geben Sie A an.
Welche Bedeutung hat die Gerade g?
Gegen welchen Wert strebt der Flächeninhalt, wenn die rechte Grenze gegen ∞ strebt?

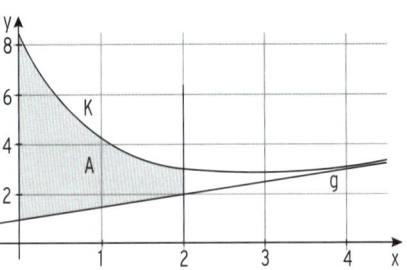

10 K ist das Schaubild von f mit $f(x) = \sin(2x), \; x \in \mathbb{R}$.
K begrenzt mit der x-Achse eine Fläche auf dem Intervall $\left[0; \frac{\pi}{2}\right]$ mit Inhalt A.
Die Funktion f soll nun auf $\left[0; \frac{\pi}{2}\right]$ durch eine ganzrationale Funktion p zweiten Grades angenähert werden. K und die Parabel G von p berühren sich in den gemeinsamen Punkten von K mit der x-Achse. G begrenzt mit der x-Achse eine Fläche mit Inhalt B.
Um wie viel % weicht B von A ab?

11 Gegeben ist die Funktion f durch
$f(x) = -x^3 + 4x^2 - 3x; \; x \in \mathbb{R}$
und der Graph von g in der Abbildung.
Die Graphen von f und g begrenzen für $1 \leq x \leq 3$ einen
See. Der Graph von f bildet modellhaft die nördliche und die zu g gehörende Parabel die südliche Uferbegrenzungslinie.
Die x-Achse verläuft in West-Ost-Richtung (1 LE $\triangleq$ 1 km).
Berechnen Sie die Größe der Seefläche.

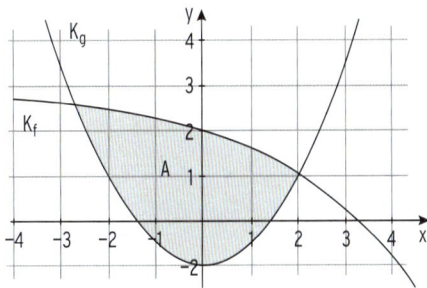

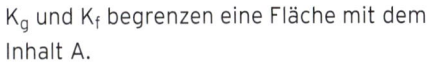
Graph von g

12 Gegeben sind die Schaubilder K_g und K_f
zweier Funktionen g und f
(siehe Abbildung)

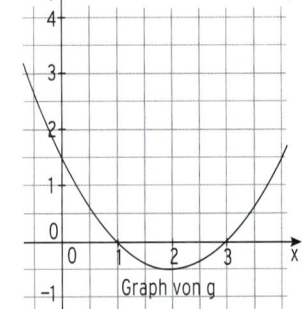

K_g und K_f begrenzen eine Fläche mit dem Inhalt A.
A_1 ist der Flächenanteil von A, der im ersten Quadranten liegt.
Geben Sie ein geeignetes Vorgehen zur Bestimmung des Flächeninhaltes von A_1 an.

4.3 Besondere Aufgabenstellungen bei der Flächeninhaltsberechnung

Fläche zwischen Kurve, Gerade und x-Achse

Beispiel

➲ Gegeben ist das Schaubild K von f mit

$f(x) = \frac{1}{2}x^3 - 4x^2 + 8x; \ x \in \mathbb{R}$.

a) Geben Sie Eigenschaften der Kurve K an.

b) Die Gerade G mit Steigung -4 schneidet K in S(2|4). Übertragen Sie K in Ihr Heft und zeichnen Sie G in Ihr Achsenkreuz ein.

c) K und G schließen mit der x-Achse zwei Flächenstücke ein.
Berechnen Sie den Inhalt des Flächenstücks, das den Punkt P(3|1) enthält.

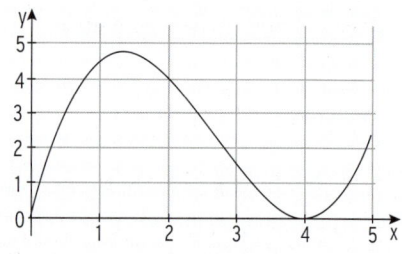

Lösung

a) K ist der Graph einer Polynomfunktion 3. Grades. K verläuft vom 3. in das 1. Feld.
Schnittstellen mit der x-Achse:
$x_1 = 0; \ x_{2|3} = 4$
Tiefpunkt: T(4|0)

b) Zeichnung

c) Schnittstelle von K und G: $x_1 = 2$
Aus der Zeichnung:
Schnittstelle von G und x-Achse: $x_S = 3$

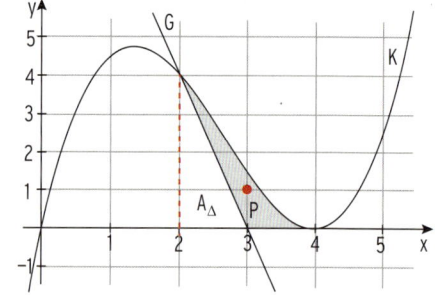

Flächeninhaltsberechnung:

Fläche zwischen K, der x-Achse und den Geraden mit x = 2 und x = 4

$$\int_{2}^{4} f(x)\,dx = \frac{10}{3}; \ A_1 = \frac{10}{3}$$

Berechnung des Inhaltes der Dreiecksfläche: $A_\triangle = \frac{1}{2} \cdot a \cdot b = \frac{1}{2} \cdot a \cdot f(2)$

$$= \frac{1}{2} \cdot (3 - 2) \cdot 4 = 2$$

Inhalt der gesuchten Fläche: $A = A_1 - A_\triangle = \frac{10}{3} - 2 = \frac{4}{3}$

Alternative:

$\int_{2}^{4} (f(x) - g(x))\,dx$ liefert den Inhalt der gefärbten Fläche (Fläche zwischen K, G und der Geraden mit x = 4).
Zieht man den Inhalt der Dreiecksfläche A_D ab, so erhält man die gesuchte Fläche.

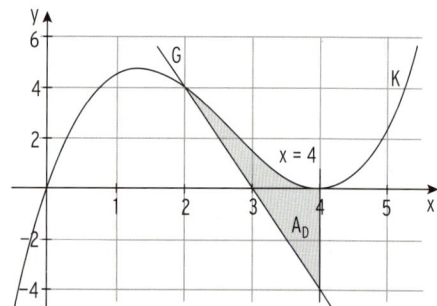

Aufstellen von Kurvengleichungen mit gegebenem Flächeninhalt

Beispiel

➲ Das Schaubild einer ganzrationalen Funktion f 3. Grades ist punktsymmetrisch zum Ursprung und verläuft durch den Punkt $N(4\,|\,0)$. Sie schließt mit der x-Achse im 1. Feld eine Fläche mit dem Inhalt $A = 6{,}4$ ein. Bestimmen Sie $f(x)$.

Lösung

Ansatz wegen Punktsymmetrie: $f(x) = a\,x^3 + c\,x$

Ableitung: $f'(x) = 3\,a\,x^2 + c$

Aufstellen der Bedingungen:

$N(4\,|\,0)$ ist Kurvenpunkt: $f(4) = 0$ (1)

Inhalt der Fläche zwischen x-Achse und Kurve: $\displaystyle\int_0^4 f(x)\,dx = 6{,}4$ (2)

Hinweis: Die Fläche liegt **oberhalb der x-Achse**, also liefert das Integral über $f(x)\,dx$ von $x_1 = 0$ bis $x_2 = 4$ die Maßzahl für den Flächeninhalt.

Aufstellen der Bestimmungsgleichungen für a und c

Bedingung (1): $64\,a + 4c = 0$

Integration $\displaystyle\int_0^4 f(x)\,dx = \int_0^4 (a\,x^3 + c\,x)\,dx$

$$= \left[0{,}25\,a\,x^4 + 0{,}5\,c\,x^2\right]_0^4 = 64\,a + 8c$$

führt auf die Bedingung (2): $64\,a + 8c = 6{,}4$

Auflösen des LGS

$64\,a + 4c = 0$

$64\,a + 8c = 6{,}4$

Subtraktion ergibt $4c = 6{,}4 \Rightarrow c = 1{,}6$

Einsetzen ergibt $a = -0{,}1$

Ergebnis: $f(x) = -0{,}1\,x^3 + 1{,}6\,x$

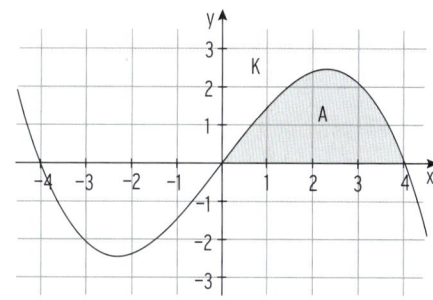

Hinweis: Auflösen der Gleichung $64\,a + 4c = 0$ nach z. B. c ergibt: $c = -16\,a$

Einsetzen und Integration: $\displaystyle\int_0^4 (a\,x^3 - 16\,a\,x)\,dx$

$$= a\left[0{,}25\,x^4 + 8\,x^2\right]_0^4 = -64\,a$$

Die Bedingung $A = 6{,}4$ ergibt: $-64\,a = 6{,}4$

$a = -0{,}1$

Einsetzen ergibt $c = 1{,}6$ und damit: $f(x) = -0{,}1\,x^3 + 1{,}6\,x$

Bestimmung einer Grenze bei gegebenem Flächeninhalt

Beispiel

⮑ K ist das Schaubild der Funktion f mit $f(x) = \frac{1}{2}x - 3$; $x \in \mathbb{R}$. K, die Koordinatenachsen und die Gerade mit $x = u$ $(0 < u < 6)$ schließen eine Fläche mit dem Inhalt $A(u)$ ein. Zeichnen Sie das Flächenstück für $u = 2{,}5$ in ein Achsenkreuz ein. Berechnen Sie den Wert von u so, dass $A(u) = \frac{27}{4}$ ist.

Lösung

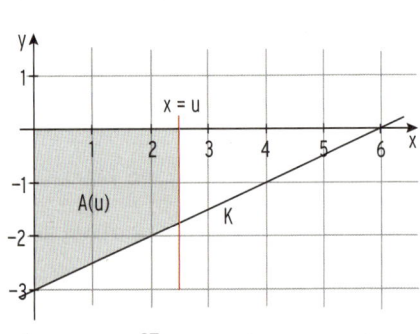

Integration von 0 bis u:

$$\int_0^u f(x)\,dx = [0{,}25\,x^2 - 3x]_0^u = \frac{1}{4}u^2 - 3u$$

Inhalt A der Fläche zwischen K, den Koordinatenachsen und der Geraden mit x = u:

$$A(u) = -1 \cdot \left(\frac{1}{4}u^2 - 3u\right) = -\frac{1}{4}u^2 + 3u$$

(in Abhängigkeit von der rechten Grenze u)

Bedingung für u: $A(u) = 6{,}75$
$$-\frac{1}{4}u^2 + 3u = \frac{27}{4}$$

Lösung der quadratischen Gleichung:
$$\frac{1}{4}u^2 - 3u + \frac{27}{4} = 0 \text{ ergibt } u_1 = 3;\ u_2 = 9$$

$u_1 = 3$ ist **einzige Lösung**, da $u_2 \notin\,]0; 6[$

Gesuchter Wert für u: $\quad$ **u = 3**

Hinweis: Die Fläche liegt **unterhalb der x-Achse**, das Integral $\int_0^u f(x)\,dx$ $(u > 0)$ liefert also einen negativen Wert.

Beispiel

⮑ K ist das Schaubild der Funktion f mit $f(x) = 0{,}5\,e^x - 1{,}5\,x$; $x \in \mathbb{R}$.
K, die Gerade G mit der Gleichung $y = -1{,}5\,x$ und die Geraden mit $x = u$ $(u < 0)$ und $x = \ln 3$ schließen eine Fläche mit dem Inhalt $A(u)$ ein. Für welchen Wert von u gilt $A(u) = \frac{5}{4}$? Gegen welchen Wert strebt $A(u)$ für $u \to -\infty$?

Lösung

Fläche zwischen 2 Kurven:

$$\int_u^{\ln 3} f(x) - (-1{,}5\,x)\,dx = \int_u^{\ln 3} 0{,}5\,e^x\,dx$$

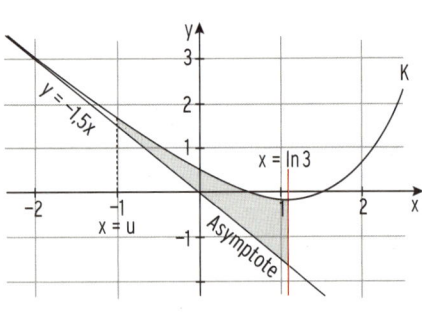

Flächeninhalt: $A(u) = [0{,}5\,e^x]_u^{\ln 3} = 1{,}5 - 0{,}5\,e^u$

Bedingung für u: $A(u) = \frac{5}{4}$ $\quad$ $1{,}5 - 0{,}5\,e^u = \frac{5}{4}$

$$e^u = 0{,}5$$

$$u = \ln(0{,}5)$$

Für $u \to -\infty$: $A(u) = \frac{3}{2} - \frac{1}{2}e^u \to \frac{3}{2}$ wegen $e^u \to 0$

Der Flächeninhalt übersteigt den Wert von $\frac{3}{2}$ nicht.

Verhältnis der Inhalte zweier Flächen

Beispiel

➲ Gegeben sind die Funktionen f und g durch $f(x) = -x^2 - 2x + 8;\ x \in \mathbb{R}$ und $g(x) = 2x + 8;\ x \in \mathbb{R}$.

Der Graph K von f begrenzt mit der x-Achse eine Fläche. Der Graph G von g unterteilt diese Fläche in zwei Teilflächen.

Zeigen Sie: Die Inhalte der Teilflächen verhalten sich wie 19:8.

Lösung

Schnittstellen von K mit der x-Achse: $f(x) = 0$ $-x^2 - 2x + 8 = 0$

$x_1 = 2;\ x_2 = -4$

Schnittstellen von K und G: $f(x) = g(x)$ $-x^2 - 2x + 8 = 2x + 8$

Nullform: $-x^2 - 4x = 0$

Satz vom Nullprodukt: $x_3 = -4;\ x_4 = 0$

Skizze:

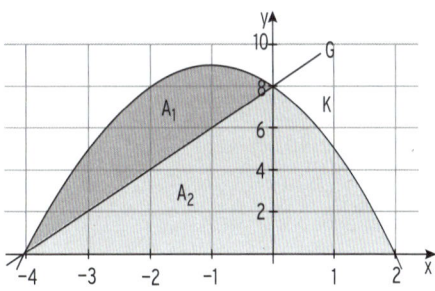

Inhalt A der Fläche zwischen K und der x-Achse:

$$\int_{-4}^{2} f(x)\,dx = \left[-\tfrac{1}{3}x^3 - x^2 + 8x\right]_{-4}^{2} = 36$$

Inhalt $A = 36$

Inhalt A_1 der Fläche zwischen K und G: $\displaystyle\int_{-4}^{0} (f(x) - g(x))\,dx$

$$= \int_{-4}^{0} (-x^2 - 4x)\,dx$$

$$= \left[-\tfrac{1}{3}x^3 - 2x^2\right]_{-4}^{0} = \tfrac{32}{3}$$

Inhalt $A_1 = \tfrac{32}{3}$

Inhalt A_2 der Fläche zwischen K, G

und der x-Achse: $A_2 = A - A_1 = 36 - \tfrac{32}{3} = \tfrac{76}{3}$

Für das Verhältnis gilt: $\dfrac{A_2}{A_1} = \tfrac{76}{3} : \tfrac{32}{3} = \tfrac{76}{32} = \tfrac{19}{8}$

Die Teilflächen A_2 und A_1 verhalten sich wie 19:8

Hinweis: Die Teilflächen A_1 und A_2 verhalten sich wie 8:19.

Aufgaben

1 Gegeben ist die Funktion f mit $f(x) = \frac{1}{8}x^3 - \frac{3}{4}x^2 + 4$; $x \in \mathbb{R}$.

a) Das Schaubild K von f, die Wendetangente und die y-Achse begrenzen eine Fläche. Bestimmen Sie deren Inhalt.

b) Eine Gerade g schneidet K in $U(-2|\blacksquare)$ und $V(6|\blacksquare)$. Berechnen Sie den Inhalt der von K und der Geraden g im 1. und 2. Feld eingeschlossenen Fläche.

c) Wie groß ist die markierte Fläche? Erläutern Sie Ihre Vorgehensweise.

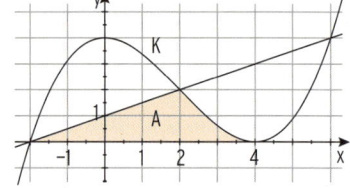

2 K ist der Graph der Funktion f mit

$f(x) = 3\sin\left(\frac{\pi}{3}x\right)$; $x \in [-1; 4]$.

a) Beschreiben Sie, wie Sie den Inhalt A der markierten Fläche bestimmen. Ermitteln Sie A.

b) Die Parallele zur x-Achse durch H, die y-Achse und K begrenzen eine Fläche. Berechnen Sie ihren Inhalt.

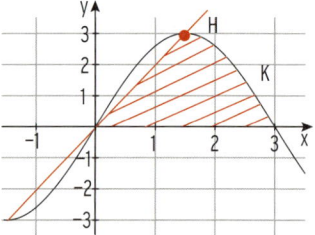

3 Gegeben ist die Funktion f durch $f(x) = \frac{1}{3}x + 2$; $x \in \mathbb{R}$.

Das Schaubild K von f begrenzt mit den Koordinatenachsen ein Flächenstück mit Inhalt A_1. K begrenzt mit den Koordinatenachsen und der Geraden mit $x = u$ ($u > 0$) ein Flächenstück mit Inhalt A_2. Bestimmen Sie u so, dass $\frac{A_1}{A_2} = \frac{1}{3}$.

4 K ist der Graph der Funktion f mit $f(x) = -\frac{5}{4}x^2 + \frac{23}{8}x$; $x \in \mathbb{R}$.

Die Parallele zur x-Achse durch $C\left(2\left|\frac{3}{4}\right.\right)$ schneidet K in B.

K begrenzt mit der x-Achse eine Fläche.

In diese wird das Dreieck BCD mit $D\left(1\left|\frac{13}{8}\right.\right)$ einbeschrieben.

Bestimmen Sie den Inhalt der Restfläche.

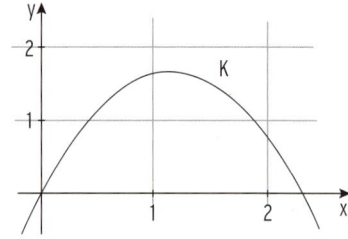

5 Eine zur y-Achse symmetrische Parabel verläuft durch $S(1|0)$. Das Schaubild schließt mit der x-Achse im 1. Feld eine Fläche mit dem Inhalt $A = 4$ ein. Bestimmen Sie den Funktionsterm.

6 Der Graph der Funktion f mit $f(x) = x(x - 3)^2$; $x \in \mathbb{R}$, ist K. $H(1|4)$ ist der Eckpunkt eines Rechtecks, von dem zwei Seiten auf den Koordinatenachsen liegen. K unterteilt das Rechteck in zwei Teile. In welchem Verhältnis stehen die Inhalte der beiden Teilflächen?

7 K ist das Schaubild von f mit $f(x) = 2\sin(x); \; x \in \mathbb{R}$.

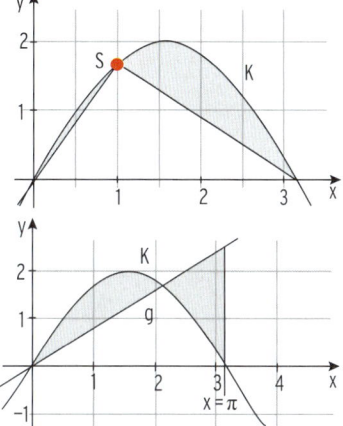

a) Der Punkt $S(1|\;)$ liegt auf K.

Der Inhalt der markierten Fläche ist etwa $A = 2$.

Überprüfen Sie die Behauptung.

b) K und die Gerade g mit der Gleichung $y = \dfrac{8}{\pi^2}x$

begrenzen auf $[0; \pi]$ zwei Flächenstücke.

Prüfe Sie, ob die beiden Flächenstücke
inhaltsgleich sind.

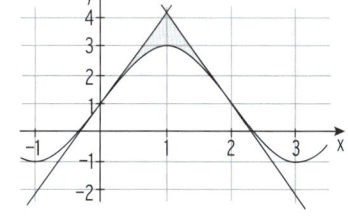

8 K ist das Schaubild der Funktion f

mit $f(x) = e^x - e^2; \; x \in \mathbb{R}$.

K und die Koordinatenachsen schließen eine Fläche ein. Welche Gerade durch $N(2|0)$
halbiert diese Fläche?

9 Gegeben ist die Funktion f mit $f(x) = e^{2x} - 2; \; x \in \mathbb{R}$.

Das Schaubild K von f und die Normale von K in $S(0|-1)$ umschließen mit der x-Achse
eine Fläche. Wie viel % dieser Fläche liegen im 4. Feld?

10 Gegeben ist die Funktion f mit $f(x) = 2\sin\left(\dfrac{\pi}{2}x\right) + 1$ für $-1 \le x \le 3; \; x \in \mathbb{R}$.

Berechnen Sie die exakte Steigung von K_f an der

Stelle $x_1 = 0$ und geben Sie die Gleichung der

Tangente an K_f an dieser Stelle an.

Zeigen Sie, dass die Gerade mit der Gleichung

$y = -\pi x + 2\pi + 1$ Tangente an K_f an der Stelle

$x_2 = 2$ ist.

Diese Tangenten schließen mit dem Schaubild K_f

eine Fläche ein.

Berechnen Sie den exakten Inhalt dieser Fläche.

11 Die Form einer Wurfscheibe (Diskus) lässt sich näherungsweise
beschreiben durch ein Parabelstück, das um die x-Achse
rotiert (siehe Abb., alle Angaben in cm).

Das Parabelstück liegt im 1. Quadranten und wird beschrieben

durch die Gleichung $y = -\dfrac{5}{2}x\left(x - \dfrac{19}{5}\right)$.

Bei einem Diskus besteht die Kante aus Stahl
(siehe Abb.) und der Rest aus einem anderen Material.

Im Querschnitt lässt sich die Stoffgrenze beschreiben

durch eine Gerade mit der Gleichung $y = \dfrac{65}{8}$.

Welchen Anteil an der Gesamtquerschnittsfläche hat die
Querschnittsfläche der Stahlkante?

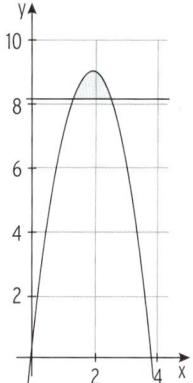

13 Bohner, Ott, Deusch - ISBN 978-3-8120-0303-2

Test zur Überprüfung Ihrer Grundkenntnisse

1 Bestimmen Sie eine Stammfunktion von f.

a) $f(x) = \frac{1}{7}(x^3 + 3x^2 + 4)$ **b)** $f(x) = -\frac{3}{2}x + 4e^{-4x}$

2 Bestimmen Sie eine Stammfunktion F von f mit $f(x) = 1 + 5\sin(3x)$ und $F(0) = 3$.

3 Zeigen Sie: Gegeben ist die Funktion f mit $f(x) = \frac{1}{4}x^2 + 4$; $x \in \mathbb{R}$, ihr Schaubild ist K_f.
Ermitteln Sie die Gleichung der Tangente t an K_f im Punkt $P(2\,|\,f(2))$.
Die Tangente t, die y-Achse und K_f schließen im 1. Quadranten eine Fläche ein.
Berechnen Sie deren Flächeninhalt.

4 Gegeben ist die Funktion f mit $f(x) = -0{,}25(x-1)(x-2)$; $x \in \mathbb{R}$, mit Schaubild K.
K schließt auf [0; 2] mit der x-Achse zwei Flächenstücke ein.
Berechnen Sie den Gesamtinhalt.

5 K ist der Graph der Funktion f
mit $f(x) = e^{-0{,}5x}$; $x \in \mathbb{R}$.
Die Abbildung zeigt K mit der zugehörigen
Tangente im Punkt $S(0\,|\,1)$ sowie die Gerade mit
der Gleichung $x = u$.
Berechnen Sie den Inhalt der grau unterlegten Fläche für $u = 3$. Zeigen Sie, dass
der Flächeninhalt für $u > 3$ den Wert 1 nicht
übersteigt.

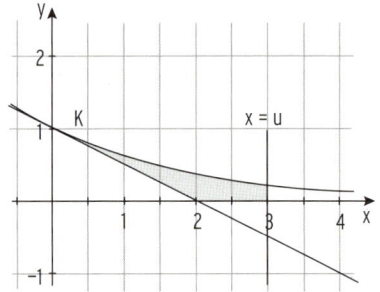

6 Gegeben ist das Schaubild einer Funktion f
mit dem Definitionsbereich [−4,5; 4,5].
Begründen Sie für jede der folgenden
Behauptungen, ob sie wahr oder falsch ist
(1) Die Tangente an das Schaubild von f an
der Stelle $x = -2$ hat die Steigung -2.
(2) Das Schaubild jeder Stammfunktion
von f hat an der Stelle $x = 0$
eine waagerechte Tangente.
(3) Jede Stammfunktion von f hat drei Wendestellen.
(4) $\int\limits_{-4}^{4} f(x)\,dx > 6$

(5) $\int\limits_{0}^{4} f'(x)\,dx = 0$

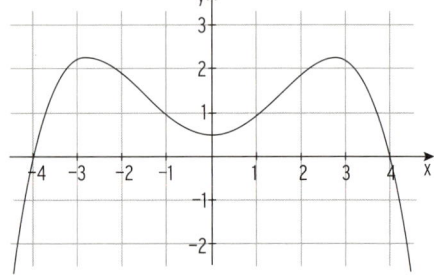

5 Anwendungen der Integralrechnung

Modellierung einer Situation

Ein Biologe hat das Wachstum einer Pflanze über einen Zeitraum von mehreren Jahren untersucht. Für die Wachstumsgeschwindigkeit w dieser Pflanze in Abhängigkeit von der Zeit t liegen ihm folgende Werte vor:

t in Jahren	1	2	3	4	5
w in $\frac{\text{Meter}}{\text{Jahr}}$	0,81	0,54	0,36	0,24	0,16

Der Biologe möchte mit seinen Schülern einige Fragen klären.

a) Wächst die Pflanze exponentiell? Begründen Sie.

b) Modellieren Sie die Wachstumsgeschwindig-keit in Abhängigkeit von der Zeit und zeichnen Sie das Schaubild in ein Koordinatensystem ein.
Um wie viel Prozent ändert sich die Wachs-tumsgeschwindigkeit pro Jahr?

Rechnen Sie im Folgenden mit der Funktion v: $v(t) = 1{,}2\,e^{-0{,}4t}$; $t \geq 0$.

Dabei ist t die Zeit in Jahren und $v(t)$ gibt die Wachstumsgeschwindigkeit in $\frac{\text{Meter}}{\text{Jahr}}$ zum Zeitpunkt t an.

c) Man betrachtet das Wachstum als beendet, wenn die Wachstumsgeschwindigkeit kleiner als 0,01 $\frac{\text{Meter}}{\text{Jahr}}$ ist. Wann ist dies der Fall?

d) Zu Beginn (t = 0) ist die Pflanze 1 m hoch. Wie hoch ist sie nach 10 Jahren?

Bearbeiten Sie diese Situation, nachdem Sie die rechts aufgeführten **Qualifikationen und Kompetenzen** erworben haben.

Qualifikationen & Kompetenzen

• Integrale in Natur, Technik und Wirtschaft anwenden.
• Realitätsbezogene Zusammen-hänge mathematisch modellieren.

5.1 Flächen in anwendungsorientierten Aufgaben

Beispiel

⮑ Die Abbildung zeigt den Querschnitt des Betonkörpers eines Tunnels.
Dieser wird durch die Graphen zweier Funktionen modelliert, innen durch K von f mit $f(x) = ax^2 + b$, außen durch G von g mit $g(x) = 8\cos\left(\frac{\pi}{28}x\right) + 3$.
Die lichte Tunnelhöhe beträgt 8 m.

a) Bestimmen Sie a und b.
b) Wie viel Beton wird benötigt, wenn der Betonkörper 5 m in den Tunnel reicht?

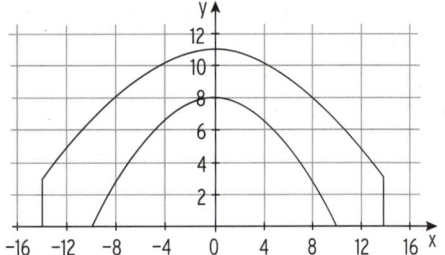

Lösung

a) Bedingungen für a und b: $f(0) = 8 \Rightarrow b = 8$
$$f(10) = 0 \Rightarrow 100a + b = 0$$

Einsetzen von $b = 8$ ergibt $a = -\frac{2}{25}$

Funktionsterm $f(x) = -\frac{2}{25}x^2 + 8$

b) **Querschnittsfläche**

Um den Inhalt der Querschnittsfläche zu berechnen, braucht man folgende Flächen:

A_1: Fläche zwischen der Kurve G und der x-Achse zwischen −14 und 14
A_2: Fläche zwischen der Parabel K und der x-Achse zwischen −10 und 10

Hinweis: Die Kurven K und G sind symmetrisch zur y-Achse.

A_1: $2\int\limits_{0}^{14}\left(8\cos\left(\frac{\pi}{28}x\right) + 3\right)dx = 2\left[\frac{8 \cdot 28}{\pi}\sin\left(\frac{\pi}{28}x\right) + 3x\right]_{0}^{14} = 226{,}6$ $\qquad A_1 = 226{,}6$

A_2: $2\int\limits_{0}^{10}\left(-\frac{2}{25}x^2 + 8\right)dx = 2\left[-\frac{2}{75}x^3 + 8x\right]_{0}^{10} = 106{,}66$ $\qquad A_2 = 106{,}7$

Inhalt der **Gesamtfläche** in m²: $\qquad A = A_1 - A_2 = 119{,}9$
Volumen des Betonkörpers: $\qquad V = A \cdot h = 119{,}9 \cdot 5 = 599{,}5$
Man benötigt etwa 600 m³ Beton.

Aufgaben

1 Eine Wasserrinne wird durch den Graph einer Polynomfunktion f mit $f(x) = -\frac{1}{32}x^4 + x^2$ model-liert. Eine LE in der Abbildung entspricht 1 dm in Wirklichkeit.

a) Bestimmen Sie den Flächeninhalt des Wasserquer-schnitts, wenn die Rinne ganz gefüllt ist.

b) Wie viel Prozent der maximalen Wassermenge fließt, wenn die Wasserrinne bis 3,5 dm gefüllt ist?

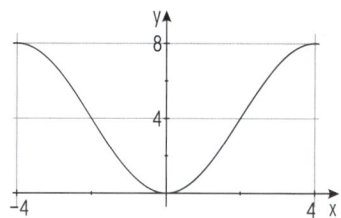

2 Die Abbildung zeigt den Querschnitt des Betonmantels einer Unterführung (Längen in Meter). Die Schaubil-der der Funktionen f mit $f(x) = ax^2 + 6{,}5$ und g mit $g(x) = b\cos(kx) + c$ begrenzen den Querschnitt von unten bzw. von oben.

a) Bestimmen Sie a, b und c und k.

b) Wie viel Beton wird benötigt, wenn die Unterführung 80 m lang ist?

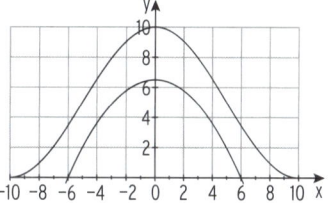

3 Zwei sich senkrecht kreuzende Autobahnen sollen miteinander verbunden werden.
Die Abbildung zeigt die Situation in einem geeigneten Koordinatensystem.
Die Verbindungskurve K mündet bei −2 und bei 2 ohne Knick in die Geraden ein.

a) Die Kurve K ist der Graph einer Polynomfunktion f. Welche Bedingungen muss f erfüllen?
Prüfen Sie ob die Bedingungen für f mit
$f(x) = -\frac{1}{64}x^4 + \frac{3}{8}x^2 + \frac{3}{4}$ erfüllt sind.

b) Wie groß ist die „vergeudete", d.h. von den Straßen eingeschlossene Fläche?

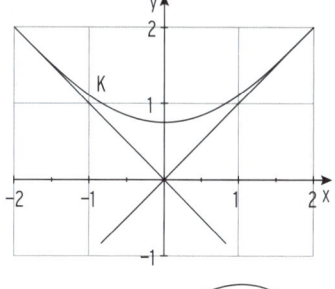

4 Herr Burg ist Eigentümer der Wiese W am Fluss.
Die Abbildung zeigt die Lage von W und den Verlauf eines Flusses (Maße in m, nicht maßstabsgetreu).
Wie viel m² hat die Wiese?
Er verpachtet den Flusslauf von a bis c als Fischwasser für 1 € pro Jahr und m² Wasserfläche.
Wie hoch ist sein Pachtzins, wenn der Fluss immer b = 25 m breit ist? Erläutern Sie Ihre Vorgehensweise.

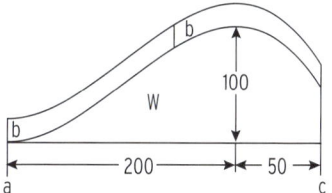

5.2 Weitere Anwendungen des Integrals in Natur, Technik und Wirtschaft

Interpretation von Flächen

Beispiel

⮕ Das Schaubild von f mit $f(t) = 0{,}005t^3 - 0{,}1t^2 - 1{,}9t + 115$; $t \geq 0$,
beschreibt die Anzahl der Fahrzeuge pro Minute, die eine Mautstelle passieren.
Wie viele Fahrzeuge passieren in den ersten 20 Minuten insgesamt die Mautstelle?

Lösung

$f(1) = 113{,}0$; d.h. 113 Autos/Minute, konstant über eine Minute ergibt: 113 Autos in dieser Minute. Die Summe der Flächeninhalte aller Rechtecke ergibt **näherungsweise** die Gesamtzahl der Fahrzeuge:

$113{,}0 + 110{,}8 + 108{,}5 + \ldots + 77{,}0 = 1834{,}5$

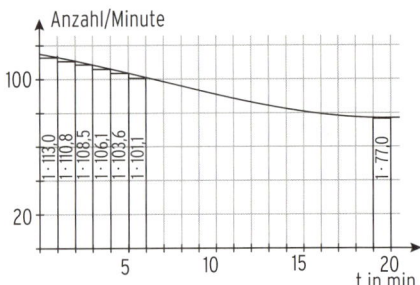

Die **Gesamtzahl der Fahrzeuge** lässt sich durch den **Inhalt der Fläche** zwischen dem Graph von f und der t-Achse bestimmen:

$\int\limits_{0}^{20} f(t)\,dt = 1853{,}3$. In den ersten 20 Minuten passieren 1853 Fahrzeuge die Mautstelle.

Vergleichen Sie die Einheiten: $\dfrac{\text{Anzahl der Fahrzeuge}}{\text{Minute}} \cdot \text{Minute}$ ergibt Anzahl der Fahrzeuge.

Hinweis: Bei gegebener Ankunftsrate f (Fahrzeuge pro Zeiteinheit) wird die Gesamtzahl der Fahrzeuge im Zeitraum [a; b] bestimmt durch $\int\limits_{a}^{b} f(t)\,dt$.

Beispiel

⮕ Gegeben ist die Geschwindigkeitsfunktion v mit $v(t) = \dfrac{7}{2}t - \dfrac{1}{15}t^2$; $0 \leq t \leq 40$; v in $\frac{m}{s}$; t in s.
Bestimmen Sie die Maßzahl des insgesamt zurückgelegten Weges.

Lösung

Der zurückgelegte Weg entspricht der Fläche unter der Kurve im v-t-Diagramm.

$$\int\limits_{0}^{40} v(t)\,dt = \int\limits_{0}^{40} \left(\frac{7}{2}t - \frac{1}{15}t^2\right) dt = \left[\frac{7}{4}t^2 - \frac{1}{45}t^3\right]_{0}^{40} = 1377{,}78$$

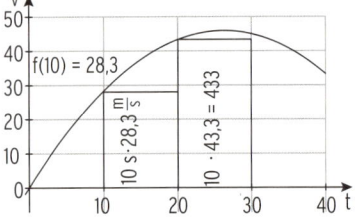

Der zurückgelegte Weg beträgt 1377,78 m.

Vergleichen Sie die Einheiten: $\frac{m}{s} \cdot s$ ergibt m.

Hinweis: Bei gegebener Geschwindigkeit wird der zurückgelegte Weg im Zeitraum [a; b] berechnet durch $\int\limits_{a}^{b} v(t)\,dt$.

Beispiel

➲ Über ein Ventil kann das Wasservolumen in einem
Wasserturm geregelt werden. Die Stärke des Wasser-
stroms ist gegeben durch
$f(t) = 4\cos(\frac{1}{3}x)$; $0 \leq t \leq 7$;
t in Minuten; $f(t)$ in m^3/Minute.
Nach etwa 4,71 Minuten stellt das Ventil von Zufuhr
auf Entnahme um. Überprüfen Sie.
Skizzieren Sie das Schaubild von f.
Enthält der Behälter nach 7 Minuten mehr Wasser als
zu Beginn der Messung? Begründen Sie.

Lösung

$f(4,70) = 0,017$; $f(4,71) = 0,003$;
$f(4,72) = -0,010$
Die Behauptung ist wahr.
f hat eine Nullstelle in ca. 4,71.
Positive Funktionswerte bedeuten eine
Wasserzufuhr.
Negative Funktionswerte bedeuten eine
Wasserentnahme.

Integration: $\int_{0}^{4,71} f(t)\,dt = \left[12\sin\left(\frac{1}{3}t\right)\right]_{0}^{4,71} = 12,0$

Die **Fläche** zwischen dem Schaubild von f und der t-Achse liegt **oberhalb** der t-Achse.

$\int_{4,71}^{7} f(t)\,dt = -3,3$

Die **Fläche** zwischen dem Schaubild von f und der t-Achse liegt **unterhalb** der t-Achse.
Der **Inhalt der Fläche** zwischen dem Schaubild von f und der t-Achse oberhalb der
t-Achse bedeutet die gesamte **Wasserzufuhr,** unterhalb der t-Achse die gesamte
Wasserentnahme.

$\int_{0}^{7} f(t)\,dt = 8,7 > 0$

Die Wasserzufuhr übersteigt die Wasserentnahme, der Behälter enthält mehr Wasser.
(vgl. Sie: Flächenbilanz)
Der **Gesamtdurchlauf** in m^3 lässt sich berechnen durch $12,0 + 3,3 = 15,3$.

Hinweis: Bei gegebenem Wasserdurchfluss $f\left(\frac{\text{Volumen}}{\text{Zeiteinheit}}\right)$ wird die Differenz von Wasserzufuhr und Wasserentnahme im Zeitraum [a; b] bestimmt durch $\int_{a}^{b} f(t)\,dt$.

Beispiel

⊃ Ein Heißluftballon bewegt sich geradlinig fort. Die Geschwindigkeit des Ballons während der einstündigen Fahrt wird durch das Schaubild von v mit $v(t) = 200t^3 - 320t^2 + 120t; \ 0 \leq t \leq 1$ modelliert.

Skizzieren Sie das Schaubild von v in einem Koordinatensystem. Wie groß ist der zurückgelegte Weg?

Lösung

Nullstellen von v: $v(t) = 0$ $\qquad\qquad$ $200t^3 - 320t^2 + 120t = 0$

Ausklammern: $\qquad\qquad\qquad\qquad$ $20t(10t^2 - 16t + 6) = 0$

Satz vom Nullprodukt: $\qquad\qquad$ $t = 0$ oder $10t^2 - 16t + 6 = 0$

Lösung der quadratischen Gleichung: $\quad$ $t = 0,6$ oder $t = 1$

Nullstellen von v: 0; 0,6; 1

Schaubild von v:

Der zurückgelegte Weg entspricht dem Inhalt der Fläche zwischen dem Schaubild von v und der t-Achse im v-t-Diagramm.

Positive Funktionswerte: Fahrt in einer Richtung

Negative Funktionswerte: Fahrt in entgegengesetzter Richtung

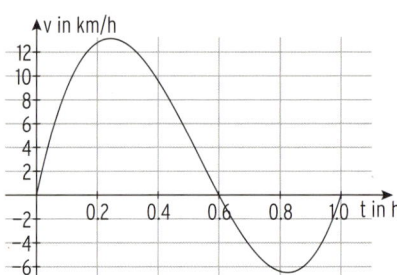

Integration:

$$\int_0^{0,6} v(t)\,dt = \left[50t^4 - \frac{320}{3}t^3 + 60t^2\right]_0^{0,6} = 5,04 \qquad \text{Die Fläche liegt \textbf{oberhalb} der t-Achse.}$$

$$\int_{0,6}^1 v(t)\,dt = -1,71 \qquad\qquad\qquad\qquad \text{Die Fläche liegt \textbf{unterhalb} der t-Achse.}$$

Gesamter **zurückgelegter Weg:** s = 5,04 + 1,71 = 6,75 (km)

Hinweis: Der **Wert der Flächenbilanz** 5,04 − 1,71 = 3,33 (km) oder $\int_0^1 v(t)\,dt = 3,33$ gibt die Entfernung vom Startpunkt zur Position nach 1 Stunde an.

Beispiel

⊃ Die Grenzkosten einer Unternehmung in GE/ME lassen sich beschreiben durch $K'(x) = 3x^2 - 12x + 15; \ 0 \leq x \leq 7$. Berechnen Sie $\int_0^5 K'(x)\,dx$ und interpretieren Sie Ihr Ergebnis.

Lösung

Integration über K'(x) ergibt: $\int_0^5 (3x^2 - 12x + 15)\,dx = [x^3 - 6x^2 + 15x]_0^5$

$$= K(5) - K(0) = 50 \ (= K_v(5))$$

Für eine Produktionsmenge von 5 ME betragen die variablen Kosten 50 GE.

Integrale in der Physik

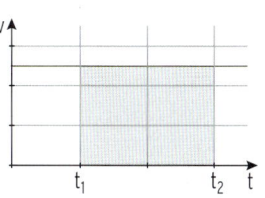

A. Zurückgelegter Weg s

Bei konstanter Geschwindigkeit v gilt: $s = v \cdot t$

Die Geschwindigkeit v
hängt von der Zeit t ab, $v = v(t) \Rightarrow \Delta s = v(t) \cdot \Delta t$

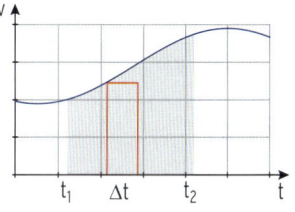

Zurückgelegter Weg
durch Aufsummieren der Fläche $s = \int\limits_{t_1}^{t_2} v(t)\,dt$

Freier Fall

$$s = \int\limits_{0}^{t_1} v(t)\,dt$$
$$= \int\limits_{0}^{t_1} g \cdot t\,dt = \frac{1}{2} g \cdot t_1^2$$

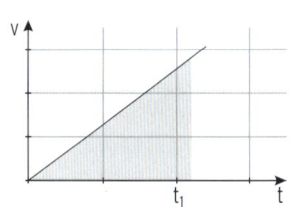

B. Arbeit W

Die Kraft F ist unabhängig vom Weg s: $W = F \cdot s$

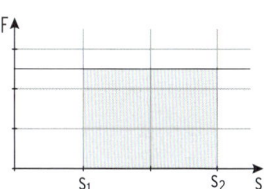

F ist abhängig vom Weg s, $F = F(s) \Rightarrow \Delta W = F \cdot \Delta s$
Verrichtete Arbeit durch Aufsummieren

der einzelnen Arbeiten $W = \int\limits_{s_1}^{s_2} F\,ds$
(Wegintegral der Kraft)

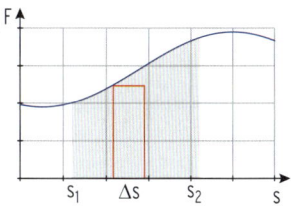

Arbeit bei einer Feder

$F = D \cdot s \Rightarrow W = \int F\,ds = \int D \cdot s\,ds = \frac{1}{2} D \cdot s^2$

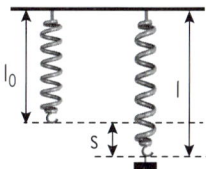

Aufgaben

1 Das Höhenwachstum eines Baumes kann für $0 \leq t \leq 5$ durch die Änderungsrate v beschrieben werden:
$v(t) = 1{,}25\,e^{-0{,}5t}$; t in Jahren; v(t) in Meter pro Jahr.

a) Zeichnen Sie einen Graphen, der die Entwicklung der Höhe des Baumes darstellt, wenn dieser zu Beginn (t = 0) 0,5 m hoch war.

b) Welche Bedeutung haben die folgenden Integrale für die vorgegebene Situation?

• $\int_0^1 v(t)\,dt$ • $\int_1^4 v(t)\,dt$ • $0{,}5 + \int_0^4 v(t)\,dt$

2 Der Kostenzuwachs eines Betriebes für die Produktion von x ME lässt sich beschreiben durch $K'(x) = 3x^2 - 14x + 135$, x in ME;

$K'(x)$ in $\frac{\text{Geldeinheit}}{\text{Mengeneinheit}}$ $\left(\frac{\text{GE}}{\text{ME}}\right)$.

Berechnen Sie folgende Integrale und interpretieren Sie Ihre Ergebnisse ökonomisch.

a) $\int_0^5 K'(x)\,dx$ b) $\int_5^{10} K'(x)\,dx$ c) $20 + \int_0^{10} K'(x)\,dx$

3 Die Messstelle am Bewässerungsreservoir zeigt zu jedem Zeitpunkt den momentanen Wasserdurchsatz an. Die Durchflussmenge in $\frac{m^3}{h}$ lässt sich modellieren durch
$f(t) = 1{,}8\,t^2 + 24t + 150$; $t \geq 0$; t in h.
Berechnen Sie folgende Integrale und interpretieren Sie den Integralwert jeweils im Sachzusammenhang.

a) $\int_0^5 f(t)\,dt$ b) $\int_1^6 f(t)\,dt$ c) $10 + \int_0^8 f(t)\,dt$

4 Bei illegalen Autorennen versuchen die Teilnehmer, mit ihren getunten Autos eine gerade Strecke möglichst in kurzer Zeit zurückzulegen. Der Geschwindigkeitsverlauf eines Fahrzeugs wird durch v mit $v(t) = 60 - 60\,e^{-0{,}09t}$; $t \geq 0$, t in s, v(t) in $\frac{m}{s}$ beschrieben. Nach 60 s fährt der Teilnehmer über die Ziellinie. Wie lang ist die Strecke?

5 Die Funktion f mit $f(t) = 184 - 184\,e^{-0{,}135t}$ beschreibt modellhaft die Entwicklung der wöchentlichen Verkaufszahlen einer neuen Zahnpasta in Tuben. Dabei ist t die Zeit in Wochen nach der Einführung, f(t) die verkaufte Stückzahl innerhalb der Woche t.

Berechnen Sie das Integral $\int_0^x f(t)\,dt$.

Prüfen Sie, ob nach 15 Wochen insgesamt mehr als 1500 Tuben verkauft sind.

6 Ein Auto fährt im Zeitintervall [0; 4] mit wechselnder Geschwindigkeit $v(t) = -6t^2 + 48t$; t in h, v(t) in $\frac{km}{h}$.
Berechnen Sie die zurückgelegte Strecke.

7 Aus einem Wasserspeicher mit einem Fassungsvermögen von 800 m³ wird Wasser entnommen. Die Entnahmegeschwindigkeit an diesem Tag wird beschrieben durch die Funktion f mit $f(x) = 24x - x^2$; $0 \leq x \leq 24$; $x = 0$ entspricht 0 Uhr.
Dabei ist x die Zeit in Stunden und $f(x)$ gibt die Entnahmegeschwindigkeit in m³ pro Stunde zum Zeitpunkt x an.

a) Wie viel m³ Wasser werden zwischen 2 Uhr und 3 Uhr dem Speicher entnommen?

b) Berechnen und interpretieren Sie das Integral $800 - \int_0^5 f(x)\,dx$.

8 Für die Geschwindigkeit eines Trabant (Automarke), der zur Zeit $t = 0$ startet, gilt die Beziehung $v(t) = 35(1 - e^{-0.02t})$; $\left(t \text{ in s}, v(t) \text{ in } \frac{m}{s}\right)$.

a) Wie schnell (in km/h) fährt der Trabant nach 1 Minute, nach 2 Minuten?

b) Bei einer Geschwindigkeit von $120 \frac{km}{h}$ fängt das Lenkrad an zu vibrieren.
Wie lange hat der Fahrer beschleunigt?

c) Geben Sie die Höchstgeschwindigkeit des Trabant an.

d) Wie viel km legt der Trabant in den ersten zwei Minuten zurück?

9 Der Kernzerfall als Ursache der natürlichen Radioaktivität ist ein Phänomen, das dem Gesetz der Form $f(t) = a\,e^{-kt}$ gehorcht.
Dabei gibt $f(t)$ näherungsweise die Anzahl der Zerfälle pro Tag an.
Zu Beginn der Beobachtung von Radioiod werden 1000 Zerfälle pro Tag, 10 Tage später 422 Zerfälle pro Tag gemessen.

a) Bestimmen Sie a und k und die Halbwertszeit von Radioiod.

b) Wie viel Tage muss man warten, bis die durch Radioiod verursachte Radioaktivität auf 5 % des ursprünglichen Wertes abgesunken ist (was 95 % Zerfall bedeutet)?

c) Für die Funktion F gilt für $t \geq 0$: $F(0) = 0$ und $F'(t) = f(t)$.
Bestimmen Sie den Funktionsterm. Welche physikalische Bedeutung hat F?

d) Wie viel Kerne sind in den ersten zwanzig Tagen zerfallen?
Wie groß ist die Anzahl der unzerfallenen Kerne bei Beobachtungsbeginn?

10 Herr Müller macht eine Fahrradtour. Er wählt eine 55 km lange Strecke von einem See zu einem Berg. Herr Müller startet 35 km vom See entfernt vom Punkt A in Richtung des Berges. Das folgende Schaubild zeigt das Geschwindigkeits-Zeit-Diagramm seiner Fahrt.

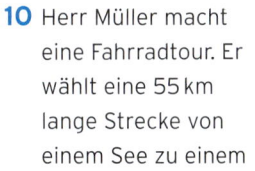

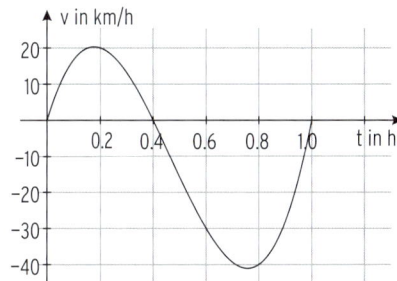

a) Interpretieren Sie dieses Diagramm.

b) Bestimmen Sie eine Polynomfunktion 3. Grades, deren Graph der Kurve im Diagramm entspricht.

c) Bestimmen Sie die größte Entfernung vom Ausgangspunkt A während dieser Stunde.

V Musteraufgaben

Mathematik (FHSR-Prüfung)   Pflichtteil (ohne Hilfsmittel)

Aufgabe 1   Punkte

1.1 Geben Sie Lage und Art der Nullstellen der Funktion f mit

   $f(x) = -\frac{1}{2}x^2(x^2 + x - 2);\ x \in \mathbb{R},$ an.   3

1.2 Bestimmen Sie die Gleichung der Tangente in $P(2\,|\,f(2))$ an das Schaubild
   der Funktion f mit $f(x) = -2\cos\left(\frac{\pi}{4}x\right) + 1.$ 4

1.3 Berechnen Sie die Koordinaten der Wendepunkte des Schaubildes der Funktion f
   mit $f(x) = \frac{1}{4}(x^4 - 6x^2 + 12);\ x \in \mathbb{R}.$ 4

1.4 Bestimmen Sie t so, dass $\int\limits_{0}^{t} 2e^{-0,5x}\,dx = 2.$ 4

1.5 In der nebenstehenden Abbildung
   schließen das zur y-Achse symmetrische
   Schaubild K_g der Funktion g und die
   x-Achse eine Fläche ein. In diese wird ein
   achsenparalleles Rechteck einbeschrieben. Geben Sie eine Zielfunktion an, mit
   deren Hilfe das Rechteck mit maximalem
   Flächeninhalt bestimmt werden kann.   3

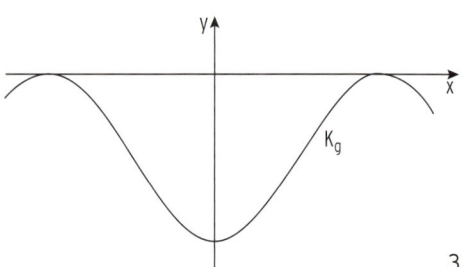

1.6 Gegeben ist die Funktion f mit $f(x) = \frac{3}{2}e^{-2x} - \frac{5}{2};\ x \in \mathbb{R}.$
   Bestimmen Sie die Koordinaten der Achsenschnittpunkte von K_f. Skizzieren Sie K_f.   5

1.7 Das Schaubild einer trigonometrischen Funktion hat die benachbarten Tiefpunkte
   $T_1(1,5\,|\,0)$ und $T_2(4,5\,|\,0)$ sowie eine Amplitude von 2.
   Geben Sie die Koordinaten des dazwischen liegenden Hochpunktes und eines
   Wendepunktes an.   4

1.8 Das Schaubild der Funktion f mit $f(x) = \cos(x);\ x \in \mathbb{R}$ wird um den Faktor 2 in
   y-Richtung gestreckt, an der x-Achse gespiegelt und um 1 nach rechts verschoben.
   Geben Sie den zugehörigen Funktionsterm an.   3

   —————

   30

Mathematik (FHSR-Prüfung)   Wahlteil (mit Hilfsmittel)

Aufgabe 2   Punkte

2.1 Der Funktionsterm einer Funktion h hat die Form
   $h(x) = a \cdot \cos(bx) + c.$
   Ihr Schaubild ist K_h.
   In der Abbildung ist K_h mit einem
   Hochpunkt H und einem Wendepunkt W
   von K_h eingezeichnet.
   Geben Sie die passenden Werte für a, b und c an.

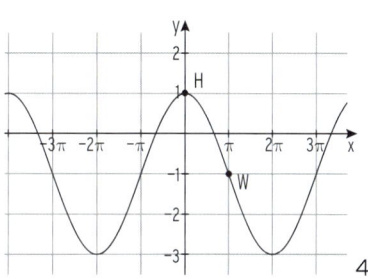

4

2.2 Die Funktion f mit dem Schaubild K_f ist gegeben durch
   $f(x) = 2\cos(0{,}5x) + 3; \; x \in [0; 4\pi].$
   Begründen Sie, weshalb K_f keine Schnittpunkte mit der x-Achse hat.
   Geben Sie die Koordinaten der Extrempunkte und der Wendepunkte von K_f an.   6

2.3 Bestimmen Sie für die nachfolgende Problemstellung einen passenden Funktionsterm:
   Der Temperaturverlauf an einem Sommertag soll durch eine trigonometrische Funktion
   beschrieben werden.
   Um 14 Uhr erreicht die Temperatur den höchsten Wert von 28 °C.
   Die tiefste Temperatur des Tages betrug 8 °C um 2 Uhr.
   Wählen Sie x = 0 bei 14.00 Uhr.   3

Nachfolgend ist die Funktion g gegeben durch $g(x) = 4 - 3\,e^{-\frac{1}{2}x}, \; x \in \mathbb{R}.$
Ihr Schaubild sei K_g.

2.4 Weisen Sie nach, dass K_g keine Extrempunkte und keine Wendepunkte hat,
   und geben Sie die Gleichung der Asymptote von K_g an.   4

2.5 Ermitteln Sie die Gleichung der Tangente an K_g in $x_0 = -2$.   2

2.6 K_g, die Gerade mit der Gleichung $x = 3$ und die Gerade mit der Gleichung $y = 4$
   sowie die y-Achse schließen eine Fläche ein. Skizzieren Sie den Sachverhalt.
   Bestimmen Sie deren Flächeninhalt.   7

2.7 Die Abbildung zeigt das Schaubild einer
   Polynomfunktion k.
   Entscheiden Sie, ob folgende Aussagen
   wahr oder falsch sind.
   Begründen Sie Ihre Entscheidung.
   a) $k(-2) < 0$
   b) $k'(-2) < 0$
   c) $k''(-2) < 0$

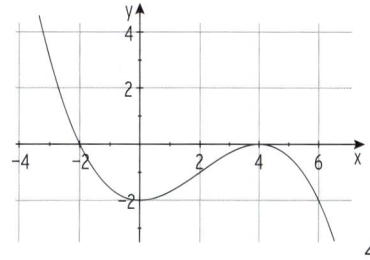

4

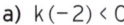

30

Mathematik (FHSR-Prüfung)   Wahlteil (mit Hilfsmittel)

Aufgabe 3   Punkte

3.1 Das Schaubild einer Funktion ist symmetrisch zur y-Achse und verläuft durch
den Punkt S(0 | 3) und hat in T(3 | 0) einen Tiefpunkt.
Geben Sie jeweils die Gleichung
– einer Polynomfunktion 4. Grades und
– einer trigonometrischen Funktion
an, deren Schaubild die genannten Bedingungen erfüllt.   7

Gegeben ist die Funktion f mit $f(x) = -\frac{1}{3}(x^3 + 6x^2 + 9x)$; $x \in \mathbb{R}$.
Ihr Schaubild ist K_f.

3.2 Bestimmen Sie die Koordinaten des Hoch- und des Tiefpunktes von K_f.
Zeichnen Sie K_f in ein geeignetes Koordinatensystem.   8

3.3 Berechnen Sie $\int\limits_{-3}^{1} f(x)\,dx$ und interpretieren Sie das Ergebnis geometrisch.   5

Gegeben sind die Funktionen g mit $g(x) = -x^2 + 5$ und $h(x) = 0,5\cos(2x)$; $x \in \mathbb{R}$.
Die Schaubilder heißen K_g und K_h.

3.4 K_h soll in y-Richtung so verschoben werden, dass K_g den verschobenen Graphen
auf der y-Achse schneidet.
Bestimmen Sie den neuen Funktionsterm.   2

3.5 Die Kurve K_g und die Gerade mit der Gleichung $y = 1$ begrenzen eine Fläche.
In diese Fläche soll ein zur y-Achse symmetrisches Dreieck mit den
Eckpunkten S(0 | 1) und P(u | g(u)) mit $0 \le u \le 2$ einbeschrieben werden.
Skizzieren Sie diesen Sachverhalt für u = 1.
Zeigen Sie, dass der Flächeninhalt dieses Dreiecks für $u = \sqrt{\frac{4}{3}}$ maximal wird.   8

$\overline{30}$

Mathematik (FHSR-Prüfung)   Wahlteil (mit Hilfsmittel)

Aufgabe 4   Punkte

4.1 Gegeben ist das Schaubild K_f einer
 Funktion f auf dem Intervall [0; k].
 Übertragen Sie die Abbildung
 in ein Koordinatensystem.

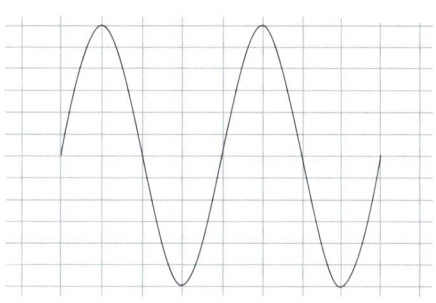

Der Term von f lautet $f(x) = 6\sin(\pi x)$.
Ergänzen Sie die x- und die y-Achse so,
dass die vorgegebene Kurve K_f das
Schaubild von f darstellt.

2

4.2 Ermitteln Sie die Periode, die Amplitude, die Nullstellen von f und den Wert von k.
 Skalieren Sie dann obiges Koordinatensystem.   4

4.3 In welchen Kurvenpunkten von K_f beträgt die Steigung -6π?   3

4.4 Beschreiben Sie, wie das Schaubild der Funktion h mit $h(x) = 6\sin(\pi x)$; $x \in \mathbb{R}$,
 aus dem Schaubild der Funktion u mit $u(x) = \sin(x)$ hervorgeht.   3

Gegeben ist die Funktion g mit $g(x) = \frac{1}{2}x^3 - \frac{3}{2}x + 1$; $x \in \mathbb{R}$.
Das Schaubild von g heißt K_g.

4.5 Weisen Sie mit Hilfe der Ableitungen nach, dass $H(-1|2)$ Hochpunkt und
 $T(1|0)$ Tiefpunkt von K_g ist.
 Zeichnen Sie K_g.   9

4.6 Für welche Werte von x ist K_g rechtsgekrümmt?   2

4.7 Der Funktionsterm von g kann auch in der Form $g(x) = a(x + b)(x + c)^2$
 geschrieben werden.
 Bestimmen Sie a, b und c.   3

4.8 Bestimmen Sie den Term einer Stammfunktion von g so, dass deren Schaubild
 durch den Tiefpunkt von K_g verläuft.   4

                                                                                    ─────
                                                                                      30

Anhang

Lösungen der Modellierungen und Tests

Modellierung einer Situation, Lehrbuch Seite 11

a) Trigonometrische Funktion: $h(t) = a\cos(kt) + b$ wegen $h(0) = 64{,}75$ größter Wert

Größte Höhe: 64,75; kleinste Höhe: 3,75

also Mittellinie $y = 34{,}25$: $\dfrac{64{,}75 + 3{,}75}{2} = 34{,}25$

Periode 300 s ergibt aus $p = \dfrac{2\pi}{k}$: $k = \dfrac{\pi}{150}$

Amplitude: $\dfrac{61}{2} = 30{,}5 = a$

$h(t) = 30{,}5\cos\left(\dfrac{\pi}{150}t\right) + 34{,}25$

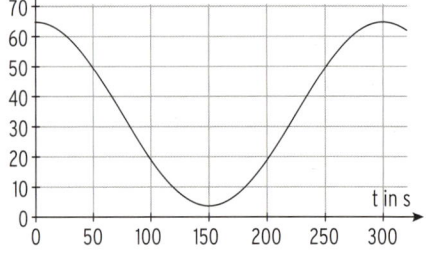

b) $h(60) = 43{,}675$

A ist nach einer Minute 43,675 m hoch.

c) Umfang der Umdrehung in m: $U = 2\pi \cdot 30{,}5 = 191{,}64$

Geschwindigkeit von Punkt A: $v = \dfrac{s}{t} = \dfrac{191{,}4\,\text{m}}{300\,\text{s}} = 0{,}638\,\dfrac{\text{m}}{\text{s}} = 2{,}2968\,\dfrac{\text{km}}{\text{h}}$

Punkt A legt in einer Stunde etwa 2,3 km zurück.

d) Vereinfachung: Eine Gondel entspricht einem Punkt.

$\dfrac{360°}{15} = 24°$; $r = 30{,}5$

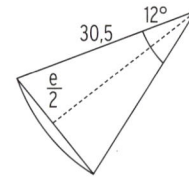

Es gilt: $\sin(12°) = \dfrac{\frac{e}{2}}{30{,}5} \Rightarrow e = 12{,}68$

Die Gondeln haben eine Entfernung von etwa 12,7 m.

oder als Überschlag: $\text{Abstand} = \dfrac{\text{Umfang}}{15} = \dfrac{2\pi r}{15} = \dfrac{2\pi \cdot 30{,}5}{15} \approx 12{,}8$

Test zur Überprüfung Ihrer Grundkenntnisse, Lehrbuch Seite 50

1 a) $\cos(x) = -1$; $\quad x = \pi; 3\pi; 5\pi; \dots$

Für $x \in [0; 10]$: $x = \pi; 3\pi$

b) $\sin(2x) = \dfrac{1}{2}$; $\quad z_1 = \dfrac{\pi}{6}$; $z_2 = \pi - \dfrac{\pi}{6} = \dfrac{5}{6}\pi$

Mit $z = 2x$: $\quad x_1 = \dfrac{\pi}{12}$; $x_2 = \dfrac{5\pi}{12}$; $x_3 = \dfrac{\pi}{12} + \pi = \dfrac{13}{12}\pi$; $x_4 = \dfrac{5\pi}{12} + \pi = \dfrac{17}{12}\pi > 4$

Für $x \in [0; 4]$: $\quad x = \dfrac{\pi}{12}; \dfrac{5\pi}{12}; \dfrac{13}{12}\pi$

c) $4\cos\left(\dfrac{x}{2}\right) = 0$; $\quad z = \pm\dfrac{\pi}{2}; \pm\dfrac{3}{2}\pi; \pm\dfrac{5}{2}\pi; \dots$

Mit $z = \dfrac{x}{2}$: $\quad x = \pm\pi; \pm3\pi; \pm5\pi; \dots$

Für $x \in [-2\pi; 2\pi]$: $x = \pm\pi$

2 a) Amplitude 4, Periode $p = \dfrac{2\pi}{\frac{2}{3}} = 3\pi$; Wertebereich: $[-1; 7]$

Das Schaubild von f entsteht aus der Kosinuskurve durch Streckung in y-Richtung mit Faktor 4; Spiegelung an der x-Achse; Streckung in x-Richtung mit Faktor $\dfrac{3}{2}$; Verschiebung um 3 nach oben.

b) Amplitude $\frac{5-(-2)}{2} = \frac{5+2}{2} = 3{,}5$, Mittellinie $y = \frac{5-2}{2} = 1{,}5$;

Periode $p = 4 \Rightarrow k = \frac{\pi}{2}$

$a = 3{,}5$; $b = 1{,}5$ und $k = \frac{\pi}{2}$ und damit $g(x) = 3{,}5\sin\left(\frac{\pi}{2}x\right) + 1{,}5$

c) Funktionsterm $f(x) = 2\cos\left(\frac{1}{2}x\right) - 1$

3 K_f: $f(x) = -2\sin(3x)$

Mit dem Faktor 4 in y-Richtung gestreckt: $y = 4 \cdot (-2\sin(3x))$
$\qquad\qquad\qquad\qquad\qquad\qquad\qquad y = -8\sin(3x)$

2 nach unten verschoben: $y = -8\sin(3x) - 2$

Funktionsterm: $g(x) = -8\sin(3x) - 2$

Wertebereich von g: $W = [-10;\,6]$

Größter y-Wert: für $\sin(3x) = -1$ $y = -8 \cdot (-1) - 2 = 6$

Keinster y-Wert: für $\sin(3x) = 1$ $y = -8 \cdot 1 - 2 = -10$

4 $f(t) = 50\cos\left(\frac{\pi}{180}t\right) + 200$; $1 \le t \le 360$

$p = 360$; Amplitude $a = 50$

Mittellinie $m = b = 200$

Der Preis ist am niedrigsten für $t = 180$,
wegen Tiefpunkt $T(180\,|\,f(180))$.

$f(180) = 150$ am 30.6.

$150 \le f(t) \le 250$

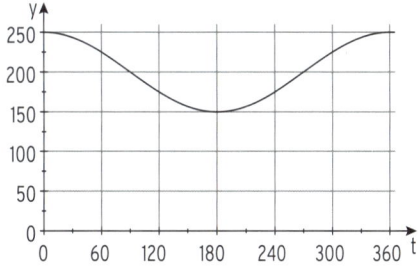

$f(t) \le 175$ mithilfe einer Wertetabelle.
Für $120 \le t \le 240$ ist $f(t) \le 175$,
also Mai bis August

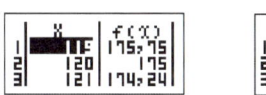 

Modellierung einer Situation, Lehrbuch Seite 51

x_1 ist die Anzahl der Motorboote, x_2 die Anzahl der Elektroboote und x_3 die Anzahl der Tretboote.

Gleichungen: $\begin{aligned} x_1 + x_2 + x_3 &= 37 \\ 40x_1 + 30x_2 + 15x_3 &= 945 \\ x_2 &= x_3 - 6 \end{aligned}$

$\qquad\qquad\qquad\qquad x_1\ \ x_2\ \ x_3$

Zugehörige Matrix: $\left(\begin{array}{ccc|c} 1 & 1 & 1 & 37 \\ 40 & 30 & 15 & 945 \\ 0 & 1 & -1 & -6 \end{array}\right) \sim \left(\begin{array}{ccc|c} 1 & 1 & 1 & 37 \\ 0 & 10 & 25 & 535 \\ 0 & 1 & -1 & -6 \end{array}\right) \sim \left(\begin{array}{ccc|c} 1 & 1 & 1 & 37 \\ 0 & 10 & 25 & 535 \\ 0 & 0 & 35 & 595 \end{array}\right)$

Auflösung ergibt: $x_1 = 9$; $x_2 = 11$ und $x_3 = 17$

Der Bootsverleiher besitzt 9 Motorboote, 11 Elektroboote und 17 Tretboote.

In der letzten Stunde vor Ausleihschluss sind x_1 Motorboote, x_2 Elektroboote und x_3 Tretboote auf dem See.

Gleichungen: $\begin{aligned} x_1 + x_2 + x_3 &= 20 \\ 40x_1 + 30x_2 + 15x_3 &= 470 \end{aligned}$

$\qquad\qquad\qquad\qquad x_1\ \ x_2\ \ x_3$

Zugehörige Matrix: $\left(\begin{array}{ccc|c} 1 & 1 & 1 & 20 \\ 40 & 30 & 15 & 470 \end{array}\right) \sim \left(\begin{array}{ccc|c} 1 & 1 & 1 & 20 \\ 0 & 10 & 25 & 330 \end{array}\right)$

14 Bohner, Ott, Deusch - ISBN 978-3-8120-0303-2

Das LGS ist mehrdeutig lösbar. $x_3 = r$; $x_2 = 33 - 2,5\,r$; $x_1 = -13 + 1,5\,r$

x_3, x_2 und x_1 müssen natürliche Zahlen sein.

x_2, x_1 können nur natürliche Zahlen sein, wenn r gerade ist.

$x_2 = 33 - 2,5\,r > 0$ und $x_1 = -13 + 1,5\,r > 0$ für $9 \le r \le 13$.

x_2 und x_1 sind natürliche Zahlen für $r = 10$ oder $r = 12$ (r ist gerade).

Es können 2 oder 5 Motorboote auf dem See sein.

r	10	12
x_1	2	5

Test zur Überprüfung Ihrer Grundkenntnisse, Lehrbuch Seite 67

1 a) $\begin{pmatrix} 3 & 2 & -1 & | & -2 \\ 2 & -3 & 1 & | & 9 \\ 0 & 4 & 1 & | & -7 \end{pmatrix} \sim \begin{pmatrix} 3 & 2 & -1 & | & -2 \\ 0 & -13 & 5 & | & 31 \\ 0 & 0 & 33 & | & 33 \end{pmatrix}$ Das LGS ist eindeutig lösbar. $\vec{x} = \begin{pmatrix} 1 \\ -2 \\ 1 \end{pmatrix}$

b) $\begin{pmatrix} 2 & 1 & 1 & | & -2 \\ 0 & 2 & -1 & | & 0 \\ 4 & 4 & 1 & | & -4 \end{pmatrix} \sim \begin{pmatrix} 2 & 1 & 1 & | & -2 \\ 0 & 2 & -1 & | & 0 \\ 0 & 0 & 0 & | & 0 \end{pmatrix}$ Das LGS ist mehrdeutig lösbar. $\vec{x} = \begin{pmatrix} -1 - 0,75\,r \\ 0,5\,r \\ r \end{pmatrix}$; $r \in \mathbb{R}$

c) $\begin{pmatrix} 1 & 2 & 0 & | & -3 \\ 1 & 3 & 4 & | & -2 \\ 0 & 1 & 4 & | & 5 \end{pmatrix} \sim \begin{pmatrix} 1 & 2 & 0 & | & -3 \\ 0 & 1 & 4 & | & 1 \\ 0 & 0 & 0 & | & 4 \end{pmatrix}$ Das LGS ist unlösbar.

2 $\begin{pmatrix} 1 & 4 & 1 & | & 10 \\ 1 & 2 & 1 & | & 8 \\ 1 & 1 & 1 & | & 7 \end{pmatrix} \sim \begin{pmatrix} 1 & 4 & 1 & | & 10 \\ 0 & 2 & 0 & | & 2 \\ 0 & 3 & 0 & | & 3 \end{pmatrix} \sim \begin{pmatrix} 1 & 4 & 1 & | & 10 \\ 0 & 2 & 0 & | & 2 \\ 0 & 0 & 0 & | & 0 \end{pmatrix}$

Das LGS ist mehrdeutig lösbar.

Hinweis: Lösungsvektor: $\vec{x} = \begin{pmatrix} 6 - r \\ 1 \\ r \end{pmatrix}$; $r \in \mathbb{R}$

3 a) $\begin{pmatrix} 1 & 8 & | & -1 \\ 1 & 2 & | & 2 \\ 2 & 6 & | & 3 \end{pmatrix} \sim \begin{pmatrix} 1 & 8 & | & -1 \\ 0 & 6 & | & -3 \\ 0 & -10 & | & 5 \end{pmatrix} \sim \begin{pmatrix} 1 & 8 & | & -1 \\ 0 & 6 & | & -3 \\ 0 & 0 & | & 0 \end{pmatrix}$

Das LGS ist eindeutig lösbar. Lösungsvektor: $\vec{x} = \begin{pmatrix} 3 \\ -0,5 \end{pmatrix}$

b) $\begin{pmatrix} 2 & 3 & -5 & | & -1 \\ -1 & -1 & 3 & | & 1 \end{pmatrix} \sim \begin{pmatrix} 2 & 3 & -5 & | & -1 \\ 0 & 1 & 1 & | & 1 \end{pmatrix}$

Das LGS ist mehrdeutig lösbar. Lösungsvektor: $\vec{x} = \begin{pmatrix} -2 + 4\,r \\ 1 - r \\ r \end{pmatrix}$; $r \in \mathbb{R}$

4 $x_3 = 0$ einsetzen: $\begin{pmatrix} 2 & 1 & | & 3 \\ 1 & -1 & | & 3 \\ 4 & 3 & | & 5 \end{pmatrix} \sim \begin{pmatrix} 2 & 1 & | & 3 \\ 0 & 3 & | & -3 \\ 0 & 1 & | & -1 \end{pmatrix} \sim \begin{pmatrix} 2 & 1 & | & 3 \\ 0 & 3 & | & -3 \\ 0 & 0 & | & 0 \end{pmatrix}$　$x_2 = -1$; $x_1 = 2$

Lösungsvektor mit $x_3 = 0$: $\vec{x} = \begin{pmatrix} 2 \\ -1 \\ 0 \end{pmatrix}$

5 x_1 ist der Preis für ein Gebinde M, x_2 für ein Gebinde S und x_3 für ein Gebinde C.

LGS: $\begin{pmatrix} 2 & 4 & 5 & | & 80 \\ 3 & 2 & 6 & | & 75 \\ 2 & 5 & 5 & | & 89 \end{pmatrix} \sim \begin{pmatrix} 2 & 4 & 5 & | & 80 \\ 0 & -8 & -3 & | & -90 \\ 0 & 1 & 0 & | & 9 \end{pmatrix}$　$x_1 = 7$; $x_2 = 9$; $x_3 = 6$

1 Gebinde M kostet 7 €, 1 Gebinde S kostet 9 € und 1 Gebinde C kostet 6 €.

Gewinn: $7 \cdot 0,2 \cdot 7\,€ + 11 \cdot 0,3 \cdot 9\,€ + 16 \cdot 0,25 \cdot 6\,€ = 63,50\,€$

Modellierung einer Situation, Lehrbuch Seite 68

$T(t) = 27 - 19\,e^{-0,1t}$; $t \ge 0$

$T(t) \to 27$ für $t \to \infty$

Die Umgebungstemperatur beträgt 27 °C.

Am Anfang steigt die Temperatur am

schnellsten an.

$T'(t) = -19 \cdot (-0,1)\,e^{-0,1t} = 1,9\,e^{-0,1t}$

Anstieg: $T'(0) = 1,9$

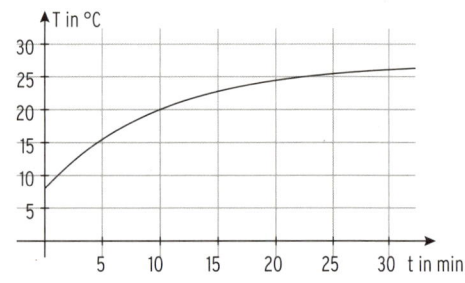

Am Anfang beträgt der Temperaturanstieg $1{,}9\,\frac{°C}{\min}$.

$\frac{T(15) - T(0)}{15 - 0} = \frac{22{,}76 - 8}{15} = 0{,}98$

Der durchschnittliche Temperaturanstieg in den ersten 15 Minuten beträgt $0{,}98\,\frac{°C}{\min}$.

Behauptung: Das Seil berührt die Bühnenrückwand.

$f(x) = \frac{1}{5}x^3 - \frac{14}{5}x^2 + \frac{53}{5}x - 8;\ f'(x) = \frac{3}{5}x^2 - \frac{28}{5}x + \frac{53}{5}$

Die Gerade g verläuft durch die Punkte $A(0|6{,}4)$ und $C(8|0)$.

Steigung von g:　　　　　　　　　　$m = \frac{y_2 - y_1}{x_2 - x_1} = \frac{0 - 6{,}4}{8 - 0} = -0{,}8$

Zugehöriger Funktionsterm:　　　　$g(x) = -0{,}8x + 6{,}4$

Berühren: $f'(x) = g'(x)$ und $f(x) = g(x)$

Gleiche Steigung: $f'(x) = g'(x)$　　　$\frac{3}{5}x^2 - \frac{28}{5}x + \frac{53}{5} = -\frac{4}{5}$

　　　　　　　　　　　　　　　　　　$3x^2 - 28x + 57 = 0$

Lösung der quadratischen Gleichung:　$x_1 = 3\ \left(x_2 = \frac{19}{3} > 5\right)$

Gleicher y-Wert:　　　　　　　　　$f(3) = g(3)$

　　　　　　　　　　　　　　　　　　$4 = 4$　wahre Aussage

Die Behauptung ist richtig.

Behauptung: Seil und Stütze stehen senkrecht aufeinander.

Steigung der Geraden h durch O und $B(3|4)$:　　$m_h = \frac{4}{3}$

Bedingung: $m_g \cdot m_h = -1$　　　　　　$-\frac{4}{5} \cdot \frac{4}{3} = -1$

　　　　　　　　　　　　　　　　　　$-\frac{16}{15} = -1$　falsche Aussage

Die zweite Behauptung ist falsch.

Test zur Überprüfung Ihrer Grundkenntnisse, Lehrbuch Seite 98

1　a)　$f(x) = 5x^3 - \frac{3}{2}x^2 + 2x + 1$　　　　$f'(x) = 15x^2 - 3x + 2$

　　b)　$f(x) = 6e^x - 30\sin(x)$　　　　　　$f'(x) = 6e^x - 30\cos(x)$

　　c)　$f(x) = e^{2x} - 3e^{-x} + 1$　　　　　　$f'(x) = 2e^{2x} + 3e^{-x}$

　　d)　$f(x) = 5\cos(4x) + \sin(1{,}5)$　　　$f'(x) = -20\sin(4x)$

　　e)　$f(x) = e^4 - 3x - 5\cos(\pi x)$　　　$f'(x) = -3 + 5\pi\sin(\pi x)$

　　f)　$f(x) = \frac{1}{8}(x - 3)x^2 = \frac{1}{8}(x^3 - 3x^2)$　$f'(x) = \frac{1}{8}(3x^2 - 6x)$

　　g)　$f(x) = e^{-3x} + 4$　　　　　　　　$f'(x) = -3e^{-3x}$

　　h)　$f(x) = x - 7e^{\ln(2)\cdot x} + 5$　　　$f'(x) = 1 - 7\ln(2)\cdot e^{\ln(2)\cdot x}$

2　a)　$f(x) = x^3 - 2x^2;\ f(2) = 0$　　　　$P(2|0)$

　　　　$f'(x) = 3x^2 - 4x;$　　　　　　　$f'(2) = 4$

　　　　Gleichung der Tangente in P: $y = 4x + b$

　　　　Punktprobe mit P:　　　　$0 = 4 \cdot 2 + b$

　　　　　　　　　　　　　　　　$b = -8$

　　　　Tangentengleichung:　　　$y = 4x - 8$

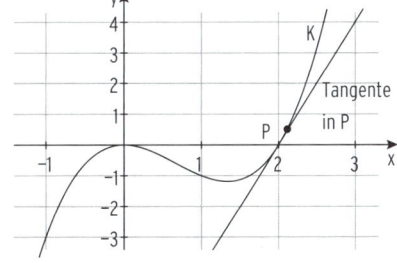

b) Ansatz: $f'(x) = 0$ $\qquad$ $3x^2 - 4x = 0$

$\qquad\qquad\qquad\qquad\qquad\qquad\qquad\quad$ $x(3x - 4) = 0$

Stellen mit waagrechter Tangente: $\qquad$ $x_1 = 0;\ x_2 = \frac{4}{3}$

y-Werte: $\qquad\qquad\qquad\qquad\qquad$ $y = f(0) = 0;\ y = f\left(\frac{4}{3}\right) = -\frac{32}{27}$

Gleichung der Parallelen: $\qquad\qquad$ $y = -\frac{32}{27}$

c) Ansatz: $f(x) = f'(x)$ $\qquad\qquad$ $x^3 - 2x^2 = 3x^2 - 4x$

$\qquad\qquad\qquad\qquad\qquad\qquad\qquad\quad$ $x^3 - 5x^2 + 4x = 0$

Ausklammern: $\qquad\qquad\qquad\qquad$ $x(x^2 - 5x + 4) = 0$

Satz vom Nullprodukt: $\qquad\qquad$ $x = 0$ oder $x^2 - 5x + 4 = 0$

Gesuchte Stellen: $\qquad\qquad\qquad$ $x_1 = 0;\ x_2 = 1;\ x_3 = 4$

3 $f(x) = 2\sin(x) + 1;\ f'(x) = 2\cos(x)$

Schnittpunkt von K mit der y-Achse: $S(0|1)$

Steigung in S: $f'(0) = 2$

$m = \tan(\alpha) = 2 \Rightarrow \alpha = 63{,}43°$

Winkel zwischen Tangente und y-Achse:

$\beta = 90° - 63{,}43° = 26{,}57°$

Steigung der 2. Winkelhalbierenden: $m = -1$

Parallel: $\qquad\qquad\quad$ $f'(x) = -1$

$\qquad\qquad\qquad\qquad$ $2\cos(x) = -1 \Rightarrow \cos(x) = -\frac{1}{2}$

Mithilfe des WTR: $\qquad$ $u = \frac{2}{3}\pi$

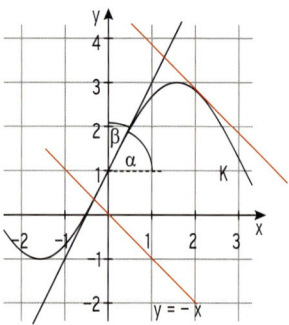

4 Ablesen aus der Abbildung: $P(1|2{,}5)$

Steigung der Tangente: $m_t = \frac{1}{2}$

$f(x) = \frac{1}{2e}e^x + 2;\ f'(x) = \frac{1}{2e}e^x$

Hinweis: $f(x) = \frac{1}{2}e^{x-1} + 2;\ f'(x) = \frac{1}{2}e^{x-1}$

Ansatz: $f'(x) = \frac{1}{2}$ $\qquad$ $\frac{1}{2e}e^x = \frac{1}{2} \Leftrightarrow e^x = e$

$\qquad\qquad\qquad\qquad\qquad$ $x = 1$

Punkt $P(1|2{,}5)$

Gleichung der Tangente: $y = \frac{1}{2}x + b$

Punktprobe mit P: $\quad$ $2{,}5 = \frac{1}{2} + b \Rightarrow b = 2$

Tangentengleichung: $\quad$ $y = \frac{1}{2}x + 2$

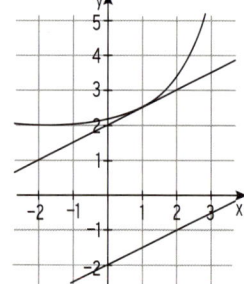

5 Eine Extremstelle von f wird zur Nullstelle von f'.
Eine Wendestelle von f wird zur Extremstelle
von f'.

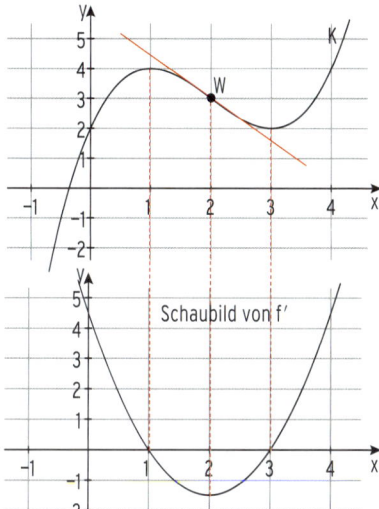

x = 2 ist die Stelle mit der kleinsten Steigung.
Punkt auf K mit kleinster Steigung:
W(2|3)

Schaubild der Ableitungsfunktion von f.

Modellierung einer Situation, Lehrbuch Seite 99

$f(t) = \frac{1}{1000}(t^3 - 187{,}5\,t^2 + 7500\,t) + 500; \ 0 \le t \le 120$

$f'(t) = \frac{1}{1000}(3\,t^2 - 375\,t + 7500)$

$f''(t) = \frac{1}{1000}(6\,t - 375)$

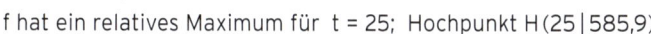

a) Extrempunkte

Notwendige Bedingung: $f'(t) = 0$

$\frac{1}{1000}(3\,t^2 - 375\,t + 7500) = 0$

$x_1 = 25; \ x_2 = 100$

Nachweis: $\qquad f''(25) = -0{,}225 < 0$

$\qquad\qquad$ f hat ein relatives Maximum für $t = 25$; Hochpunkt $H(25|585{,}9)$

$\qquad\qquad f''(100) = 0{,}225 > 0$

$\qquad\qquad$ f hat ein relatives Minimum für $t = 100$; Tiefpunkt $T(100|375)$

Randwerte: $\qquad f(0) = 500; \ f(120) = 428$

$f(25) = 585{,}9$ ist das absolute Maximum,

$f(100) = 375$ das absolute Minimum auf $[0; 120]$.

Die größte Flughöhe beträgt 585,9 m, die geringste 375 m.

f ist monoton wachsend für $0 \le t \le 25$ oder $100 \le t \le 120$.

f ist monoton fallend für $25 \le t \le 100$.

Das Flugzeug steigt 45 Minuten und sinkt 75 Minuten lang.

b) Größter Höhenverlust

Untersuchung des Schaubildes von f' auf Extrempunkte

Notwendige Bedingung: $f''(t) = 0$ $\qquad\qquad \frac{1}{1000}(6\,t - 375) = 0$

$\qquad\qquad\qquad\qquad\qquad\qquad\qquad\qquad\qquad\quad t = 62{,}5$

Nachweis:

Das Schaubild von f' ist eine nach oben geöffnete Parabel.

$f'(62{,}5) = -4{,}22$ ist das absolutes Minimum der Funktion f'.

Nach 62,5 Minuten hat das Flugzeug den größten Höhenverlust.

Dieser beträgt 4,22 Meter pro Minute.

Interpretation: $t = 62{,}5$ ist die Wendestelle. Die Steigung der Wendetangente gibt den Höhenverlust pro Minute an $(f'(62{,}5) = -4{,}22)$.

c) $v(t) = f'(t) = \frac{1}{1000}(3t^2 - 375t + 7500)$

$v(0) = 7{,}5$

Die vertikale Geschwindigkeit zur Zeit $t = 0$ beträgt $7{,}5\frac{m}{min}$.

d) Ein Segelflugzeug kann etwa $2500\,m$ hoch fliegen.

Ansatz: $f(t) = 2500$

Mit dem WTR (Wertetabell**e**) erhält man: $t = 200$

Die Funktion f ist bis ca. 200 Minuten für die Modellierung der Flughöhe geeignet und nicht bis 250 Minuten.

Test zur Überprüfung Ihrer Grundkenntnisse, Lehrbuch Seite 134

1　**a)**　$f(x) = x^3 - \frac{9}{2}x^2 + 6x + 3$;　$f'(x) = 3x^2 - 9x + 6$;　$f''(x) = 6x - 9$

　　　　$H(1|5{,}5)$;　$T(2|5)$

　　b)　$f(x) = x - 3 + e^{-2x}$;　$f'(x) = 1 - 2e^{-2x}$;　$f''(x) = 4e^{-2x}$

　　　　$f'(x) = 0$ für $x = -0{,}5\ln(0{,}5)$　Nachweis mit $f''(x) > 0$

　　　　Tiefpunkt $T\left(-0{,}5\ln(0{,}5)\,|\,-2{,}5 - 0{,}5\ln(0{,}5)\right)$

　　c)　$f(x) = \sin(\pi x) - 2$;　$f'(x) = \pi\cos(\pi x)$;　$f''(x) = -\pi^2\sin(\pi x)$

　　　　$f'(x) = 0$ für $\pi x = \pm\frac{\pi}{2};\ \pm\frac{3}{2}\pi$

　　　　$x_1 = -\frac{1}{2}$;　$x_2 = \frac{1}{2}$;　$x_3 = \frac{3}{2}$

　　　　$T_1\left(-\frac{1}{2}\,\middle|\,-3\right)$;　$H\left(\frac{1}{2}\,\middle|\,-1\right)$;　$T_2\left(\frac{3}{2}\,\middle|\,-3\right)$

　　d)　$f(x) = -\frac{1}{4}(x^4 - 12x^2)$;　$f'(x) = -x^3 + 6x$;　$f''(x) = -3x^2 + 6$

　　　　$f'(x) = 0$　　　　　　　　　$-x^3 + 6x = 0$

　　　　　　　　　　　　　　　　$x_1 = 0$;　$x_{2|3} = \pm\sqrt{6}$

　　　　Nachweis mit $f''(0) = 6 > 0$;　$f''(\pm\sqrt{6}) = -12 < 0$

　　　　Tiefpunkt $T(0|0)$;　Hochpunkte $H_{1|2}(\pm\sqrt{6}\,|\,9)$

2　$f(x) = e^{3x} - 2x + 1$;　$f'(x) = 3e^{3x} - 2$;　$f''(x) = 9e^{3x} > 0$

　　Stelle mit waagrechter Tangente: $f'(x) = 0$ für $x_1 = \frac{1}{3}\ln\left(\frac{2}{3}\right) = -0{,}14$

　　$x = 0 > x_1$:　$f'(0) = 1 > 0$

　　$x = -2 < x_1$:　$f'(-2) = -1{,}99 < 0$

　　f ist monoton fallend für $x < \frac{1}{3}\ln\left(\frac{2}{3}\right)$;　f ist monoton wachsend für $x > \frac{1}{3}\ln\left(\frac{2}{3}\right)$

3　$f(x) = -x^3 + 3x^2 - 1$;　$f'(x) = -3x^2 + 6x$;　$f''(x) = -6x + 6$

　　Wendepunkt $W(1|1)$

　　$f'(1) = 3$

　　Gleichung der Wendetangente: $y = 3x - 2$

4　**a)**　$f(x) = \frac{3}{2}x - \frac{3}{8}x^3$;　$f'(x) = \frac{3}{2} - \frac{9}{8}x^2$;　$f''(x) = -\frac{9}{4}x$

　　　　Wendepunkt $W(0|0)$

　　　　Aus der Abbildung:

　　　　K ist linksgekrümmt für $x < 0$,

　　　　K ist rechtsgekrümmt für $x > 0$.

　　　　Alternative:

　　　　Begründung mithilfe der Symmetrie des

　　　　Schaubildes einer Polynomfunktion 3. Grades.

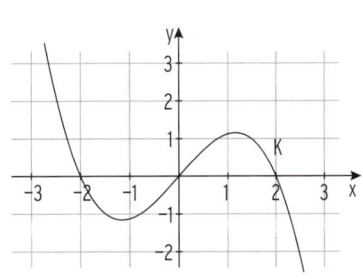

b) $f(x) = \cos(2x) + 1; \; x \in \,]-2; \, 2[$

$f'(x) = -2\sin(2x); \; f''(x) = -4\cos(2x)$

Wendepunkte $W_1\!\left(-\frac{\pi}{4}\,\middle|\,1\right); \; W_2\!\left(\frac{\pi}{4}\,\middle|\,1\right)$

Aus der Abbildung:

K ist linksgekrümmt für $-2 < x < -\frac{\pi}{4}$ oder

für $\frac{\pi}{4} < x < 2$.

K ist rechtsgekrümmt für $-\frac{\pi}{4} < x < \frac{\pi}{4}$.

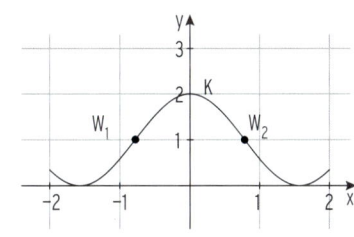

5 (1) Falsch, K hat nur einen Wendepunkt etwa in $x = 4$.

(2) Falsch, die Steigung nimmt für $x \in [4; \, 8]$ ab.

(3) Falsch, $f''(2) > 0$ da K linksgekrümmt ist; $f''(8) < 0$ da K rechtsgekrümmt ist.

(4) Falsch, die maximale momentane Änderungsrate von f ist die maximale Steigung des Graphen von f. Sie liegt in $x = 4$.

6 Ansatz wegen der Symmetrie zum Ursprung: $f(x) = a\,x^3 + c\,x; \qquad f'(x) = 3\,a\,x^2 + c$

E$(2\,|\,8)$ ist Kurvenpunkt: $f(2) = 8$ $8a + 2c = 8$

E$(2\,|\,8)$ ist Extrempunkt: $f'(2) = 0$ $12a + c = 0$

Lösung des LGS: $a = -\frac{1}{2}; \; c = 6$

Funktionsterm: $f'(x) = -\frac{1}{2}x^3 + 6x$

Modellierung einer Situation, Lehrbuch Seite 148

G: $f(x) = \frac{1}{3}(2x^3 + 4x^2 - 10x - 12); \; x \in \mathbb{R}$

a) $f(-3) = 0; \; f(-1) = 0; \; f(2) = 0$

G schneidet die x-Achse in -3; -1 und 2.

Der Kanal ist also 3 m breit, die Böschung 2 m breit.

b) **Größte Tiefe des Kanals und die maximale Höhe der linken Uferböschung**

Bedingung: $f'(x) = 0$ $\frac{1}{3}(6x^2 + 8x - 10) = 0$

Lösungen der quadratischen Gleichung: $x_1 = -2{,}12; \; x_2 = 0{,}79$

Mit $f''(x) = \frac{1}{3}(12x + 8)$ erhält man:

$f''(-2{,}12) < 0; \; f(-2{,}12) = 2{,}71$ Hochpunkt H$(-2{,}12\,|\,2{,}71)$

$f''(0{,}79) > 0; \; f(0{,}79) = -5{,}47$ Tiefpunkt T$(0{,}79\,|\,-5{,}47)$

Die größte Tiefe des Kanals ist 5,47 m und die maximale Höhe der linken Uferböschung beträgt 2,71 m.

c) **Querschnittsfläche des Kanals**

$\displaystyle \int_{-1}^{2} f(x)\,dx = \left[\, \frac{1}{3}\!\left(\frac{1}{2}x^4 + \frac{4}{3}x^3 - 5x^2 - 12x\right)\right]_{-1}^{2} = -10{,}5$

Der Kanal hat eine Querschnittsfläche von 10,5 m².

d) **Volumen des abgeleiteten Wassers:**

Grundfläche des Körpers: 10,5 m²; Höhe des Körpers: 15 m

$V = G \cdot h = 10{,}5 \cdot 15 = 157{,}5$

Es müssen 157,5 m³ Wasser abgeleitet werden.

Test zur Überprüfung Ihrer Grundkenntnisse, Lehrbuch Seite 194

1 Stammfunktion von f

a) $f(x) = \frac{1}{7}(x^3 + 3x^2 + 4); \; F(x) = \frac{1}{7}\!\left(\frac{1}{4}x^4 + x^3 + 4x\right)$

b) $f(x) = -\frac{3}{2}x + 4\,e^{-4x}; \; F(x) = -\frac{3}{4}x^2 - e^{-4x}$

2 Stammfunktion F von f mit $f(x) = 1 + 5\sin(3x)$
und $F(0) = 3$

$f(x) = 1 + 5\sin(3x);$

$F(x) = x - \frac{5}{3}\cos(3x) + c$

$F(0) = -\frac{5}{3}\cos(0) + c = 3$

$c = 3 + \frac{5}{3} = \frac{14}{3}$

und damit $F(x) = x - \frac{5}{3}\cos(3x) + \frac{14}{3}$

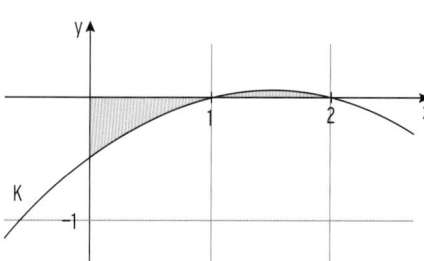

3 $f'(2) = 1;$ Tangente: $y = x + 3$

$\int_0^2 (f(x) - (x+3))\,dx = \frac{2}{3}$

4 K: $f(x) = -0,25(x-1)(x-2) = -0,25(x^2 - 3x + 2)$
Zwei Flächenstücke:

$\int_0^1 f(x)\,dx = \left[-0,25\left(\frac{1}{3}x^3 - \frac{3}{2}x^2 + 2x\right)\right]_0^1 = -0,21$

$\int_1^2 f(x)\,dx = 0,04$

Gesamtinhalt $A = 0,21 + 0,04 = 0,25$

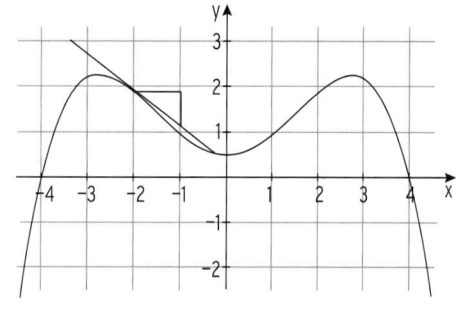

5 K: $f(x) = e^{-0,5x};$ $f'(x) = -0,5e^{-0,5x}$

$\int_0^3 f(x)\,dx = \int_0^3 (e^{-0,5x})\,dx = [-2e^{-0,5x}]_0^3 = 1,55;$ $\qquad A_{\text{Dreieck}} = 1$

Gesamtinhalt der grau unterlegten Fläche: $A = 0,55$

Rechte Grenze $x = u:$ $\int_0^u f(x)\,dx - 1 = \int_0^u (e^{-0,5x})\,dx - 1$

$= [-2e^{-0,5x}]_0^u - 1 = -2e^{-0,5u} + 2 - 1 = -2e^{-0,5u} + 1$

Der Term $-2e^{-0,5u} + 1$ strebt für $u \to \infty$ gegen den Wert 1, ist aber immer kleiner als 1.
Der Flächeninhalt übersteigt für $u > 3$ den Wert 1 nicht.
Hinweis: Tangente im Punkt $S(0\,|\,1):$ $y = -0,5x + 1$ wird nicht benötigt

6 (1) falsch; $m \approx -1$

(2) falsch; $F'(0) = f(0) = 1.$

(3) wahr; f hat 3 Extremstellen.

(4) wahr; 6 Kästchen lassen sich
vollständig einbeschreiben.

(5) falsch;

$\int_0^4 f'(x)\,dx = f(4) - f(0) = -0,5$

Modellierung einer Situation, Lehrbuch Seite 195

a) Für Exponentialfunktionen gilt: $\frac{f(t+1)}{f(t)}$ = konstant

$\frac{w(2)}{w(1)}$ = 0,667; $\frac{w(3)}{w(2)}$ = 0,667; $\frac{w(4)}{w(3)}$ = 0,667; $\frac{w(5)}{w(4)}$ = 0,667

der Zerfallsfaktor ist konstant und beträgt 0,667.

b) Wachstumsgeschwindigkeit w durch exponentielle Regression mit allen Datenpaaren:

$w(t) = 1,2 \cdot 0,668^t$ oder $w(t) = 1,2 \cdot e^{\ln 0,668 \cdot t} \approx 1,2 \cdot e^{-0,4t}$

oder mit dem Zerfallsfaktor 0,667: $w(t) = a \cdot 0,667^t$

Mit $w(1) = 0,81$ folgt: $a \cdot 0,667^1 = 0,81 \Rightarrow a = 1,21$

$w(t) = 1,21 \cdot 0,667^t$

Die Wachstumsgeschwindigkeit ändert sich (verringert sich) jedes Jahr um etwa 33 %.

$v(t) = 1,2 e^{-0,4t}$; $t \geq 0$

c) Bedingung: $v(t) < 0,01$

$v(t) = 0,01$ für $t = 11,97$

Das Schaubild von v ist fallend; also für $t > 11,97$

Nach ca. 12 Jahren ist die Pflanze ausgewachsen.

d) $h(0) = 1$

$h(10) = 1 + \int_0^{10} 1,2 e^{-0,4x} dx = 1 + [-3 e^{-0,4x}]_0^{10} = 3,95$

Die Pflanze ist nach 10 Jahren 3,95 m hoch.

Mathematische Zeichen

Vergleiche

$a = b$ a ist gleich b

$a \neq b$ a ist ungleich b

$a < b$ a ist kleiner als b

$a \leq b$ a ist kleiner oder gleich b

$a > b$ a ist größer als b

$a \geq b$ a ist größer oder gleich b

$a \approx b$ a ist ungefähr gleich b

$a \triangleq b$ entspricht, z. B. $1\,LE \triangleq 1\,cm$

Logische Zeichen

$a \wedge b$ a und b

$a \vee b$ a oder b

$a \Leftrightarrow b$ a gleichwertig (äquivalent) b

$a \Rightarrow b$ aus a folgt b

Mengen und Zahlen

$\mathbb{N}$ Menge der natürlichen Zahlen mit Null

$\mathbb{N}^*$ Menge der natürlichen Zahlen ohne Null

$\mathbb{Z}$ Menge der ganzen Zahlen

$\mathbb{Q}$ Menge der rationalen Zahlen

$\mathbb{R}$ Menge der reellen Zahlen

$\mathbb{R}^*$ Menge der reellen Zahlen ohne Null

$\mathbb{R}_+$ Menge der positiven reellen Zahlen mit Null

$\mathbb{R}_+^*$ Menge der positiven reellen Zahlen ohne Null

$x \in M$ x ist Element von M

$x \notin M$ x ist nicht Element von M

$\{x \in M \mid \dots\}$ Menge aller x aus M, für die gilt ...

$\{a, b, c, d\}$ Menge mit den Elementen a, b, c, d

$A \subseteq B$ A ist Teilmenge von B

$A \cap B$ Schnittmenge von A und B

$A \cup B$ Vereinigungsmenge von A und B

$A \setminus B$ Differenzmenge von A und B

$\varnothing$ leere Menge

∞ unendlich

$[a; b] = \{x \in \mathbb{R} \mid a \leq x \leq b\}$

$[a; b[= \{x \in \mathbb{R} \mid a \leq x < b\}$

$[a; \infty[= \{x \in \mathbb{R} \mid a \leq x < \infty\}$

$|a|$ Betrag von a

a^n a hoch n; n-te Potenz von a

$\sqrt{a}$ Quadratwurzel aus a; $a \geq 0$

$\sqrt[3]{a}$ 3. Wurzel aus a; $a \geq 0$

$n!$ n-Fakultät

$n!$ $= n \cdot (n - 1) \cdot \dots \cdot 2 \cdot 1$

Funktionen

f Funktion

$f(x)$ Funktionswert an der Stelle x

D Definitionsbereich

W Wertebereich

Geometrie

$P(x \mid y)$ Punkt P mit den Koordinaten x und y

(AB) Gerade durch A und B

AB Strecke mit den den Endpunkten A und B

$\overline{AB}$ Länge der Strecke AB

ABC Dreieck mit den Endpunkten A, B und C

$g \parallel h$ g ist parallel zu h

$g \perp h$ g steht senkrecht auf h

Stichwortverzeichnis

Abbildungsverzeichnis

3 Kirill Kedrinski – fotolia.com • **3** Christian Schwier– fotolia.com • **3** Adrian Schulz, Foto: Mall of Berlin • **3** Kirill Kedrinski – fotolia.com • **11** (4) – Rftblr – http://de.wikipedia.org/wiki/Datei:Giant_Ferris_Wheel_in_Vienna_2010-09-20.jpg • **51** www.colourbox.de • **52** www.colourbox.com • **57** www.colourbox.de • **59** www.colourbox.de • **65** Roxama – www.colourbox.de • **66** Knud Erik Christensen – www.colourbox.de • **66** ikonacolor – Fotolia.com • **68** DWP – Fotolia.com • **69** photosnic – Fotolia.com • **81** www.colourbox.de • **89** industrieblick – Fotolia.com • **99** mekcar – www.colourbox.de • **104** www.colourbox.de • **108** www.colourbox.de • **110** www.colourbox.de • **119** san4art – www.colourbox.de • **119** coco194 – Fotolia.com • **125** www.colourbox.de • **133** www.colourbox.de • **133** www.colourbox.de • **135** Graphies.thèque – Fotolia.com • **135** sauletas – Fotolia.com • **135** industrieblick – Fotolia.com • **139** beawolf – Fotolia.com • **140** www.colourbox.de • **141** www.colourbox.de • **144** Valeriy Velikov – Fotolia.com • **145** Nataliya Hora – www.colourbox.de • **147** www.colourbox.de • **195** Kasper Nymann – www.colourbox.de • **196** welcomia – www.colourbox.de • **197** Yuri Gubin – www.colourbox.de • **199** ferretcloud – Fotolia.com • **200** www.colourbox.de •

Es war leider nicht möglich, alle Rechteinhaber ausfindig zu machen.
Berechtigte Ansprüche werden selbstverständlich nach den üblichen Konditionen abgegolten.

Einige Grafiken fallen unter die Wikimedia GNU Lizenz und sind somit frei verfügbar und dürfen weiter verbreitet werden. Nähere Informationen über die Verbreitungsmöglichkeit finden Sie unter dem jeweiligen Link: (1) Public Domain, (2) Public Domain, auch in den USA, (3) GNU Lizenz – freie Dokumentation (4) Creative Commons, (5) Creative Commons und GNU Lizenz

Nicht aufgeführte Abbildungen wurden vom Autor erstellt.